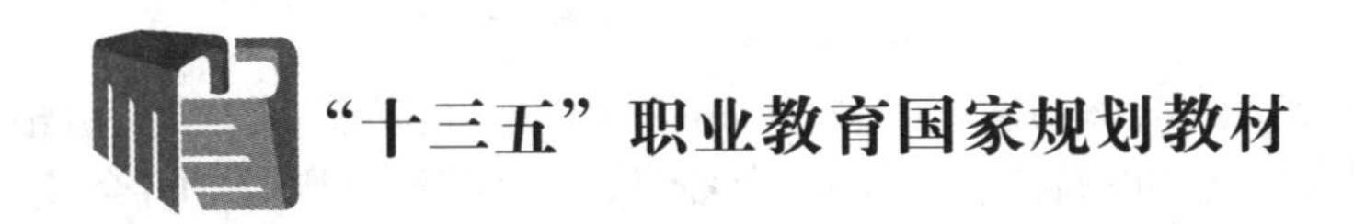

综合布线技术项目教程

（第2版）

主　编　吴俊君

副主编　高　强　程弋可

参　编　王嫣然　李　震

北京理工大学出版社

BEIJING INSTITUTE OF TECHNOLOGY PRESS

内容简介

本书参照综合布线从业人员职业岗位和核心能力的要求，以“项目引导、任务驱动、技能习得、资源配套”的模式组织教材。本书以一个完整校园网的建设规划项目贯穿全书，并将其分解为若干个任务；以任务的实施为目标，组织教学内容。本书包括11个任务，以校园网的建设过程为主线组织任务的次序，同时对综合布线工程施工的常用工具、测量仪器的使用、工程招标与投标方案设计，以及综合布线的国际、国内标准等内容进行了介绍。

本书可作为院校的计算机网络技术、物联网应用技术和通信工程等相关专业的综合布线课程教材，也可作为学习计算机网络综合布线知识的培训教材或自学参考书，还可作为从事综合布线工程的技术与管理人员的技术参考书。

图书在版编目（CIP）数据

综合布线技术项目教程 / 吴俊君主编. —2版. —北京：北京理工大学出版社，2022.12重印

ISBN 978-7-5682-7871-3

Ⅰ.①综…　Ⅱ.①吴…　Ⅲ.①计算机网络-布线-高等学校-教材　Ⅳ.①TP393.033

中国版本图书馆CIP数据核字（2019）第253496号

出版发行 / 北京理工大学出版社有限责任公司
社　　址 / 北京市海淀区中关村南大街5号
邮　　编 / 100081
电　　话 / （010）68914775（总编室）
（010）82562903（教材售后服务热线）
（010）68944723（其他图书服务热线）
网　　址 / http：//www.bitpress.com.cn
经　　销 / 全国各地新华书店
印　　刷 / 定州启航印刷有限公司
开　　本 / 787毫米×1092毫米　1/16
印　　张 / 12.5
字　　数 / 289千字
版　　次 / 2022年12月第2版第3次印刷
定　　价 / 29.00元

责任编辑 / 张荣君
文案编辑 / 张荣君
责任校对 / 周瑞红
责任印制 / 边心超

图书出现印装质量问题，请拨打售后服务热线，本社负责调换

前言

综合布线技术是培养学生布线工程设计与施工能力，是计算机网络技术和相关专业的专业知识和专门技能课。就目前的形势而言，网络可谓无处不在，形式多样。大到全世界、一个国家，小到一个家庭、办公室的建设都离不开网络结构的设计和线路布设。在实际岗位需求中，以网络布线施工，工程监理和网络维护管理为急需人员。尤其是有实际操作经验和较强动手能力的人员更能得到企业的青睐。

本书围绕综合布线工程中的基本概念、规范，布线工程中传输介质和器材、工具的使用，布线子系统的施工工艺、布线系统的测试、验收等内容。主要任务涉及综合布线系统的规划、设计、实施，工程测试与验收等实用内容。同时对综合布线工程施工的常用工具、测量仪器的使用、工程招标与投标方案设计，工程的管理，综合布线的国际、国内标准等内容进行了介绍。本书以校园网的建设过程为范例，主要介绍综合布线系统基础知识、相关技能实训、工程项目实践和工程管理。

本教材的编写修订工作由广东省高水平理工科大学建设单位佛山科学技术学院吴俊君副教授、国家示范性高等职业院校广州民航职业技术学院高级工程师高强、国家示范性学校四川省“最美教师”程弋可、国家优质专科高等职业院校广东食品药品职业学院高级工程师李震和王嫣然共同努力完成，他们具有多年高校教学经验和丰富的企业项目实施经验。在此对所有参与编写本教材的同仁们表示感谢！本教材任务分工如下：

吴俊君主编完成全书的统稿工作及完成任务 1 和任务 2 的编写，高强副主编完成任务 5、任务 6，程弋可副主编完成任务 7 和任务 8 的编写，李震完成任务 3 和任务 4 的编写，王嫣然完成任务 9、任务 10、任务 11 的编写。

由于时间仓促，编者水平有限，书中难免有错误或不妥之处，敬请读者批评指正。

编　者

目录

任务 1　综合布线项目概述 …… 1

1. 1　综合布线系统项目简介 …… 1
1. 2　综合布线的定义及标准体系 …… 4
1. 3　综合布线系统的组成 …… 5

任务 2　综合布线设备和工具 …… 8

2. 1　综合布线常用传输介质 …… 8
2. 2　常用的布线器材 …… 11
2. 3　管槽安装工具 …… 30
2. 4　线缆安装工具 …… 36
2. 5　验收测试仪器 …… 41

任务 3　综合布线项目施工管理 …… 44

3. 1　施工组织管理 …… 44
3. 2　现场施工内容及管理 …… 48
3. 3　工程监理 …… 56

任务 4　工作区子系统的设计与实施 …… 62

4. 1　任务描述 …… 62
4. 2　任务分析 …… 62
4. 3　相关知识 …… 62
4. 4　任务实施 …… 67

任务 5　水平布线子系统的设计与实施 …… 71

5. 1　任务描述 …… 71
5. 2　任务分析 …… 71
5. 3　相关知识 …… 71
5. 4　任务实施 …… 80

任务 6　垂直干线子系统的设计与实施 …… 85
6.1　任务描述 …… 85
6.2　任务分析 …… 85
6.3　相关知识 …… 85
6.4　任务实施 …… 93
任务 7　建筑群子系统的设计与实施 …… 98
7.1　任务描述 …… 98
7.2　相关知识 …… 99
7.3　任务实施 …… 105
任务 8　设备间、管理间子系统的设计与实施 …… 110
8.1　任务描述 …… 110
8.2　相关知识 …… 110
8.3　任务实施 …… 114
任务 9　综合布线产品选购与工程施工 …… 125
9.1　任务描述 …… 125
9.2　相关知识 …… 125
9.3　任务实施 …… 128
任务 10　综合布线工程的招标与投标 …… 148
10.1　任务描述 …… 148
10.2　设计方案 …… 148
10.3　综合布线工程实施 …… 153
10.4　图纸设计 …… 161
10.5　投标承诺书及售后服务 …… 163
10.6　某职业学院学生宿舍楼综合布线工程招标文件范例 …… 164
任务 11　综合布线系统的测试与验收 …… 168
11.1　任务描述 …… 168
11.2　相关知识 …… 168
11.3　任务实施 …… 181
参考文献 …… 193

任务1　综合布线项目概述

1.1　综合布线系统项目简介

1.1.1　项目背景

某学院为实现校园现代化，提高管理水平，拟组建校园网，并接入互联网。该校园网覆盖了9栋楼房，其中学生宿舍4栋，教工宿舍2栋，教学楼、实验楼、食堂各1栋，网络中心设在实验楼。为了实现网络高带宽传输，骨干网将以千兆以太网为主干，百兆光纤到楼，学生宿舍10 Mb/s带宽到桌面，教工宿舍100 Mb/s带宽到桌面。

1.1.2　项目需求

1）支持高速率数据传输，能传输数字、多媒体、视频、音频信息，满足学院日常办公、对外交流、教学过程和教务管理需要。

2）符合EIA/TIA 568A、EIA/TIA 568B、ISO/IEO 11801国际标准。

3）所有插接件都采用模块化的标准件，以便于不同厂家设备的兼容。

4）为了实现网络高带宽传输，骨干网将以千兆以太网为主干，百兆光纤到楼，学生宿舍10 Mb/s带宽到桌面，教工宿舍100 Mb/s带宽到桌面。

5）通过中国移动和中国教育网接入互联网。

6）根据实际工作需要，网络具有可扩充和升级能力。

1.1.3　相关知识

1. 智能建筑的概念

智能建筑是指利用系统集成的方法将计算机技术、通信技术、图形显示技术和控制技术与建筑技术有机结合，通过对设备的自动监控、对信息资源的统一管理和对使用者的信息服务及其与建筑的优化组合，形成能够适应信息社会发展需要，具有安全、高效、节能、舒适、便利和灵活变换特点的建筑。

2. 建筑物结构化综合布线系统概念

建筑物结构化综合布线系统（SCS）又称开放式布线系统，是一种在建筑物和建筑群中综合数据传输的网络系统。它把建筑物内部的话音交换、智能数据处理设备及其他广义的数据通信设施相互连接起来，并采用必要的设备同建筑物外部数据网络或电话局线路相连接。结构化布线系统根据各节点的地理分布情况、网络配置情况和通信要求，安装适当的布线介质和连接设备，使整个网络的连接、维护和管理变得简单易行。

3. 智能建筑与综合布线系统的关系

1）综合布线系统是智能建筑中必不可少的基础设施。

2）综合布线系统是衡量智能建筑智能化程度的重要标志。

3）综合布线系统的质量直接影响智能建筑的综合性能。

4）智能建筑的功能只能通过综合布线系统体现。

4. 计算机网络基础

（1）计算机网络概述

人们目前对计算机网络的定义是：通过通信设备和传输介质将分散独立的多台计算机或者其网络设备连接起来，根据网络操作系统的要求并按照一定协议进行信息的交换。因此，总的来说，计算机网络的基本组成包括计算机、网络操作系统、通信设备、传输介质以及相应的应用软件 5 个部分。

（2）网络传输介质

网络传输介质是指在网络中传输信息的载体。常用的传输介质分为有线传输介质和无线传输介质两大类。

有线传输介质是指在两个通信设备之间实现的物理连接部分，它能将信号从一方传输到另一方。有线传输介质主要有双绞线、同轴电缆和光纤。其中，双绞线和同轴电缆传输电信号，光纤传输光信号。

无线传输介质指我们周围的自由空间。我们利用无线电波在自由空间的传播可以实现多种无线通信。在自由空间传输的电磁波根据频谱可分为无线电波、微波、红外线、激光等，信息被加载在电磁波上进行传输。

不同的传输介质，其特性也不相同。它们不同的特性对网络中的数据通信质量和通信速度有较大影响。

（3）网络互联设备

网络互联的目的是使处于不同网络的用户能够相互通信和访问对方的资源，实现资源共享。而要实现互联，则必须解决如下问题：如何在物理上把两种网络连接起来；一种网络如何与另一种网络实现互访与通信；如何解决它们之间协议方面的差别，如不同的寻址方式、不同的错误恢复方法、不同的路由选择以及不同的用户访问控制等；如何处理速率与带宽的差别。解决这些问题，一般通过使用中间设备来实现。

5. 综合布线系统的等级

对于建筑物的综合布线系统，一般定为 3 种不同的布线系统等级。它们是基本型综合布线系统、增强型综合布线系统、综合型综合布线系统。

（1）基本型综合布线系统

基本型综合布线系统方案是一个经济有效的布线方案。它支持语音或综合型语音/数据产品，并能够全面过渡到数据的异步传输或综合型布线系统。

基本配置如下：

1）每个工作区有 1 个信息插座。

2）每个工作区均水平布线 4 对 UTP（非屏蔽双绞线）系统。

3）完全采用 110 A 交叉连接硬件，并与未来的附加设备兼容。

4）每个工作区的干线电缆至少有 2 对双绞线。

（2）增强型综合布线系统

增强型综合布线系统不仅支持语音和数据的应用，还支持图像、影像、影视、视频会议等。它可以为增加功能提供扩展的余地，并能够利用接线板进行管理。

基本配置如下：

1）每个工作区有 2 个以上信息插座。

2）每个信息插座均水平布线 4 对 UTP 系统。

3）具有 110 A 交叉连接硬件。

4）每个工作区的电缆至少有 8 对双绞线。

（3）综合型综合布线系统

综合型布线系统是将双绞线和光缆纳入建筑物布线的系统。

基本配置如下：

1）在建筑、建筑群的干线或水平布线子系统中配置 62.5 μm 的光缆。

2）在每个工作区的电缆内配有 4 对双绞线。

3）每个工作区的电缆中应有 2 对以上的双绞线。

1.1.4 项目实现步骤

1. 项目需求分析

在综合布线系统工程的规划和设计之前，必须对用户信息需求进行调查和预测，这也是建设规划、工程设计和以后维护管理的重要依据之一。

通过对用户方实施综合布线系统的相关建筑物进行实地考察，由用户方提供建筑工程图，从而了解相关建筑结构，分析施工难易程度，并估算大致费用。需了解的其他数据包括中心机房的位置、信息点数、信息点与中心机房的最远距离、电力系统状况、建筑楼情况等。

2. 布线方案设计

网络综合布线方案是工程实施的蓝图，是工程建设的框架结构。网络综合布线总体方案的设计水平直接影响布线工程的质量和性能价格比。因此，做好网络综合布线总体方案设计是非常重要的。在总体方案设计中主要对工作区子系统、水平干线子系统、设备间、管理间子系统、干线子系统、建筑群子系统进行设计和分析。

3. 项目布线材料选购

在系统设计时，全系统所选的电缆线、连接硬件、跳线、连接线等必须与所选定的类别相一致。如果是 5 类系统，则全部有关设备和电缆都是 5 类的。如果系统采用屏蔽措施，则所有产品都是屏蔽型的，且保证良好的施工和接地。

4. 项目施工

（1）施工准备阶段

施工准备阶段的工作包括：①施工图的编制与审核；②施工预算；③编制施工组织设计及施工方案的编写设备/材料的采购与定作；④工程施工工具与设施的准备以及施工队伍的组织准备等。

（2）施工阶段

施工阶段的工作包括：①配合土建和装修施工，预埋管线管路；②固定与土建施工有关的支持固定件；③固定配线箱及配电柜等；④随土建工程的进度逐步进行各子系统设备安装与线路敷设；⑤各子系统检验测试等。

（3）竣工验收阶段

竣工验收阶段的工作包括：①系统调试及投入正常运行；②完成全部测试报告及竣工文件；③汇集建设单位、施工单位及质量监督部门审查；④现场验收；⑤针对有行业管理的专项系统完成行业主管部门的验收。

5. 项目验收测试

综合布线工程竣工后，为保证系统符合设计要求，确保信息畅通和高速传递，对系统的调测是布线工程最主要的一环，必须采用专用测试仪器对系统的各条链路进行检测，以便于评定综合布线系统的信号传输质量及工程质量。用于检测铜缆的设备必须选择符合TSB-67标准的Ⅱ精度专业级线缆认证测试仪（包括信道及基本链路的测试），仪器应具备线缆故障定位、故障分析及自动储存测试结果并可客观地将其打印输出的功能。

6. 项目文档管理

文档资料是布线工程结算、开通和维护的重要依据，应包括电缆的编号、信息插座的编号、交接间配线电缆与干线电缆的跳接关系、配线架与交换机端口的对应关系，以及施工记录资料等。最好建立电子文档，便于以后的维护管理。

1.2 综合布线的定义及标准体系

1.2.1 综合布线的定义

目前所说综合布线系统，是指综合布线是一种模块化的、灵活性极高的建筑物内或建筑群之间的信息传输通道。通过它可使话音设备、数据设备、交换设备及各种控制设备与信息管理系统连接起来，同时也使这些设备与外部通信网络相连的综合布线。它还包括建筑物外部网络或电信线路的连接点与应用系统设备之间的所有线缆及相关的连接部件。综合布线由不同系列和规格的部件组成，其中包括：传输介质、相关连接硬件（如配线架、连接器、插座、插头、适配器）以及电气保护设备等。这些部件可用来构建各种子系统，它们都有各自的具体用途，不仅易于实施，而且能随需求的变化而平稳升级。

1.2.2 综合布线的标准体系

布线标准是布线系统产品设计、制造、安装和维护中所应遵循的基本原则。综合布线系统自问世以来已经历了近二十年的历史，这期间，随着信息技术的发展，布线技术也在不断推陈出新；与之相适应，布线系统相关标准的发展也已经历了相当长的时间，国际标准化委员会 ISO/IEC、欧洲标准化委员会 CENELEC 和北美的工业技术标准化委员会 TIA/EIA 都在努力制定更新的标准以满足技术和市场的需求。

当前国际上主要的综合布线技术标准有北美标准 TIA/EIA 568-B、国际标准 ISO/IEC 11801：2002 和欧洲标准 CENELEC EN 50173：2002。

1.3 综合布线系统的组成

典型的综合布线系统由工作区子系统、水平干线子系统、管理间子系统、垂直干线子系统、设备间子系统及建筑群子系统六部分组成。

1.3.1 工作区子系统

工作区子系统又称为服务区（Coverage Area）子系统，它是由 RJ45 跳线与信息插座所连接的设备（终端或工作站）组成。其中，信息插座有墙上型、地面型、桌上型等多种。在进行终端设备和 I/O 连接时，可能需要某种传输电子装置，但这种装置并不是工作区子系统的一部分。例如，调制解调器，它能为终端与其他设备之间的兼容性、传输距离的延长提供所需的转换信号，但不能说是工作区子系统的一部分。工作区子系统中所使用的连接器必须具备国际 ISDN 标准的 8 位接口，这种接口能接受楼宇自动化系统的所有低压信号、高速数据网络信息和数码声频信号。

1.3.2 水平干线子系统

水平干线（Horizontal Backbone）子系统也称为水平子系统。水平干线子系统是整个布线系统的一部分，它是从工作区的信息插座开始到管理间子系统的配线架。结构一般为星形结构，它与垂直干线子系统的区别在于：水平干线子系统总是在一个楼层上，仅与信息插座、管理间连接。在综合布线系统中，水平干线子系统由 4 对 UTP 组成，能支持大多数现代化通信设备；当有磁场干扰或信息保密时，可用屏蔽双绞线；在高宽带应用时，可以采用光缆。从用户工作区的信息插座开始，水平干线子系统在交叉处连接，或在小型通信系统中的以下任何一处进行互联：远程（卫星）通信接线间、干线接线间或设备间。在设备间中，当终端设备位于同一楼层时，水平干线子系统将在干线接线间或远程通信（卫星）接线间的交叉连接处连接。在水平干线子系统的设计中，进行综合布线设计必须具有全面的介质设施方面的知识，能够向用户或用户的决策者提供完善而又经济的设计。

1.3.3 管理间子系统

管理间子系统（Administration Subsystem）由交连、互联和I/O组成。管理间为连接其他子系统提供手段，它是连接垂直干线子系统和水平干线子系统的设备，其主要设备是配线架、集线器、机柜、电源。交连和互联允许将通信线路定位或重定位在建筑物的不同部分，以便能更容易地管理通信线路。I/O位于用户工作区和其他房间或办公室，使得移动终端设备能够方便地进行插拔。在使用跨接线或插入线时，交叉连接允许将端接在单元一端的电缆上的通信线路连接到端接在单元另一端的电缆上的线路。跨接线是一根很短的单根导线，可将交叉连接处的两根导线端点连接起来；插入线包含几根导线，而且每根导线末端均有一个连接器。插入线为重新安排线路提供了一种简易的方法。互联与交叉连接的目的相同，但它不使用跨接线或插入线，只使用带插头的导线、插座、适配器。互联和交叉连接也适用于光纤。在远程通信（卫星）接线区，如果安装在墙上的布线区，交叉连接可以不要插入线，因为线路经常是通过跨接线连接到I/O上的。

1.3.4 垂直干线子系统

垂直干线子系统也称骨干（Riser Backbone）子系统，它是整个建筑物综合布线系统的一部分。它提供建筑物的干线电缆，负责连接管理间子系统到设备间子系统的子系统，一般使用光缆或选用大对数的非屏蔽双绞线。它也提供了建筑物垂直干线电缆的路由。该子系统通常在两个单元之间，特别是在位于中央节点的公共系统设备处提供多个线路设施。该子系统由所有的布线电缆组成，或由导线和光缆以及将此光缆连到其他地方的相关支撑硬件组合而成。传输介质可能包括一幢多层建筑物的楼层之间垂直布线的内部电缆或从主要单元如计算机房或设备间和其他干线接线间来的电缆。为了与建筑群的其他建筑物进行通信，干线子系统将中继线交叉连接点和网络接口（由电话局提供的网络设施的一部分）连接起来。网络接口通常放在设备相邻的房间。

垂直干线子系统还包括：

1）垂直干线或远程通信（卫星）接线间、设备间之间的竖向或横向的电缆走向用的通道；

2）设备间和网络接口之间的连接电缆或设备与建筑群子系统各设施间的电缆；

3）垂直干线接线间与各远程通信（卫星）接线间之间的连接电缆；

4）主设备间和计算机主机房之间的干线电缆。

1.3.5 设备间子系统

设备间子系统由设备室的电缆、连接器和相关支撑硬件组成，通过电缆把各种公用系统设备互连起来。设备间的主要设备有数字程控交换机、计算机网络设备、服务器、楼宇自控设备主机等。它们可以放在一起，也可分别设置。在较大型的综合布线中，可以将计算机设备、数字程控交换机、楼宇自控设备主机分别设置机房，把与综合布线密切相关的硬件设备放置在设备间，计算机网络设备的机房放在离设备间不远的位置。

1.3.6 建筑群子系统

建筑群（楼宇）子系统也称校园（Campus Backbone）子系统，它是将一个建筑物中的电缆延伸到另一个建筑物的通信设备和装置，通常由光缆和相应设备组成。建筑群子系统是综合布线系统的一部分，支持楼宇之间通信所需的硬件，其中包括导线电缆、光缆以及防止电缆上的脉冲电压进入建筑物的电气保护装置。在建筑群子系统中，会遇到室外敷设电缆问题，一般有三种情况：架空电缆、直埋电缆、地下管道电缆，或者是这三种的任何组合，具体情况应根据现场的环境来决定。设计时的要点与垂直干线子系统相同。

任务2 综合布线设备和工具

在网络综合布线系统工程施工中，会用到不同的网络传输介质、网络布线配件和布线工具等。从安装施工的性质来看，综合布线工程大体可以分为三部分：管槽系统安装施工、线缆系统安装施工、测试验收。在综合布线设备中，除了最为主要的传输介质，如双绞线、光纤线缆等以外，还有很多的布线设备在使用。管槽系统安装施工工具有电工工具箱、冲击电钻、型材切割机、角磨机等工具。线缆系统安装施工又分为线缆敷设和线缆端接。线缆敷设工具有穿线器、牵引机和线轴支架等，线缆端接工具有压线工具、打线工具、光纤工具箱、光纤熔接机等。测试验收分为线缆测试和电气保护测试。线缆测试仪表有简易通断测试仪、FLUKE 620 测试仪、FLUKE DSP 4xxxx 系列测试仪等，电气保护测试仪表有数字万用表、接地电阻测量仪等。本章主要介绍传输介质、布线器材、管槽安装工具和线缆安装工具，其他工具将在相关章节中予以介绍。

2.1 综合布线常用传输介质

在计算机之间连网时，首先遇到的是通信线路和通道传输问题。网络通信线路的选择必须考虑网络的性能、价格、使用规则、安装难易性、可扩展性及其他一些因素。目前，在通信线路上使用的传输介质有双绞线、同轴电缆、大对数线、光导纤维。

2.1.1 双绞线线缆

双绞线（Twisted Pair，TP）是一种综合布线工程中最常用的传输介质。双绞线由两根具有绝缘保护层的铜导线组成。把两根具有绝缘保护层的铜导线按一定节距互相绞在一起，可降低信号干扰的程度，每一根导线在传输中辐射出来的电波会被另一根线上发出的电波抵消。

双绞线可分为非屏蔽双绞线（UnShielded Twisted Pair，UTP）和屏蔽双绞线（Shielded Twisted Pair，STP），如图 2-1 所示。一般来说，与非屏蔽双绞线相比，屏蔽双绞线在双绞线和外层的绝缘封套之间多了一层金属屏蔽层，这个金属屏蔽层的作用是屏蔽电磁干扰。IEEE 对双绞线进行了分类，如图 2-2 所示。

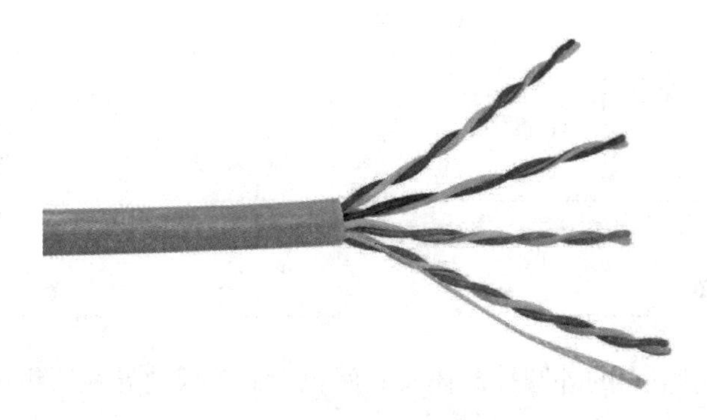

图 2-1　双绞线结构

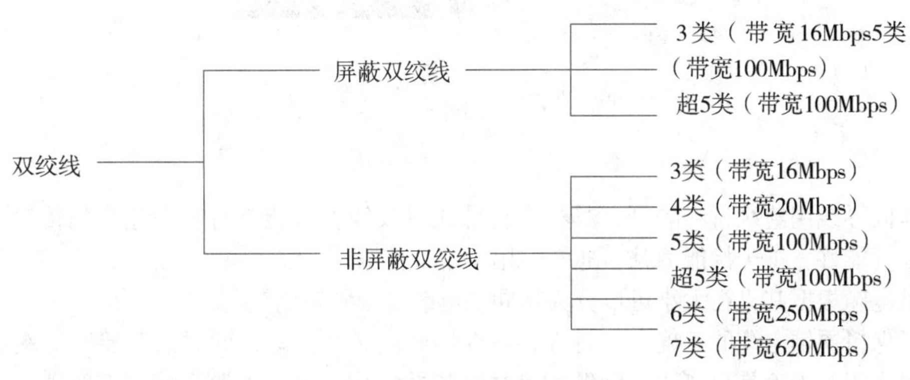

图 2-2　双绞线种类

双绞线使用 RJ-45 接头连接网络设备，RJ-45 接头即为人民平时所说的水晶头，如图 2-3 所示。为了保证终端能够正确收发数据，接头中的针脚必须按照一定的线序排列。如以太网 RJ-45 接口的线序分为 568A 和 568B 两种：若一条线缆两头的线序均为 568B，则该线缆为直通线；若一条线缆两头的线序分别为 568A 和 568B，则该线缆为交叉线。当今，绝大多数网络设备已经具备了自动识别和适应线缆类型的功能，因此，采用哪种类型线缆已经不像过去那么重要，但必须按照表 2-1 设置 568A 或 568B 的线序。

图 2-3　RJ-45 接头

表 2-1　568A 和 568B 线序

	1	2	3	4	5	6	7	8
568A	白绿	绿	白橙	蓝	白蓝	绿	白棕	棕
568B	白橙	橙	白绿	蓝	白蓝	绿	白棕	棕

2.1.2 同轴电缆

同轴电缆是由一根空心的外圆柱导体及其所包围的单根内导线所组成，如图 2-4 所示。

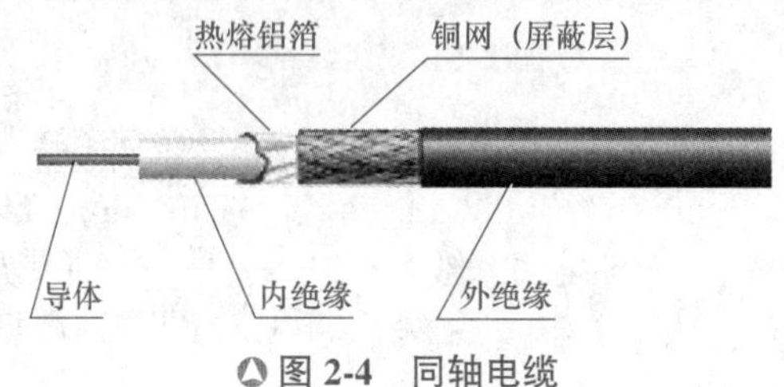

图 2-4　同轴电缆

柱体同导线用绝缘材料隔开，其频率特性比双绞线好，能进行较高速率的传输。由于它的屏蔽性能好，抗干扰能力强，通常多用于基带传输。

同轴电缆根据其直径大小可以分为粗同轴电缆与细同轴电缆。

为了保持同轴电缆的正确电气特性，电缆屏蔽层必须接地，同时两头要有终端以削弱信号反射作用。无论是粗缆还是细缆均为总线拓扑结构，即一根缆上接多部机器，这种拓扑适用于机器密集的环境。但是当一触点发生故障时，故障会串联影响到整根缆上的所有机器，故障的诊断和修复都很麻烦。所以，同轴电缆逐步被非屏蔽双绞线或光缆取代。

2.1.3 光缆

1. 光缆的组成

光导纤维是一种传输光束的细而柔韧的媒质。光纤通常是由石英玻璃制成，其横截面积很小的双层同心圆柱体，也称为纤芯，它质地脆，易断裂，由于这一缺点，需要外加一层保护层。其结构如图 2-5。

光缆是数据传输中最有效的一种传输介质，它有以下几个优点：

1）较宽的频带。

2）电磁绝缘性能好。

3）衰减较小。

4）中继器的间隔距离较大，因此整个通道中继器的数目可以减少，这样可降低成本。而同轴电缆和双绞线在长距离使用中就需要接多个中继器。

2. 光缆的种类和力学性能

（1）单芯互联光缆

主要应用范围包括跳线、内部设备连接、通信柜配线面板、墙上出口到工作站的连接和水平拉线直接端接。

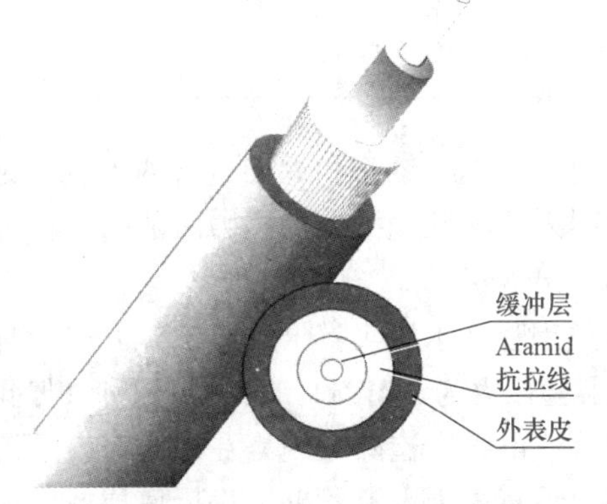

图 2-5　同轴电缆的内部结构

主要性能及优点如下：

1）高性能的单模光纤和多模光纤符合所有的工业标准。

2）900 μm 紧密缓冲外衣易于连接与剥除。

3）Aramid 抗拉线增强组织提高对光纤的保护。

4）UL/CAS 验证符合 OFNR 和 OFNP 性能要求。

（2）双芯互联光缆

主要应用范围包括交连跳线、水平走线、直接端接、光纤到桌、通信柜配线面板和墙上出口到工作站的连接。双芯互联光缆除具备单芯互联光缆所有的主要性能优点之外，还具有光纤之间易于区分的优点。

（3）室外光缆（4~12 芯铠装型与全绝缘型）

主要应用范围包括：

1）园区中楼宇之间的连接；

2）长距离网络；

3）主干线系统；

4）本地环路和支路网络；

5）严重潮湿、温度变化大的环境；

6）架空连接（和悬缆线一起使用）、地下管道或直埋。

2.2 常用的布线器材

综合布线工程中，水平干线子系统、垂直干线子系统和建筑群子系统的施工材料除线缆材料外，重要的就是管槽和桥架了。布线子系统首先要设计布线路由，安装好管槽系统，不论是明敷或暗敷，管槽系统中使用的材料包括线管材料、槽道（桥架）材料和防火材料。线管材料有钢管、塑料管、室外用的混凝土管及高密度乙烯材料（HDPE）制成的双壁波纹管。

2.2.1 钢管

钢管按照制造方法不同可分为无缝钢管和焊接钢管两大类。无缝钢管在综合布线系统中使用较少，只有在诸如管路引入屋内承受极大的压力时的一些特殊场合在短距离内采用。暗敷管路系统中常用的钢管为焊接钢管。

钢管按壁厚不同分为普通钢管（水压实验压力为2.5 MPa）、加厚钢管（水压实验压力为3 MPa）和薄壁钢管（水压实验压力为2 MPa）。普通钢管和加厚钢管统称为水管，有时简称为厚管。薄壁钢管又简称薄管或电管。这两种规格在综合布线系统中都有使用。水管的管壁较厚，机械强度高，主要用在垂直主干上升管路、房屋底层或受压力较大的地段，有时也用于屋内线缆的保护管，是普遍使用的一种管材。电管因管壁较薄承受压力不能太大，常用于屋子内吊顶中的暗敷管路，以减轻管路的重量，使用也很广泛。

钢管具有机械强度高、密封性能好及抗弯、抗压和抗拉能力强等特点，尤其是有屏蔽电磁干扰的作用，管材可根据现场需要任意截锯拗弯，安装施工方便。但它存在管材重、价格高且易锈蚀等缺点，所以在综合布线中的一些特别场合需要用塑料管来代替。钢管的规格有多种，以外径mm为单位。工程施工中常用的金属管有D16、D20、D25、D32、D40、D50、D63、D110等规格。在金属管内穿线比线槽布线难度更大一些，在选择金属管时要注意管径选择大一点，一般管内填充物占30%左右，以便于穿线。另外，软管（俗称蛇皮管）也是一种金属管，供弯曲的地方使用。

2.2.2 塑料管

塑料管由树脂、稳定剂、润滑剂及添加剂配制挤塑成型，目前用于电信线缆护套管的主要有以下产品：聚氯乙烯管材（PVC-U管）、高密聚乙烯管材（HDPE管）、双壁波纹管、子管、铝塑复合管、硅芯管和混凝土管等。综合布线系统中通常采用的是软、硬聚氯乙烯管，且是内外壁光滑的实壁塑料管。室外的建筑群主干布线子系统采用地下通信电缆管道时，其管材除主要选用混凝土管（又称水泥管）外，目前较多采用的是内外壁光滑的软、硬质聚氯乙烯实壁塑料管（PVC-U）和内壁光滑、外壁波纹的高密度聚乙烯管（HDPE），以及双壁波纹管，有时也采用高密度聚乙烯（HDPE）的硅芯管。由于软、硬质聚氯乙烯管具有阻燃性能，对综合布线系统防火极为有利。此外，在有些软质聚氯乙烯实壁塑料管使用场合中，有时也采用低密度聚乙烯光壁（LDPE）子管。

1. 聚氯乙烯管材（PVC-U管）

聚氯乙烯管材（PVC-U管）是综合布线工程中使用最多的一种塑料管，管长通常为4 m、5.5 m或6 m，PVC管具有优异的耐酸、耐碱、耐蚀性，耐外压强度、耐冲击强度等都非常高，具有优异的电气绝缘性能，适用于各种条件下的电线、电缆的保护套管配管工程。U-PVC管及管件和方便检修的连接管件如图2-6和图2-7所示。

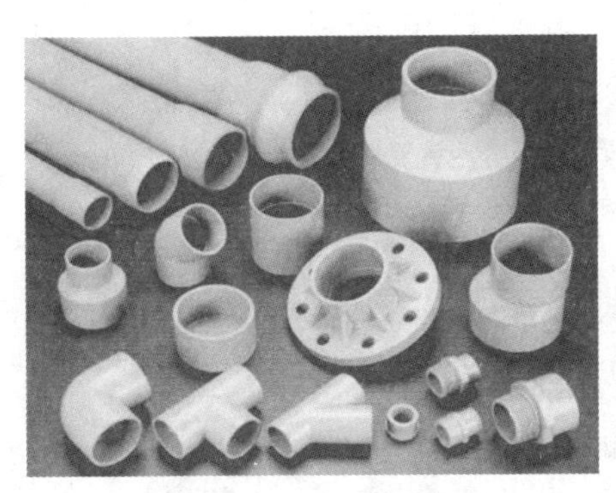

图 2-6 U-PVC 管及管件

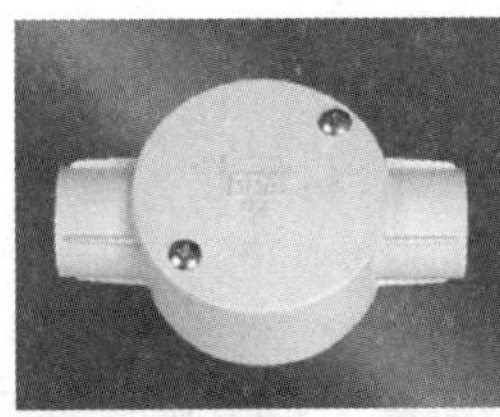

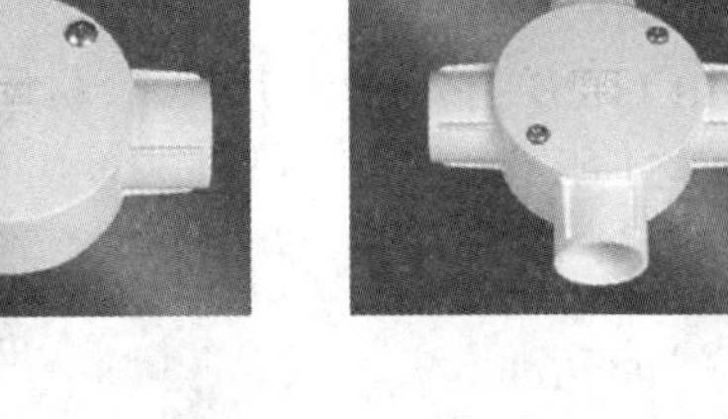

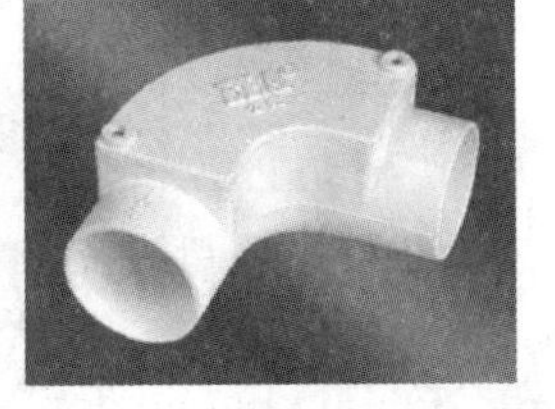

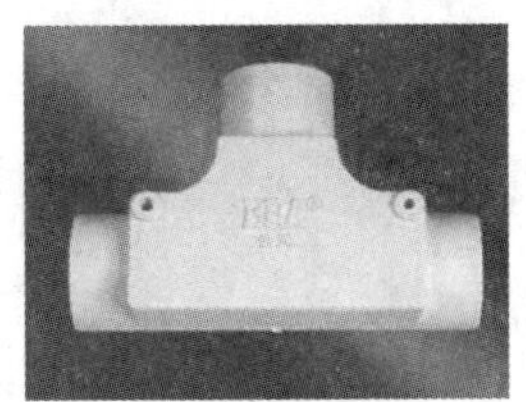

图 2-7 方便检修的连接管件

2. 高密聚乙烯管材（HDPE 管）

图 2-8 为 HDPE 单管，图 2-9 为 HDPE 多管。

图 2-8 HDPE 单管

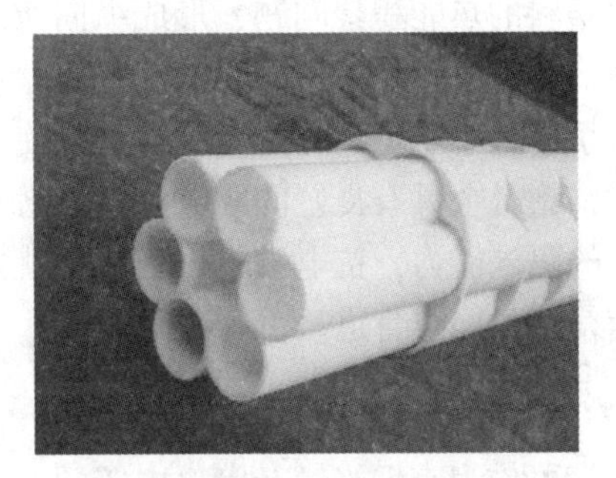

图 2-9 HDPE 多管

3. 双壁波纹管

塑料双壁波纹管结构先进，除具有普通塑料管的耐蚀性、绝缘性好、内壁光滑、使用寿命长等优点外，还具有以下独特的技术性能：①刚性大，耐压强度高于同等规格的普通光身塑料管；②重量是同规格普通塑料管的一半，从而方便施工，减轻工人劳动强度；③密封性好，在地下水位高的地方使用更能显示其优越性；④波纹结构能加强管道对土壤负荷的抵抗力，便于连续敷设在凹凸不平的地面上；⑤使用双壁波纹管的工程造价比普通塑料管降低 1/3。双壁波纹电缆套管在工程中的应用如图 2-10 所示。

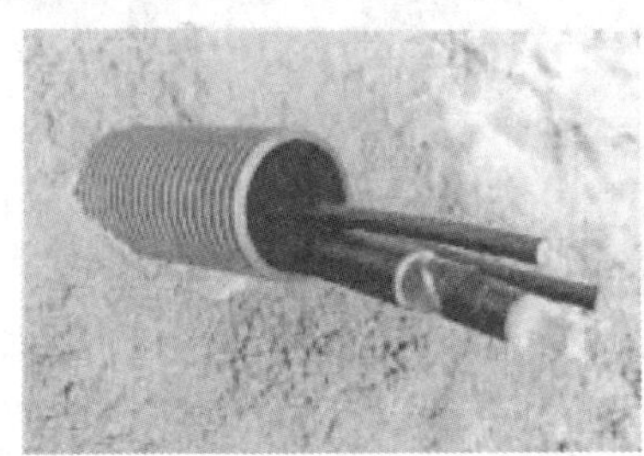

图 2-10 双壁波纹电缆套管在工程中的应用

4. 子管

子管由 LDPE 制造，小口径，管材质软，适用于光纤电缆的保护。子管和铝塑复合管的外观如图 2-11 所示。

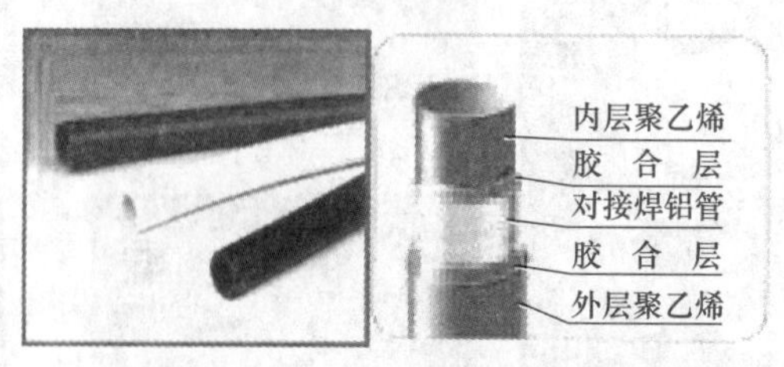

图 2-11　子管和铝塑复合管的外观

5. 铝塑复合管

铝塑复合管是近年来广泛使用的一种新的塑料材料，它是以焊接管为中间层，内外层均为聚乙烯，聚乙烯与铝管之间以高分子热熔胶粘合，经复合挤出成型的一种新型复合管材。它的结构见图 2-11。铝塑复合管综合了塑料管和金属管各自的优点：具有良好的导热性能，可以消除塑料的热能积聚问题，形成纵向散热带以增加管的耐热能力；铝合金管良好的塑性变形能力，能吸收塑料管弯曲时的反弹能量；可用金属探测器测出管的埋藏位置；铝合金管的线膨胀系数远小于塑料，两者结合可以使复合管的综合线膨胀系数大大减少，保证了管道的稳定性；铝合金具有良好的导电性，因此解决了塑料的静电积聚问题；铝合金是非磁材料，具有良好的隔磁能力，抗电磁场、音频干扰能力强，是良好的屏蔽材料；因此常用作综合布线、通信线路的屏蔽管道。

6. 硅芯管

硅芯管可作为直埋光缆套管，内壁预置永久润滑内衬，具有更小的摩擦系数，采用气吹法布放光缆，敷管快速，一次性穿缆长度 500~2 000 m，沿线接头、人孔、手孔相应减少。硅芯管如图 2-12 所示。

7. 混凝土管

混凝土管按所用材料和制造方法不同分为干打管和湿打管两种，目前湿打管因制造成本高、养护时间长等缺点不常采用，较多采用的是干打管（又称砂浆管）。这种混凝土管在一些大型的电信通信施工中常常使用。

图 2-12　硅芯管

2.2.3 线槽

线槽有金属线槽和 PVC 塑料线槽。塑料线槽是综合布线工程明敷管槽时广泛使用的一种材料，它是一种带盖板封闭式的管槽材料，盖板和槽体通过卡槽合紧。它的品种规格很多，从型号上讲有 PVC-20 系列、PVC-25 系列、PVC-30 系列、PVC-40 系列、PVC-60 系列等；从规格上讲有 20×12、24×14、25×12.5、25×25、30×15、40×20 等。与 PVC 槽配套的连接件有阳角、阴角、直转角、平三通、左三通、右三通、连接头、终端头等。PVC 线槽及其配件如图 2-13 所示。

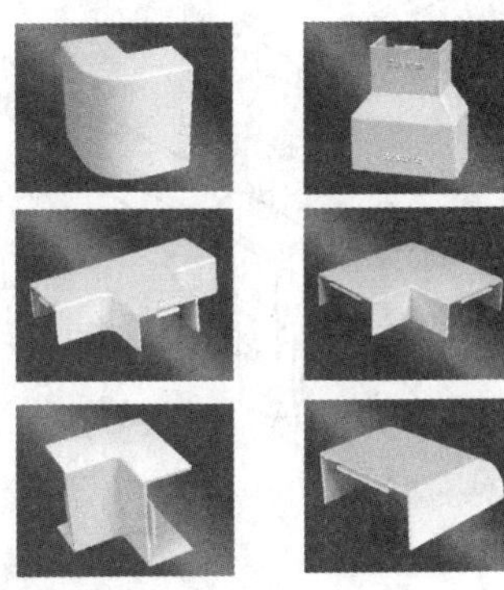

图 2-13　PVC 线槽及其配件

2.2.4 桥架

综合布线工程中，线缆桥架因其具有结构简单、造价低、施工方便、配线灵活、安全可靠、安装标准、整齐美观、防尘防火、延长线缆使用寿命、方便扩充电缆和维护检修等特点，且同时能克服埋地静电爆炸、介质腐蚀等问题，而广泛应用于建筑群主干管线和建筑物内主干管线的安装施工。

1. 桥架的分类

桥架按结构可分为梯级式、托盘式和槽式三种类型。其表面处理工艺有电镀彩（白）锌（适用于一般的常规环境）、电镀后再粉末静电喷涂（适用于有酸、碱及其他强腐蚀气体的环境）、热浸镀锌（适用于潮湿、日晒、尘多的环境）。

2. 桥架产品

（1）槽式桥架

槽式桥架是全封闭电缆桥架，它适用于敷设计算机线缆、通信线缆、热电偶电缆及其他高灵敏系统的控制电缆等，对屏蔽干扰、重腐蚀环境中的电缆防护都有较好的效果，适用于室外和需要屏蔽的场所。图 2-14 为槽式桥架空间布置示意图，图 2-15 为槽式桥架及连接件。

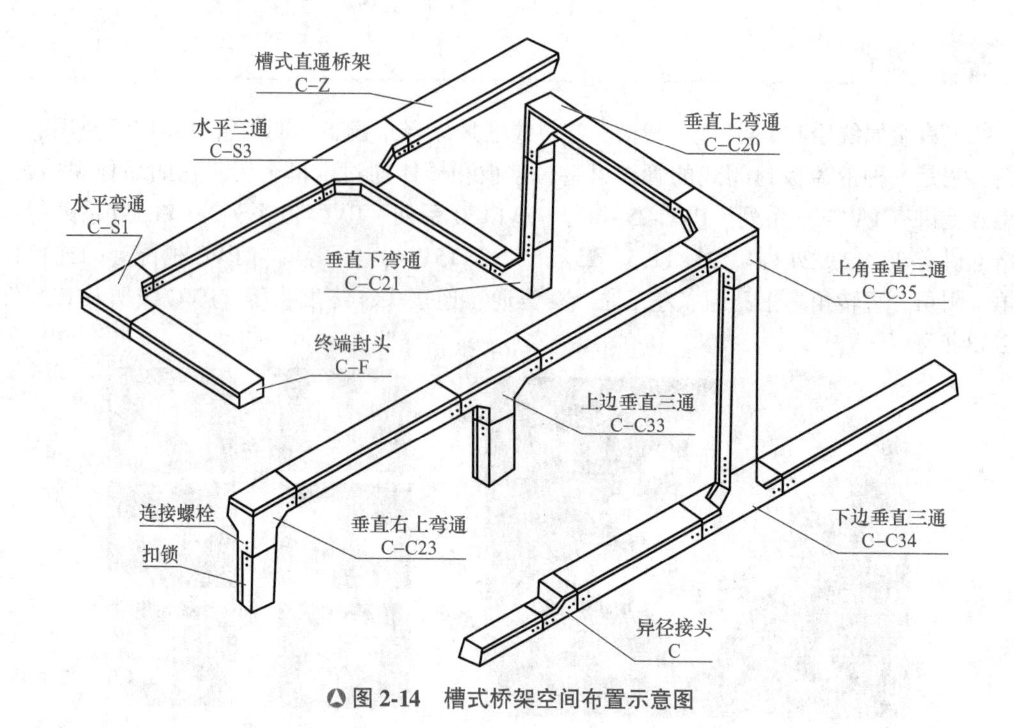

图 2-14 槽式桥架空间布置示意图

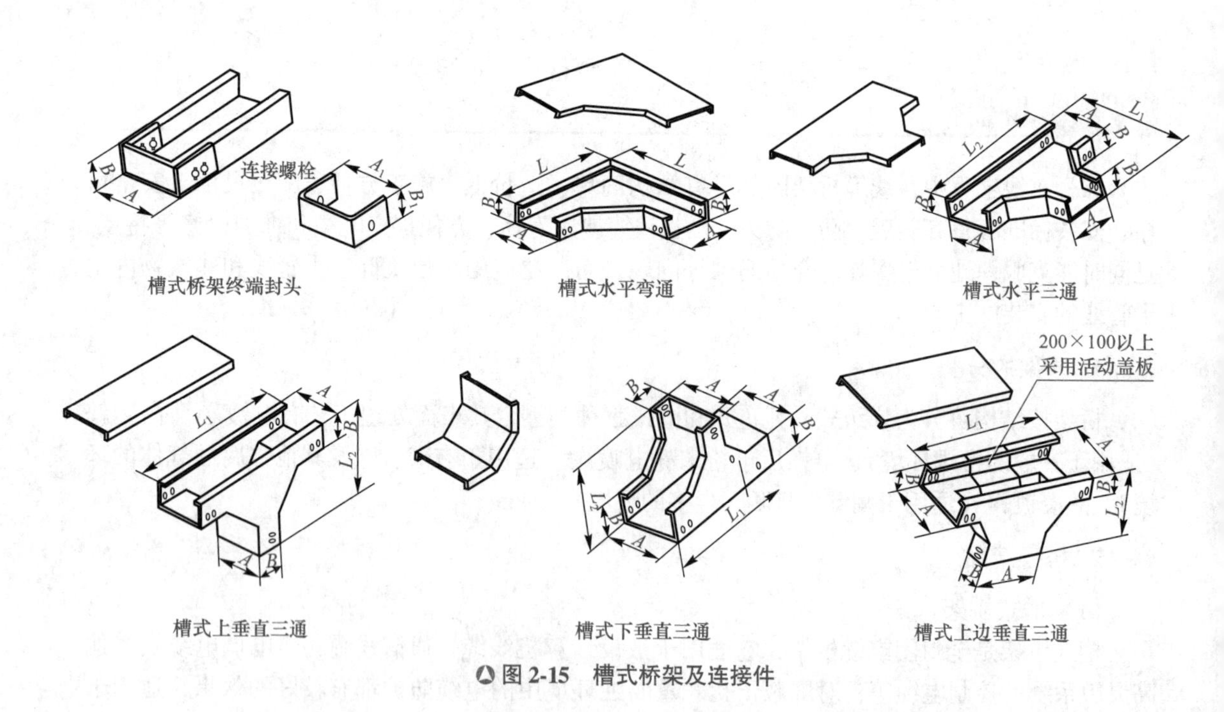

图 2-15 槽式桥架及连接件

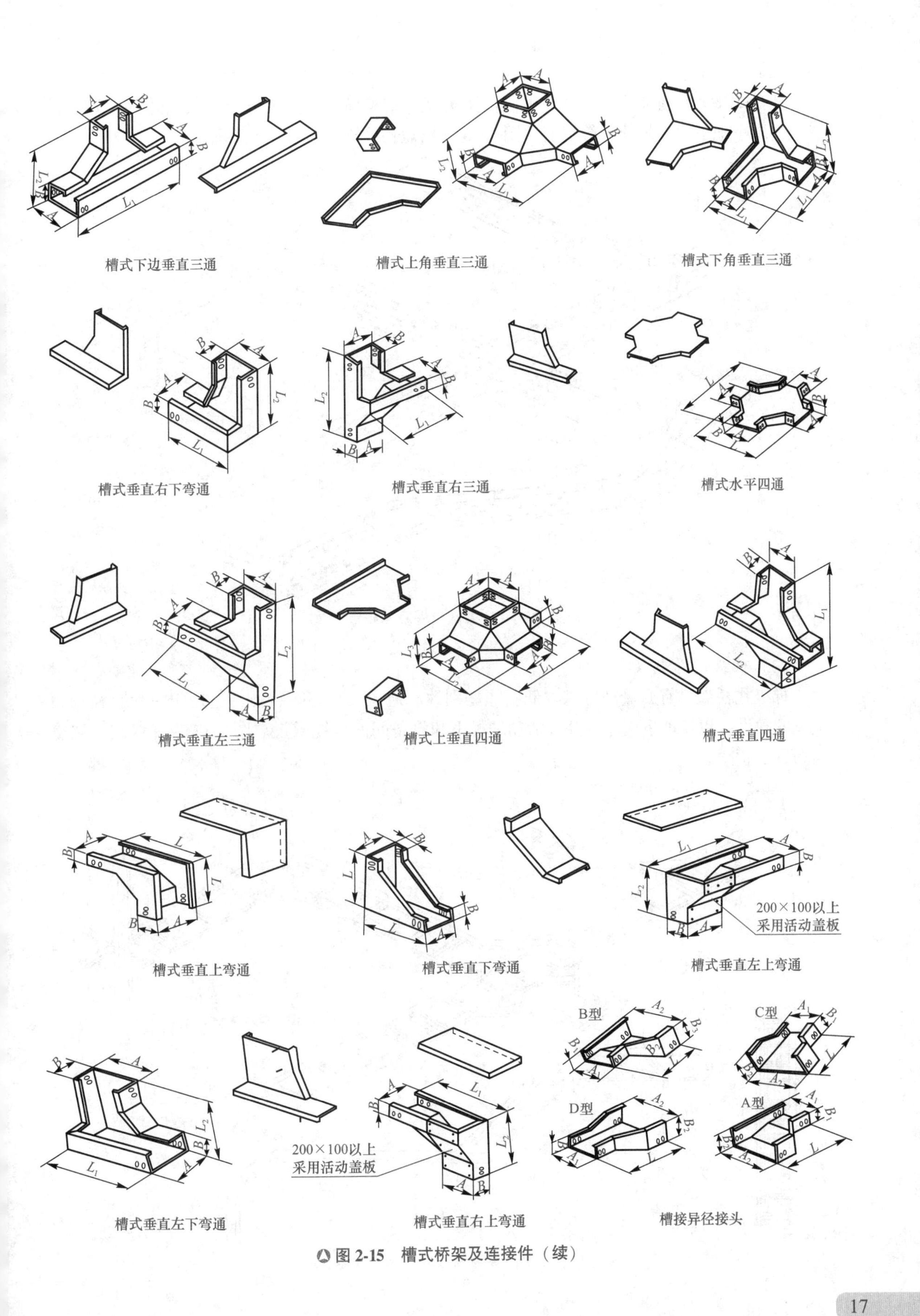

图 2-15　槽式桥架及连接件（续）

(2) 托盘式桥架

托盘式桥架具有质量轻、载荷大、造型美观、结构简单、安装方便、散热透气性好等优点，适用于地下层、吊顶内等场所。图 2-16 为托盘式桥架空间布置示意图。

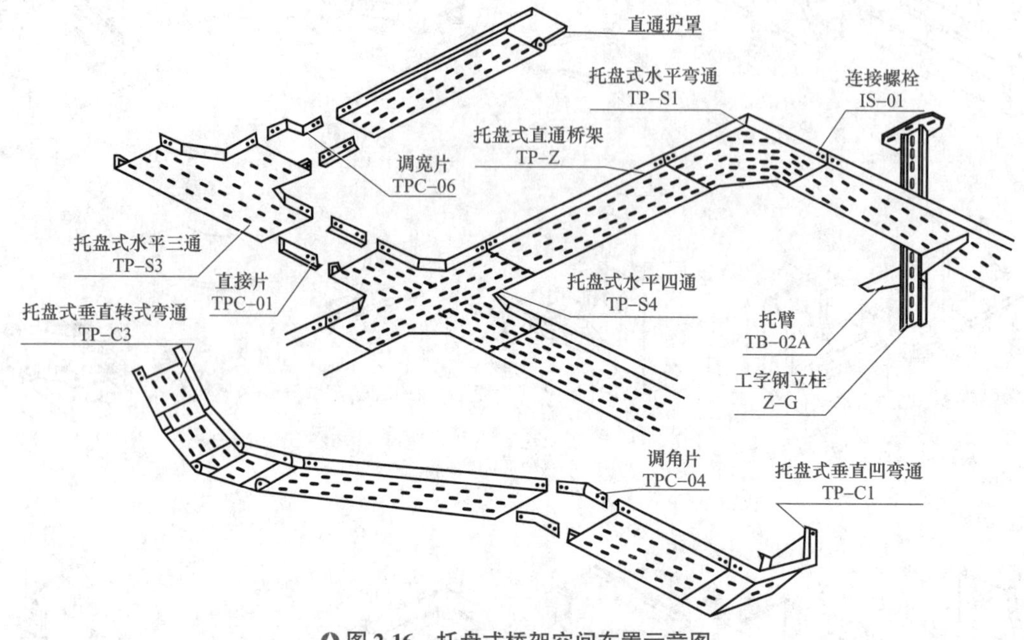

图 2-16 托盘式桥架空间布置示意图

(3) 梯级式桥架

梯级式桥架具有质量轻、成本低、造型别致、通风散热好等特点，适用于一般直径较大电缆的敷设，以及地下层、垂井、活动地板下和设备间的线缆敷设。图 2-17 为梯级式桥架空间布置示意图。

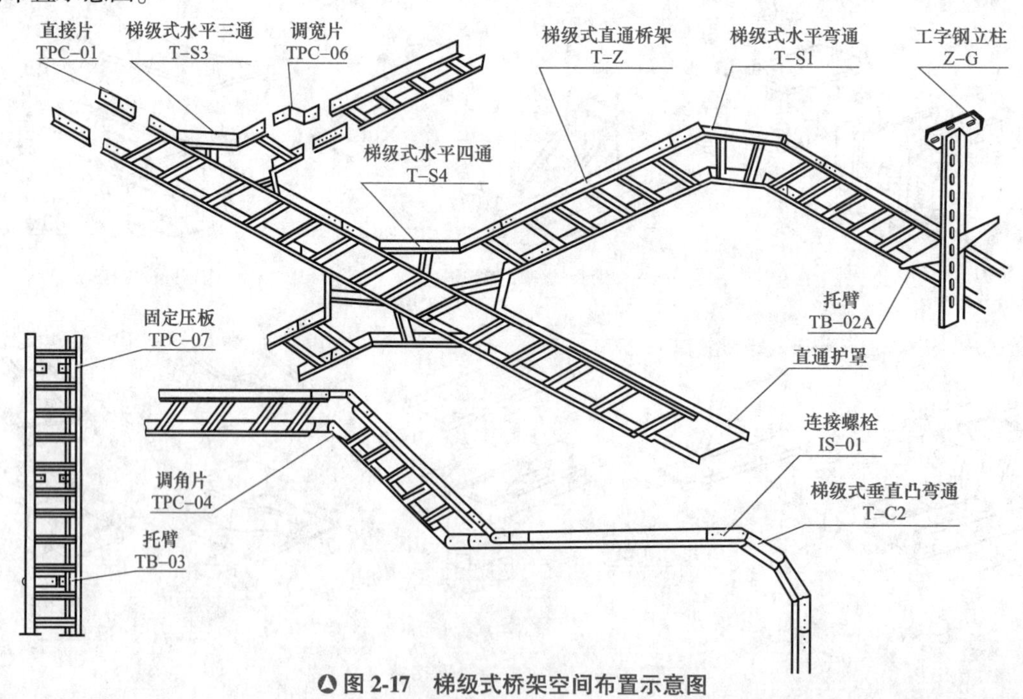

图 2-17 梯级式桥架空间布置示意图

(4) 支架。

支架是支撑电缆桥架的主要部件，由立柱、立柱底座、托臂等组成，可满足不同环境条件（工艺管道架、楼板下、墙壁上、电缆沟内）安装不同形式（悬吊式、直立式、单边、双边和多层等）桥架的需要，安装时还需连接螺栓和安装螺栓（膨胀螺栓）。图 2-18 为三种配线桥架吊装示意图，图 2-19 为电缆桥架支架在电缆沟内的安装示意图，图 2-20 为托臂水平、垂直安装示意图。

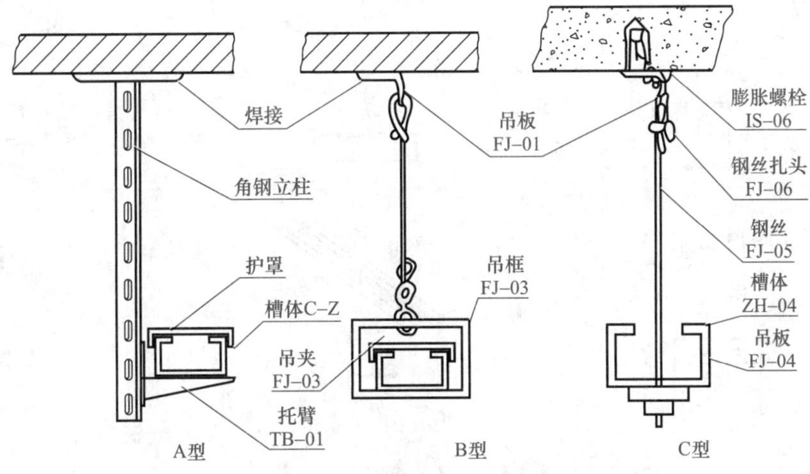

图 2-18　三种配线桥架吊装示意图

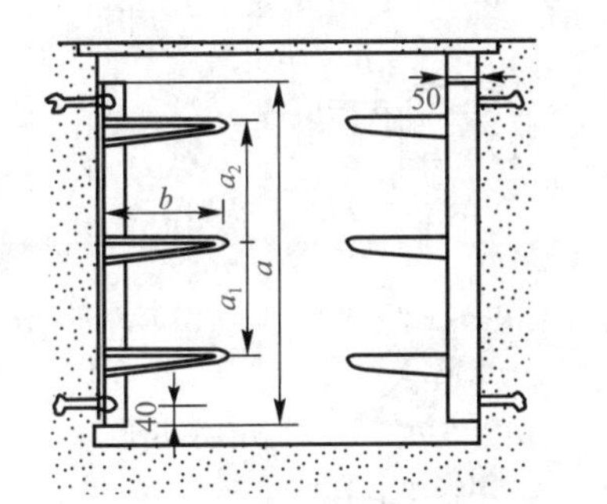

图 2-19　电缆桥架支架在电缆沟内的安装示意图

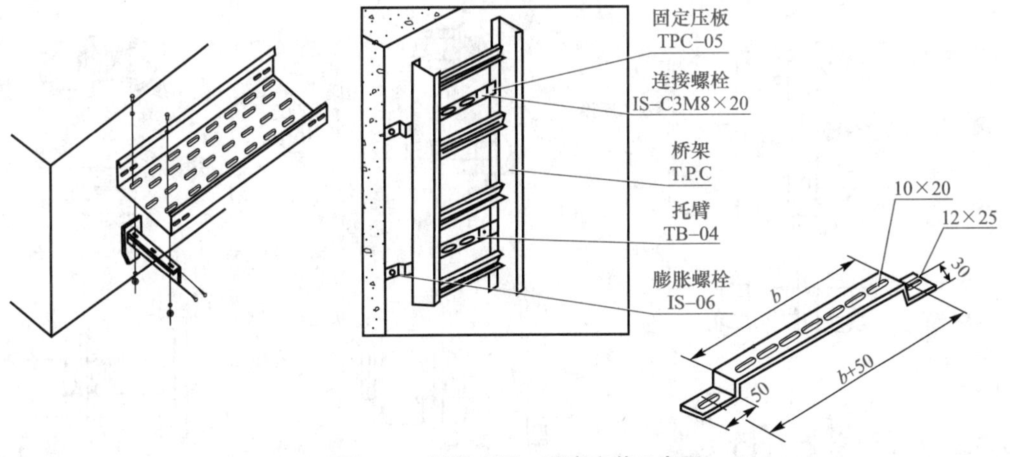

图 2-20　托臂水平、垂直安装示意图

(5) 管、槽、桥架安装配件

表 2-2 列出了管、槽、桥架安装配件。

表 2-2　管、槽、桥架安装配件表

名称	图形	名称	图形	名称	图形
角铁吊板		吊夹		吊框	
直板吊板		槽板		异型槽板	
花盘角铁		单边电缆卡		双边单根电缆卡	
双根电缆卡		缆管卡		电缆卡子	
电缆卡		方颈连接螺栓		半圆连接螺栓	
六角连接螺栓		T 形螺栓（1）		T 形螺栓（2）	

3. 桥架的安装范围与特点

桥架的安装可因地制宜，可以水平、垂直敷设；可以有转角、T字形、十字形分支；可以调宽、调高、变径；可以安装成悬吊式、直立式、侧壁式、单边、双边和多层等形式。大型多层桥架吊装或立装时，应尽量采用工字钢立柱两侧对称敷设，避免偏载过大，造成安全隐患。其安装的范围如下：

1）工艺管道上架空敷设；

2）楼板和梁下吊装；

3）室内外墙壁、柱壁、露天立柱和支墩、隧道、电缆沟壁上侧安装。

4. 桥架尺寸的选择与计算

电缆桥架的高（h）和宽（b）之比一般为1∶2，也有一些型号不采用此尺寸。各型桥架标准长度为2 m/根。桥架板厚度标准为1.5~2.5 mm，实际产品还有0.8 mm、1.0 mm、2.2 mm等，从电缆桥架载荷情况考虑，桥架越大，装载的电缆越多，因此要求桥架截面积越大，桥架板越厚。表2-3列出了电缆桥架用料厚度，有特殊需求时，还可向厂家订购特型桥架。

表 2-3　电缆桥架用料厚度表

型号	规格	板厚/mm	
	A（b）×B（h）	槽体	护罩
槽式电缆桥架 托盘式电缆桥架	50×25~150×75	1.5	1.5
	200×100~400×200	2.0	2.0
	500×200~800×200	2.5	2.0
梯线式电缆桥架	梯边2.5	梯横2.0	护罩2.0

订购桥架时，应根据桥架中敷设线缆的种类和数量来计算桥架的大小。

电缆桥架宽度b的计算：

$$\text{电缆的总面积}\ S_0=n_1\times\pi\times(d_1/2)^2+n_2\times\pi\times(d_2/2)^2+\cdots\cdots$$

式中　d_1、d_2……——各电缆的直径；

n_1、n_2……——相应电缆的根数。

一般电缆桥架的填充率取40%左右，故需要的桥架横截面积为$S=S_0/40\%$，则电缆桥架的宽度为$b=S/h=S_0/(40\%h)$，式中h为桥架的净高。

5. 线缆在多层桥架上的敷设

在智能建筑和智能小区综合布线工程中受空间场地和投资等条件的限制，经常存在强电和弱电布线需要敷设在同一管线路由的情况，为减少强电系统对弱电系统的干扰、方便电力电缆的冷却，可采用多层桥架的方式来敷设，即从上到下按计算机线缆、屏蔽控制电缆、一般控制电缆、低压动力电缆、高压动力电缆分层排列。具体要求见表2-4。

表 2-4　多层桥架各型线缆敷设要求表

层次	电缆用途	采用桥架的形式及型号	距上层桥架距离
上↓下	计算机线缆	带屏蔽罩槽式	
	屏蔽控制电缆	带屏蔽罩槽式	
	一般控制电缆	托盘式、槽式	≥250 mm
	低压动力电缆	梯级式、托盘式、槽式	≥350 mm
	高压动力电缆	带护罩梯级式	≥400 mm

6. 桥架安装注意事项

1）桥架装置的最大载荷、支撑间距应小于允许载荷和支撑跨距。

2）选择桥架的宽度时应留有一定的备用空位，以便今后增添电缆。

3）当电力电缆与控制电缆较少时，可同一电缆桥架安装，但中间要用隔板将电力电缆和控制电缆隔开敷设。

4）电缆桥架水平敷设时，桥架之间的连接头应尽量设置在跨距的 1/4 左右处。水平走向的电缆每隔 2 m 左右固定一次，垂直走向的电缆每隔 1. 5 m 左右固定一次。

5）电缆桥架装置应有可靠接地。如利用桥架作为接地干线，应将每层桥架的端部用 16 mm^2软铜线或与之相当的铜片连接（并联）起来，与接地干线相通，长距离的电缆桥架每隔 30~50 m 接地一次。

6）电缆桥架在室外安装时应在其顶层加装保护罩，防止日晒雨淋。如需焊接，焊件四周的焊缝厚度不得小于母材的厚度，焊口必须进行防腐处理。

2.2.5 机柜

标准机柜广泛应用于综合布线配线产品、计算机网络设备、通信器材、电子设备的叠放。机柜具有增强电磁屏蔽、削弱设备工作噪声、减少设备地面面积占用的优点。对于一些高档机柜，还具备空气过滤功能，可提高精密设备工作环境的质量。很多工程级设备的面板宽度都采用 19 in（英寸，1 in≈2. 54 cm），所以 19 in 的机柜是最常见的一种标准机柜。19 in 标准机柜的种类和样式非常多，也有进口和国产之分，价格和性能差距也非常明显。同样尺寸不同档次的机柜价格可能相差数倍之多。用户选购机柜要根据安装堆放器材的具体情况和预算综合选择合适的产品。

标准机柜的结构比较简单，主要包括基本框架、内部支撑系统、布线系统和通风系统。标准机柜根据组装形式和材料选用的不同，可以分成很多性能和价格档次。19 in 标准机柜外形有宽度、高度、深度三个常规指标。虽然对于 19 in 面板，设备安装宽度为 465. 1 mm，但机柜的物理宽度常见的产品为 600 mm 和 800 mm 两种。高度一般为 0. 7~2. 4 m，根据柜内设备的多少和统一格调而定。常见的成品 19 in 机柜高度为 1. 0 m、2. 2 m、1. 6 m、1. 8 m、2. 0 m 和 2. 2 m。机柜的深度一般为 400~800 mm，根据柜内设备的尺寸而定，常见的成品 19 in 机柜深度为 500 mm、600 mm 和 800 mm。通常厂商也可以根据用户的需求定制特殊宽度、深度和高度的产品。

从不同的角度可以将机柜进行不同的分类。

1）根据外形可将机柜分为立式机柜、挂墙式机柜和开放式机架三种。机柜外观如图 2-21 所示。

图 2-21 机柜外观图

立式机柜主要用于设备间。挂墙式机柜主要用于没有独立房间的楼层配线间。开放式机架具有价格便宜、管理操作方便、搬动简单的优点。机架一般为敞开式结构，不像其他机柜采用全封闭或半封闭结构，所以不具备增强电磁屏蔽、削弱设备工作噪声等特性；同时在空气洁净程度较差的环境中，设备表面更容易积灰。机架主要适合一些要求不高和要经常性对设备进行操作管理的场所，用它来叠放设备减少了占地面积。目前各高校建立的网络技术实验/实训室和综合布线实验/实训室大多采用开放式机架来叠放设备。这样既方便了学生实验操作，又减少了占用空间。

2）从应用对象来看，机柜可分为布线型机柜（又称为网络型机柜）、服务器型机柜两种，另外还有控制台型机柜、ETSI 机柜、X Class 通信机柜、EMC 机柜、自调整组合机柜及用户自行定制机柜等。

布线型机柜就是 19 in 的标准机柜，它是宽度为 600 mm，深度为 600 mm。服务器型机柜由于要摆放服务器主机、显示器、存储设备等，和布线型机柜相比要求空间要大，通风散热性能更好。所以它的前门门条和后门一般都带透气孔，风扇也较多。根据设备大小和数量多少，宽度和深度一般要选择 600 mm×800 mm、800 mm×600 mm、800 mm×800 mm 机柜，甚至要选购更大尺寸的产品。图 2-22 为服务器型、控制台型机柜。

图 2-22 服务器型、控制台型机柜

3）从材质和结构方面可将机柜分为豪华优质型机柜和普通型机柜。

机柜的材料与机柜的性能有密切的关系，制造 19 in 标准机柜的材料主要有铝型材料和冷轧钢板两种。由铝型材料制造的机柜比较轻便，适合堆放轻型器材，且价格相对便宜。铝型材料有进口和国产之分，由于质地不同，所以制造出来的机柜在物理性能上也有一定差别，尤其是一些较大规格的机柜，更容易出现差别。由冷轧钢板制造的机柜具有机械强度高、承重量大的特点。同类产品中钢板用料的厚薄和质量以及工艺都直接关系到产品的质量和性能，有些廉价的机柜使用普通薄铁板制造，虽然价格便宜，外观也不错，但性能大打折扣。通常优质的机柜都比较重。

另外机柜的制作水准和表面油漆工艺，以及内部隔板、导轨、滑轨、走线槽、插座的精细程度和附件质量也是衡量标准机柜品质的参考指标。好的标准机柜不但稳重，符合主流的安全规范，而且设备装入平稳、固定稳固，机柜前后门和两边侧板密闭性好，柜内设备受力均匀，而且配件丰富，能适合各种应用的需要。一些劣质产品往往接口部位很粗糙，密封性差，拼装起来比较困难，移位明显。

4）从组装方式可将机柜分为一体化焊接型和组装型两种。一体化焊接型机柜的价格相对便宜，焊接工艺和产品材料是这类机柜的关键，一些劣质产品遇到较重的负荷容易发生变形。组装型机柜是目前比较流行的形式，以散件形式包装，需要时可以迅速组装起来，而且调整方便，灵活性强。

19 in 标准机柜内设备安装所占高度用一个特殊单位“U”表示，1U = 44.45 mm。使用 19 in 标准机柜的设备面板一般都是按 nU 的规格制造。多少“U”的机柜表示能容纳多少“U”的配线设备和网络设备。例如，普通型 24 口的交换机一般的高度都为 1U 单位，如 Cisco Catalyst 2950C-24 交换机和 RG-S2126S 千兆智能交换机高度为 1U 单位。对于一些非标准设备，大多可以通过附加适配挡板装入 19 in 机箱并固定。表 2-5 为 19 in 标准机柜部分产品一览表，从中可看出高度与容量的对照关系，以及机柜配件配置情况。

表 2-5　19 in 标准机柜部分产品一览表

<table>
<tr><th>容量</th><th>高度</th><th>宽度（mm）×深度（mm）</th><th>风扇数</th><th>配件配置</th></tr>
<tr><td rowspan="3">47U</td><td rowspan="3">2.2 m</td><td>600×600</td><td>2</td><td rowspan="11">电源排插 1 套
固定板 3 块
重载脚轮 4 只
支撑地脚 4 只
方螺母螺钉 40 套</td></tr>
<tr><td>600×800</td><td>4</td></tr>
<tr><td>800×800</td><td>4</td></tr>
<tr><td rowspan="4">42U</td><td rowspan="4">2.0 m</td><td>600×600</td><td>2</td></tr>
<tr><td>600×800</td><td>4</td></tr>
<tr><td>800×600</td><td>2</td></tr>
<tr><td>800×800</td><td>4</td></tr>
<tr><td rowspan="4">37U</td><td rowspan="4">1.8 m</td><td>600×600</td><td>2</td></tr>
<tr><td>600×800</td><td>4</td></tr>
<tr><td>800×600</td><td>2</td></tr>
<tr><td>800×800</td><td>4</td></tr>
</table>

续表

容量	高度	宽度（mm）×深度（mm）	风扇数	配件配置
32U	1.6 m	600×600	2	电源排插 1 套 固定板 1 块 重载脚轮 4 只 支撑地脚 4 只 方螺母螺钉 20 套
		600×800	4	
27U	1.4 m	600×600	2	
		600×800	4	
22U	2.2 m	600×600	2	
		600×800	4	
18U	1.0 m	600×600	2	

订购机柜时，要注意机柜包含哪些标准配件，如果标准配置不能满足设备安装要求，还需选购必要的配件。常见的配件有以下几种。

1. 固定托盘

固定托盘（见图 2-23）用于安装各种设备，尺寸繁多，用途广泛，有 19 in 标准托盘、非标准固定托盘等。常规配置的固定托盘深度有 440 mm、480 mm、580 mm、620 mm 等规格。固定托盘的承重不小于 50 kg。

图 2-23　固定托盘

2. 滑动托盘

滑动托盘用于安装键盘及其他各种设备，可以方便地拉出和推回。19 in 标准滑动托盘适用于任何 19 in 标准机柜。常规配置的滑动托盘深度有 400 mm、480 mm 两种规格。滑动托盘的承重不小于 20 kg。

3. 理线环

理线环是布线机柜使用的理线装置，安装和拆卸非常方便，使用的数量和位置可以任意调整。

4. DW 型背板

DW 型背板（见图 2-24）可用于安装 110 型配线架或光纤盒，有 2U 和 4U 两种规格。

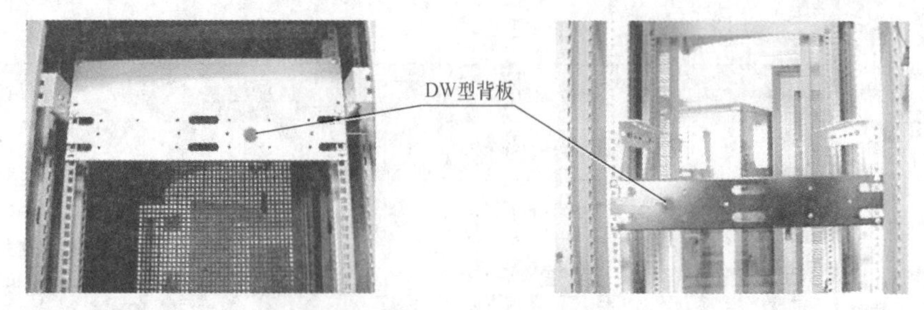

△图 2-24 DW 型背板

5. L 支架

L 支架可以配合 19 in 标准机柜使用，用于安装机柜中的 19 in 标准设备，特别是重量较大的 19 in 标准设备，如机架式服务器等。

6. 盲板

盲板用于遮挡 19 in 标准机柜内的空余位置等，有 1U、2U 等多种规格。常规盲板为 1U、2U 两种。

7. 扩展横梁

扩展横梁用于扩展机柜内的安装空间，安装和拆卸非常方便，也可以用于配合理线架、配电单元的安装，形式灵活多样。

8. 安装螺母

安装螺母又称方螺母，适用于任意 19 in 标准机柜，用于机柜内的所有设备的安装，包括机柜的大部分配件的安装。通常一个标准机柜应配至少 30 套螺钉、笼形螺母、垫圈等安装五金件，安装时最好使用专用的笼形螺母安装工具和六角扳手。当然，由于方螺母结构的良好设计，在没有这些专用工具时，一个普通的一字形螺钉旋具也可完成整个机柜的安装。

9. 键盘托架

键盘托架（见图 2-25）用于安装标准计算机键盘，可配合市面上所有规格的计算机键盘，可翻折 90°。键盘托架必须配合滑动托盘使用。

10. 调速风机单元

调速风机单元安装于机柜的顶部，可根据环境温度和设备温度调节风扇的转速，有效地降低机房的噪声。调整方式有手动或无级调整。

11. 机架式风机单元

机架式风机单元的高度为 1U，可安装在 19 in 标准机柜内的任意高度位置上，可根据机柜内的热源酌情配置。

12. 重载脚轮与可调支脚

重载脚轮单个承重 125 kg，转动灵活，可承载重负荷，安装固定于机柜底座，可让操作者平稳、任意方向移动机柜。可调支脚单个承重 125 kg，支脚尺寸可以调节，用于固定机柜，并可调整机柜由于地表不平造成的不稳定和倾斜。

13. 标准电源板

标准电源板（见图 2-26）通常为英式设计。

图 2-25　键盘托架

图 2-26　标准电源板

安装机柜确定放置位置时，除了考虑楼层地板承受力、消防、安全等因素外，作为一个常识性的检查，要对开门动作和关门动作进行试验，观察打开和关闭机柜时柜门打开的角度。标准机柜门在右边打开，门轴在左边，当然不排除相反的情况。所有的门和侧板都应很容易打开，以便于维护。当要将设备机柜安装入一个已经存在的机柜组时，可以把机柜挨着排成一排，这样既安全又整齐。但有些机柜组由于种种原因，不能再增加了，或者只能增加几个附件。最好的机柜组模型应具有充分的可扩充性，并带有所有必要的硬件，可把机柜侧板拿掉，用螺钉将机柜相互连接，排成一排。

在进行机柜的配置和安装时，需要考虑配线架、配线架管理器（线缆管理环）、集线器与交换机、路由器、光纤收发器、服务器、键盘/鼠标/显示器共享器、磁带驱动器和存储器，以及外设（显示器、键盘、调制解调器）、电话交换机、UPS 电源的空间大小，这可能通过标准高度单位 U 来计算并适当预留，并特别注意线缆的走线空间，在设备最后定位后要确保外部进入的电信线缆、双绞线、光缆、各种电源线和连接线都用扎带和专用固定环进行了固定，这样机柜才显得整洁美观和方便管理。在机柜中也应进行标签管理。

机柜对电源的配置要求也相当重要，首先是 UPS 不间断电源，必须为它准备专门的空间，其次是一些电源部件，如电源插座条。如果不想十几条电源线弯弯曲曲地伸出机柜，可以使用电源插座条。虽然可以用 1U 支架模型的电源插座条，但电源插座条能安装在机柜内壁的任一角落，以给其他设备让出空间。记住，任何不能安装支架的元件都需要额外的托盘、支架配件及其他安装器件。接下来，把要安装的设备所产生的所有的热量加起来。一个 45U 的机柜，在上、下、左、右都通风良好的条件下，容许平均 3 000~5 000BTUS 的总热量。如果热量总数超出了机柜对应的热量最大值，就需要购买可以安装在机柜上壁或侧壁的风扇。上壁的风扇较贵，但效果是安装在侧壁上的两倍。侧壁风扇应安装在机柜后壁，因为设备后部产生大多数的热量。

由于单位网络系统的核心设备全部安装在机柜中，因此机柜底部必须焊有接地螺柱，机柜中的所有设备都需要与机柜金属框架有效连接，最后由机柜经接地线接地。

2.2.6 面板与底盒

信息插座面板用于在信息出口位置安装固定信息模块，插座面板有英式、美式和欧式三种。国内普遍采用的是英式面板，为正方形 86 mm×86 mm 规格，常见有单口、双口型号，也有三口和四口的型号。另外，面板一般为平面插口，也有设计成斜口插口的。英式双口、美式双口、斜口双口插座面板如图 2-27 所示。

英式插座面板分扣式防尘盖和弹簧防尘盖两大系列，有 1 位、2 位、4 位、斜口等品种。工作区信息插座面板有三种安装方式：

1）安装于地面上。要求安装于地面的金属底盒应当是密封的，具有防水、防尘、升降功能。此方法的设计安装造价较高，并且由于事先无法预知工作人员的办公位置，也不知分隔板的确切位置，因此灵活性不是很好。

2）安装于分隔板上。此方法适于分隔板位置确定以后，安装造价较为便宜。

3）安装在墙上。

图 2-27　英式双口、美式双口、斜口双口插座面板

面板又分固定式面板和模块化面板。固定式面板的信息模块与面板合为一体，无法去掉某个信息模块插孔，或更换为其他类型的信息模块插孔。固定式面板的优点是价格便宜、便于安装，缺点是结构不能改变，在局域网中应用较少。模块化面板使用预留了多个插孔位置的通用墙面板，面板与信息模块插座分开购买。由于存在结构上的差异，不同厂商的面板和信息模块可能不能配套，除非有配套安装产品说明，面板和信息模块要求购买同一厂商的产品。

在地板上进行模块化面板安装时，需要选用专门的地面插座，铜质地板插座有旋盖式、翻扣式、弹起式三种，铜面又分圆、方两款。其中弹起式地面插座应用最广，它采用铜合金或铝合金材料制造而成，安装于厅、室内任意位置的地板平面上，适用于大理石、木地板、地毯、架空地板等各种地面。使用时，面盖与地面相平，不影响通行及清扫。而且在面盖合上的状态下走路时，即使踩上了面盖也不容易弹出，地面插座的防渗结构在插座体合上时可保证水滴等流体不易渗入。还有几类面板应用在一些特殊场合，如表面安装盒、多媒体信息端口、区域接线盒、多媒体面板、家具式模块化面板。

当信息插座安装在墙上时，面板安装在接线底盒上。接线底盒有明装和暗装两种。明装盒安装在墙面上，用于对旧楼改造时很难或不能在墙壁内布线，只能用 PVC 线槽明铺在墙壁上的情况，这种方式安装灵活但不美观。暗装盒预埋在墙体内，布线也是走预埋的线管。底盒一般是塑料材质，预埋在墙体里的底盒也有金属材料的。底盒一般有单底盒和双底盒两种，一个底盒安装一个面板，且底盒大小必须与面板制式匹配。接线底盒内有供固定面板用的螺孔，随面板配有将面板固定在接线底盒上的螺钉。底盒都预留了穿线孔，有的底盒穿线孔是通的，有的底盒多个方向预留有穿线位，安装时凿穿与线管对接的穿线位即可。

2.2.7 线缆整理

当大量线缆进入机柜端接到配线架上后，如果对线缆毫不整理时，至少会存在以下问题：①双绞线本身具有一定的重量，几十根甚至上百根数米长的线缆给连接器施加拉力，有些连接点会因受力时间过长而造成接触不良；②不便于管理；③影响美观。因此采用扎带和理线器捆扎的方式来管理机柜内的线缆。

1. 扎带

扎带分尼龙扎带与金属扎带。综合布线工程中使用的是尼龙扎带。尼龙扎带采用 UL 认可的尼龙 66 材料制成，防火等级 94V-2，耐酸、耐蚀、绝缘性良好、耐久性、不易老化。使用方法：只要将带身轻轻穿过带孔一拉，即可牢牢扣住。尼龙扎带按紧固方式分为四种：可松式扎带、插销式扎带、固定式扎带和双扣式扎带。在综合布线系统中，它有以下几种使用方式：使用不同颜色的尼龙扎带，进行识别时可对繁多的线路加以区分；使用带有标签的尼龙扎带（见图 2-28），在整理线缆的同时可以加以标记；使用带有卡头的尼龙扎带，可以将线缆轻松地固定在面板上。

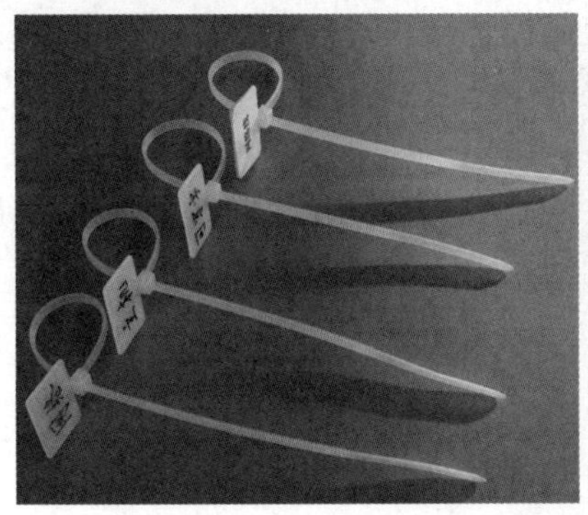

图 2-28　带标签的尼龙扎带

使用扎带时也可用专门工具，可使扎带的安装、使用极为简单省力；还可使用线扣将扎带和线缆等进行固定，它分粘贴型和非粘贴型两种。

2. 理线器（环）

理线器（环）为电缆提供了平行进入 RJ45 模块的通路，使电缆在压入模块之前不再多次直角转弯，减少了自身的信号辐射损耗，同时也减少了对周围电缆的辐射干扰。由于理线器使水平双绞线有规律地、平行地进入模块，因此在今后线路扩充时，将不会因改变一根电缆而引起大量电缆的更动，使整体可靠性得到保证，即提高了系统的可扩充性。在机柜中，理线器（环）能安装在三种位置。

1）垂直理线环可安装于机架的上下两端或中部，完成线缆的前后双向垂直管理。

2）水平理线器（见图 2-29）安装于机柜或机架的前面，与机架式配线架搭配使用，提供配线架或设备跳线的水平方向的线缆管理。

3）机架顶部理线槽可安装在机架顶部，线缆从机柜顶部进入机柜，为进出的线缆提供一个安全可靠的路径，包括9个管理环和18 in的线缆管理带。

图 2-29　水平理线器

2.3 管槽安装工具

从事综合布线的项目经理、网络工程师和布线工程师们在工程中往往存在这样的现象：重视线缆系统的安装而看轻、忽视管槽系统的安装，认为它技术含量低，是一种粗活、重活。在工程实际中，系统集成商往往将管槽系统设计好后，将管槽系统安装工作转包给其他工程队，从而给工程质量带来隐患。管槽系统是综合布线的“面子”，起到保护线缆的作用，管槽系统的质量直接关系到整个布线工程的质量，很多工程质量问题往往出在管槽系统的安装上。

要提高管槽系统的安装质量，首先要熟悉安装施工工具，并掌握这些工具的使用方法。综合布线管槽系统的施工工具很多，下面介绍一些常用的电动工具和设备，对简单电工和五金工具只列出名称。

2.3.1 电工工具箱

电工工具箱是布线施工中必备的工具，一般包括以下工具：钢丝钳、尖嘴钳、斜口钳、剥线钳、一字螺钉旋具、十字螺钉旋具、测电笔、电工刀、电工胶带、活扳手、呆扳手、卷尺、铁锤、凿子、斜口凿、钢锉、钢锯、电工皮带、工作手套等，如图2-30所示。工具箱中还应常备诸如水泥钉、木螺钉、自攻螺钉、塑料膨胀管、金属膨胀栓等小材料。

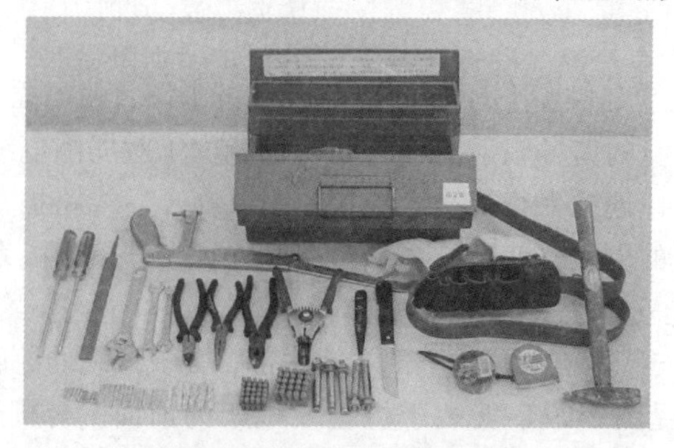

图 2-30　电工工具箱小工具

2.3.2 线盘

在施工现场特别是室外施工现场，由于施工范围广，不可能随地都能取到电源，因此要用长距离的电源线盘（见图 2-31）接电，线盘长度有 20 m、30 m、50 m 等型号。

2.3.3 五金工具

1. 线槽剪

线槽剪（见图 2-32）是 PVC 线槽专用剪，剪出的端口整齐、美观。

图 2-31 电源线盘

图 2-32 线槽剪

2. 台虎钳

台虎钳是锯割、凿削、锉削中小工件时的常用夹持工具之一。顺时针摇动手柄，钳口就会将工件（如钢管）夹紧；逆时针摇动手柄，就会松开工件，如图 2-33 所示。

做Ⅱ形横担锯割角钢，可用台虎钳夹持角钢。锯割时，握锯弓的右手施力，左手压力不要过大（主要是扶正锯架）。锯割时的往复运行有直线往复和摆动式操作两种。但无论采取哪种姿势，在锯割的过程中，要始终保持锯缝的平直。较厚的工件（如圆钢、工字钢）一般宜远起锯。起锯角不宜超过 15°。起锯角太大，起锯不易平稳；太小，不易切入工件。对于薄型工件（如薄钢板、绝缘板）宜近起锯。起锯角不宜超过 15°。起锯时，为了保证切点准确，可用拇指指甲导引锯条。锯割金属条料、扁钢、角钢和槽钢时，应尽可能从厚面锯割下去，以增加锯条使用有效长度，避免锯齿被勾住而崩断。

3. 梯子

安装管槽及进行布线拉线工序时，常常需要登高作业。常用的梯子有直梯和人字梯两种。直梯多用于户外登高作业，如搭在电杆上和墙上安装室外光缆；人字梯通常用于户内登高作业，如安装管槽、布线拉线等。在使用直梯和人字梯之前，宜将梯脚绑缚橡皮之类的防滑材料。对于人字梯，还应在两页梯之间绑扎一道防自动滑开的安全绳。

4. 管子台虎钳

管子台虎钳又名龙门钳，它是切割钢管、PVC 塑料管等管形材料的夹持工具，外形如

图 2-34 所示。管子台虎钳的钳座固定在三脚铁板工作台上。打开活动锁销，将钳架向外扳，便可把管子放置在上下牙块之中。再将钳架扶正，扣牢活动锁销。旋转手柄，可把管子牢牢夹住。

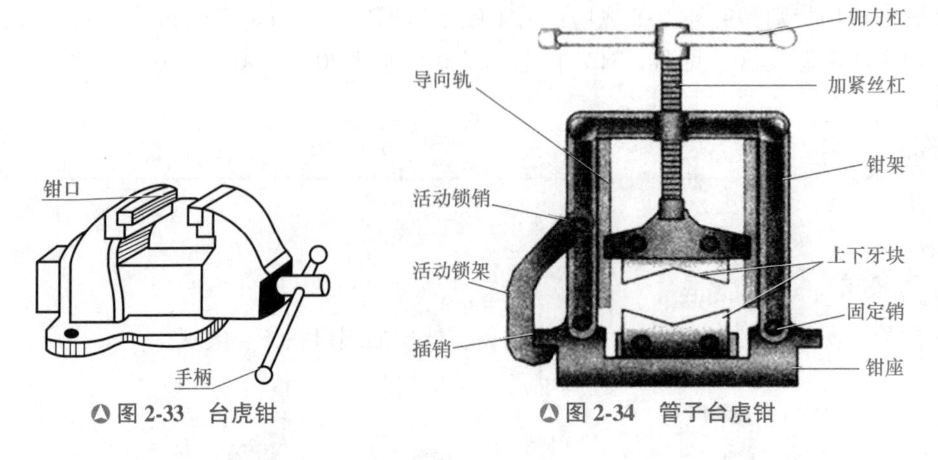

图 2-33　台虎钳　　图 2-34　管子台虎钳

5. 管子切割器

在钢管布线的施工中，要大量地切割钢管、电线管。这时管子切割器便派上了用场。

管子切割器又称管子割刀。图 2-35 所示为轻便型管子割刀。切割钢管时，先将钢管固定在管子台虎钳上，再把管子切割器的刀片调节到刚好卡在要切的部位，操作者立于三脚铁板工作台的右前方，用手操作管子割刀手柄，按顺时针方向旋割，旋一圈，旋动割刀手柄使刀片向管壁切下一些，这样便可把钢管齐刷刷切割下来。在快要割断时，须用手扶住待断段，以防断管落地砸伤脚指。

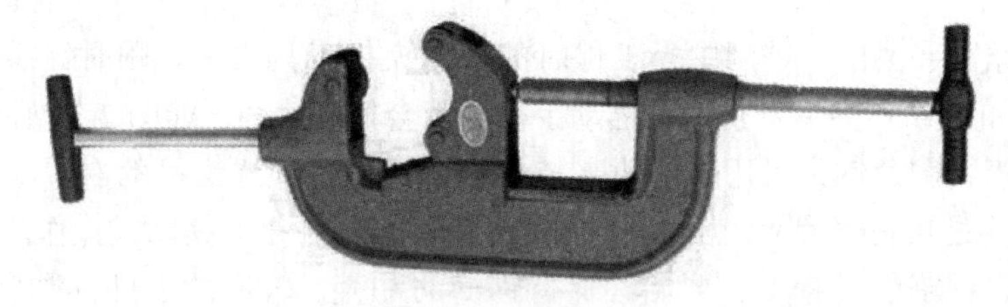

图 2-35　管子切割器

6. 管子钳

图 2-36 所示为管子钳，又称管钳，管子钳是用来安装钢管布线的工具，用来装卸电线管上的管箍、锁紧螺母、管子活接头、防爆活接头等。常用管子钳的规格有 200 mm、250 mm 和 350 mm 等多种。

图 2-36　管子钳

7. 螺纹铰板

螺纹铰板又名管螺纹铰板，简称“铰板”。常见型号有 GJB-60、WGJB-114W。其结构如图 2-37 所示。螺纹铰板是铰制钢管外螺纹的手动工具，是重要的管道工具之一。

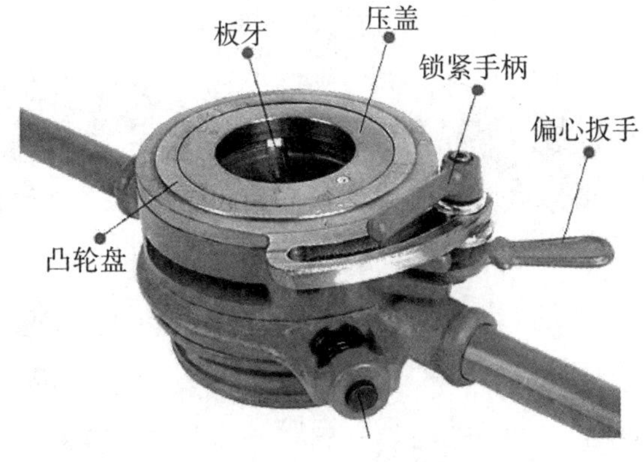

图 2-37　螺纹铰板

8. 简易弯管器

简易弯管器简单、易操作，常见于一些建筑工地上，自制自用，十分灵巧。简易弯管器一般用于 25 mm 以下的管子弯管，如图 2-38 所示。

9. 扳曲器

直径稍大的（大于 25 mm）电线管或小于 25 mm 的厚壁钢管，可采用如图 2-39 所示的扳曲器来弯管。它也可以自制。

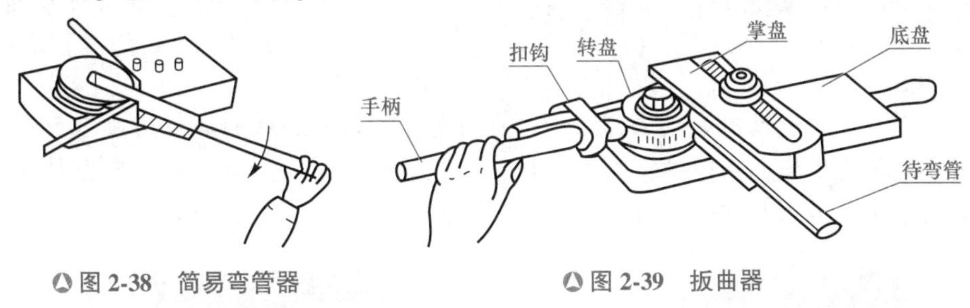

图 2-38　简易弯管器

图 2-39　扳曲器

2.3.4 电动工具

1. 充电起子

充电起子（见图 2-40）是工程安装中经常使用的一种电动工具，它既可当螺钉旋具又能用作电钻，特别是带充电电池使用，不用电线，在任何场合都能工作；单手操作，具有正反转快速变换按钮，使用灵活方便；强大的扭力，配合各式通用的六角工具头可以拆卸及锁入螺钉，钻洞等；取代传统螺钉旋具，拆卸锁入螺钉完全不费力，不用再费力锁螺钉锁，大大提高了工作效率。

2. 手电钻

手电钻（见图 2-41）既能在金属型材上钻孔，也可在木材、塑料上钻孔，在布线系统安装中是经常用到的工具。手电钻由电动机、电源开关、电缆、钻孔头等组成。用钻头钥匙开启钻头锁，使钻夹头扩开或拧紧，使钻头松出或固牢。

图 2-40　充电起子

图 2-41　手电钻

3. 冲击电钻

冲击电钻简称冲击钻。它是一种旋转带冲击的特殊用途的手提式电动工具。当需要在混凝土、预制板、瓷面砖、砖墙等建筑材料上进行钻孔、打洞时，只需把“锤钻调节开关”拨到标记锤的位置上，在钻头上安装电锤钻头（又名硬质合金钻头），便能产生既旋转又冲击的动作，在需要的部位进行钻孔；当需要在金属等韧性材料上进行钻孔加工时，只要将“锤钻调节开关”拨到标有钻的位置上，即可产生纯转动，换上普通麻花钻头，便可钻孔。其外形如图 2-42 所示。冲击电钻为双重绝缘，安全可靠。它由电动机、减速箱、冲击头、辅助手柄、开关、电源线、插头及钻头夹等组成。

4. 电锤

电锤以单相串励电动机为动力，适用于在混凝土、岩石、砖石砌体等脆性材料上进行钻孔、开槽、凿毛等作业。电锤钻孔速度快，而且成孔精度高，它与冲击电钻从功能看有相似的地方，但从外形与结构上看是有很多区别的。如图 2-43 所示为电锤。

图 2-42　冲击电钻

图 2-43　电锤

5. 电镐

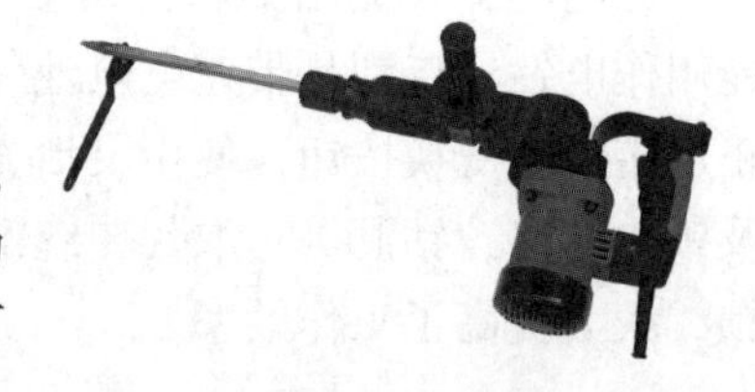

图 2-44　电镐

如图 2-44 所示，电镐采用精确的重型电锤机械结构，具有极强的混凝土铲凿功能，比电锤功率大，更具冲击力和振动力，减振控制使操作更加安全，并具有生产效能可调控的冲击能量，适合多种材料条件下的施工。

6. 射钉器

射钉器又名射钉枪，利用射钉器可发射钉弹，使弹内火药燃烧释放出推动力，将专用的射钉直接钉入钢板、混凝土、砖墙或岩石基体中，从而把需要固定的钢板卡子、塑料卡子、PVC 槽板、钢制或塑制机柜或布线箱永久或临时地固定好。图 2-45 所示是射钉器紧固示意图。操作时，将射钉和射钉弹装入射钉器内，对准被固件和基体，解除保险，扳动扳机，发射射钉弹，火药气体推动钉子穿过被固件进入基体，从而达到了固定的目的。

图 2-45　射钉器

7. 曲线锯

如图 2-46 所示，曲线锯在现场施工中，主要用于锯割直线和特殊的曲线切口；能锯割木材、PVC 和金属等材料；曲线锯质量轻，减少疲劳，采用小巧型的设计，易于在紧凑空间操作；可调速，低速启动易于切割控制，防振手柄方便把持。

8. 角磨机

角磨机如图 2-47 所示。金属槽、管切割后会留下锯齿形的毛边，会刺穿线缆的外套，用角磨机可将切割口磨平来保护线缆。角磨机同时也能当切割机用。

图 2-46　曲线锯

图 2-47　角磨机

9. 型材切割机

在布线管槽的安装中，常常需要加工角铁横担、割断管材。型材切割机的切割速度之快，用力之省，是钢锯所不及的。型材切割机的外形如图 2-48 所示。它由砂轮锯片、护罩、操纵手把、电动机、工件夹、工件夹调节手轮及底座、胶轮等组装而成，电动机一般是三相交流电动机。

10. 台钻

桥架等材料切割后，用台钻钻上新的孔，与其他桥架连接安装，如图 2-49 所示。

图 2-48　型材切割机

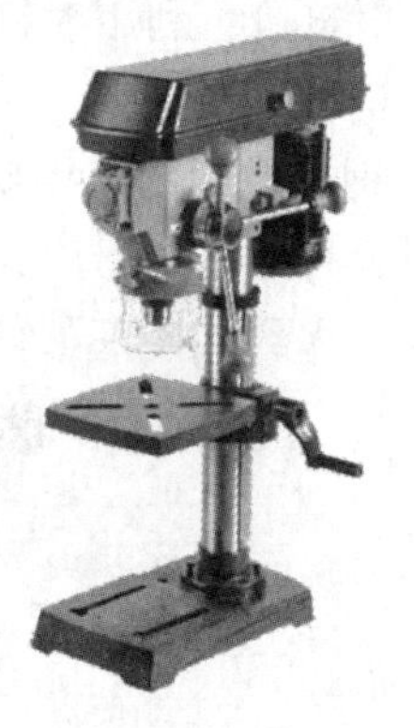

图 2-49　台钻

2.4 线缆安装工具

2.4.1 线缆敷设工具

线缆在建设物垂井或室内外管道中敷设时，需要借助一些工具来完成，下面主要介绍穿线用的穿线器，牵引、垂放线缆用的线轴支架、滑车和牵引机等，其他小件用具不在此一一介绍。

1. 穿线器

当在建筑物室内外的管道中布线时，如果管道较长、弯头较多和空间较少，则要使用穿线器牵引线、绳。图 2-50 是一种小型穿线器，适用管道较短的情况。图 2-51 是一种玻璃纤维穿线器，适用于管道较长的线缆敷设。

图 2-50　小型穿线器

图 2-51　玻璃纤维穿线器

2. 线轴支架

大对数电缆和光缆一般都包装在线缆卷轴上，放线时必须将线缆卷轴架设在线轴支架上，并从顶部放线。图 2-52 是液压线轴支架。

图 2-52　液压线轴支架

3. 滑车

当线缆从上而下垂放电缆时，为了保护线缆，需要一个滑车，保障线缆从线缆卷轴拉出后经滑车平滑地往下放线。图 2-53 是朝天钩式滑车，它安装在垂井的上方；图 2-54 是三联井口滑车，它安装在垂井的井口。

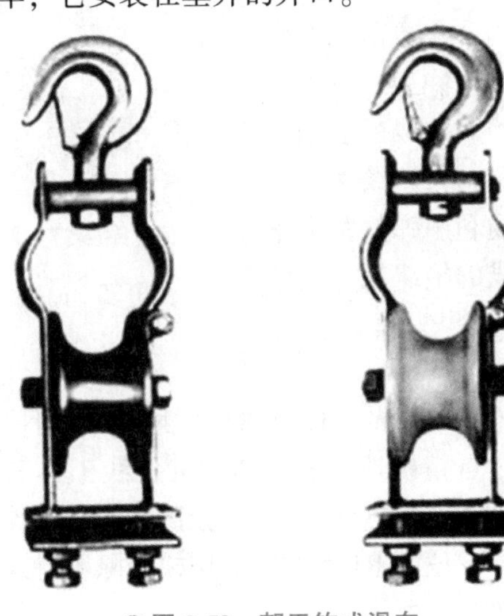

图 2-53　朝天钩式滑车

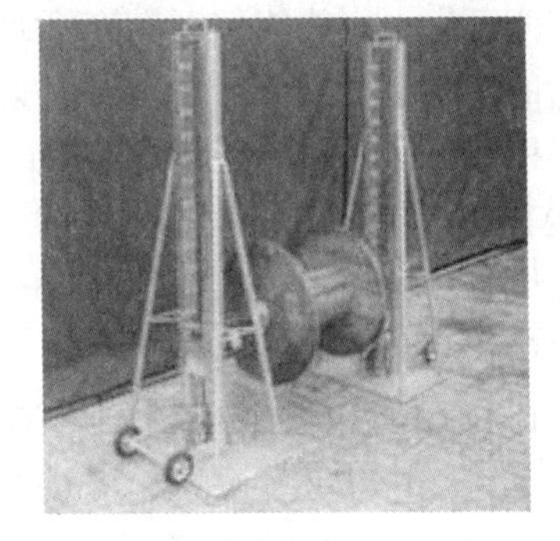

图 2-54　三联井口滑车

4. 牵引机

当大楼主干线由下往上敷设时，就需要用牵引机向上牵引线缆。牵引机有手摇式牵引机和电动牵引机两种，当大楼楼层较高和线缆数量较多时使用电动牵引机，当楼层较低且线缆数量少而轻时可用手摇式牵引机。图 2-55 是一款电动牵引机，电动牵引机能根据线缆情况通过控制牵引绳的松紧随意调整牵引力和速度，由牵引机的拉力计可随时读出拉力值，并有重负荷警报及过载保护功能。图 2-56 是手摇式牵引机，它是两级变速棘轮机构，安全省力，是最经济的选择。

图 2-55　电动牵引机

图 2-56　手摇式牵引机

2.4.2 线缆端接工具

1. 双绞线端接工具

常用的双绞线端接工具主要有以下几种。

（1）剥线钳

工程技术人员往往直接用压线工具上的刀片来剥除双绞线的外套，他们凭经验来控制切割深度，这就留下了隐患，一不小心切割线缆外套时就会伤及导线的绝缘层。由于双绞线的表面是不规则的，而且线径存在差别，所以采用剥线器剥去双绞线的外护套更安全可靠。剥线钳使用高度可调的刀片或利用弹簧张力来控制合适的切割深度，保障切割时不会伤及导线的绝缘层。剥线钳有多种外观，图 2-57 是其中的一种。

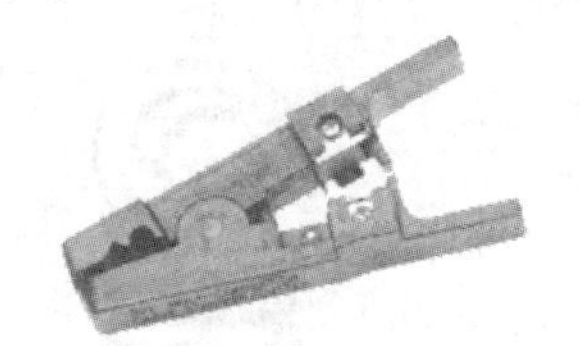

图 2-57　剥线钳

（2）压线工具

压线工具用来压接 8 位的 RJ45 插头和 4 位、6 位的 RJ11、RJ12 插头。它可同时提供切和剥的功效。其设计可保证模具齿和插头的角点精确地对齐，通常的压线工具都是固定插头的，有 RJ45 或 RJ11 单用的，也有双用的，如图 2-58 所示，市场上还有手持式模块化插头压接工具，它有可替换的 8 位 RJ45 和 4 位、6 位的 RJ11、RJ12 压模。除手持式压线工具外，还有工业应用级的模式化插头自动压接仪。

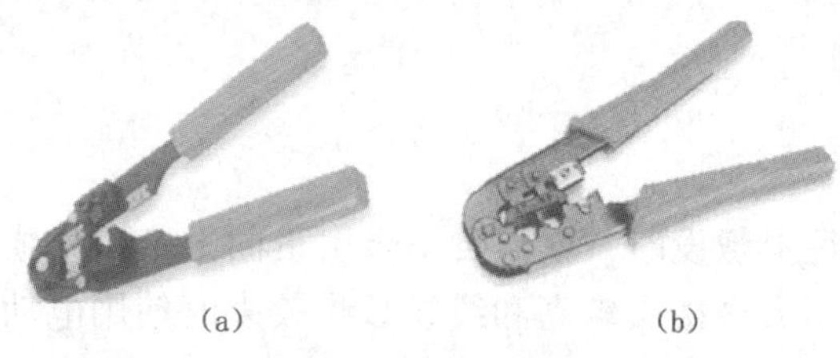

(a)　　(b)

图 2-58　压线工具

(a) 单用；(b) 双用

（3）110 打线工具

110 打线工具（见图 2-59）用于将双绞线压接到信息模块和配线架上，信息模块配线架是采用绝缘置换连接器（IDC）与双绞线连接的，IDC实际上具有V形豁口的小刀片，当把导线压入豁口时，刀片割开导线的绝缘层，与其中的导体接触。打线工具由手柄和刀具组成，它是两端式的，一端具有打接及裁线的功能，裁剪掉多余的线头，另一端不具有裁线的功能，工具的一面显示清晰的“CUT”字样，使用户可以在安装的过程中容易识别正确的打线方向。手柄握把具有压力旋转钮，可进行压力大小的选择。

除了110单对打线工具，还有110五对打线工具（见图2-60），它是一种多功能端接工具，适用于线缆、跳接块及跳线架的连接作业，端接工具和体座均可替换，打线头通过翻转可以选择切割或不切割线缆。工具的腔体由高强度的铝涂以黑色保护漆构成，手柄为防滑橡胶，并符合人体工程学设计。工具的一面显示清晰的“CUT”字样，使用户可以在安装的过程中容易识别正确的打线方向。

打线工具还有一种是66型的，用于语音系统的交叉连接。

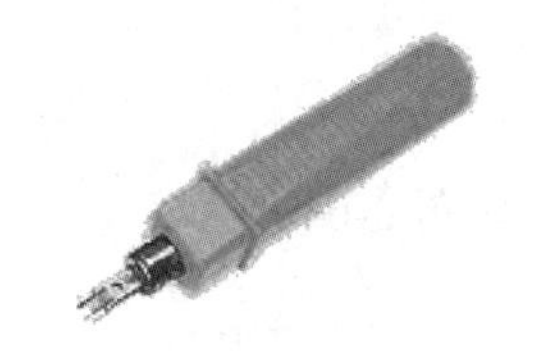

图2-59　110打线工具

图2-60　110五对打线工具

（4）手掌保护器

因为把双绞线的4对芯线卡入到信息模块的过程比较费劲，并且由于信息模块容易划伤手，于是就有公司专门设计生产了一种打线保护装置，将信息模块嵌套在保护装置后再对信息模块压接，这样既可以更加地方便把双绞线卡入到信息模块中，也可以起到隔离手掌，保护手的作用。手掌保护器如图2-61所示。

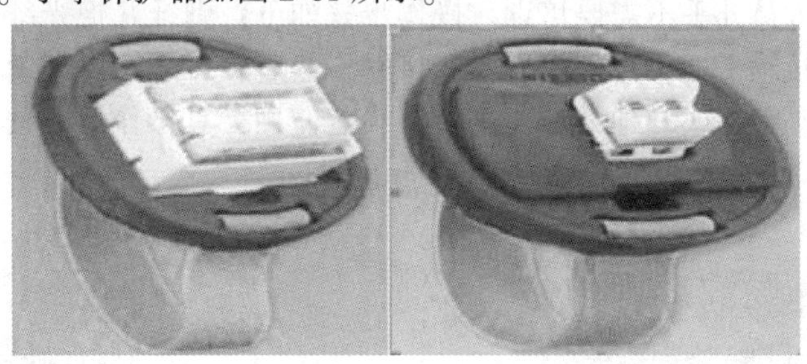

图2-61　手掌保护器

2. 光纤端接工具

（1）光纤剥离钳

光纤剥离钳用于剥离光纤涂覆层和外护层，光纤剥离钳的种类很多，图2-62为双口光纤剥离钳。它是双开口、多功能的。钳刃上的V形口用于精确剥离250 μm、500 μm涂敷层以及900 μm缓冲层。第二开孔用于剥离3 mm尾纤外护层。所有的切端面都有精密的机械公差以保证干净、平滑地操作。不使用时可使刀口锁在关闭状态。

（2）光纤剪刀

光纤剪刀用于修剪凯弗拉线（Kevlar），图2-63是高杠杆率Kevlar剪刀，这是种防滑锯齿剪刀，复位弹簧可提高剪切速度，注意只可剪光纤线的凯夫拉层，不能剪光纤内芯线玻璃层及作为剥皮之用。

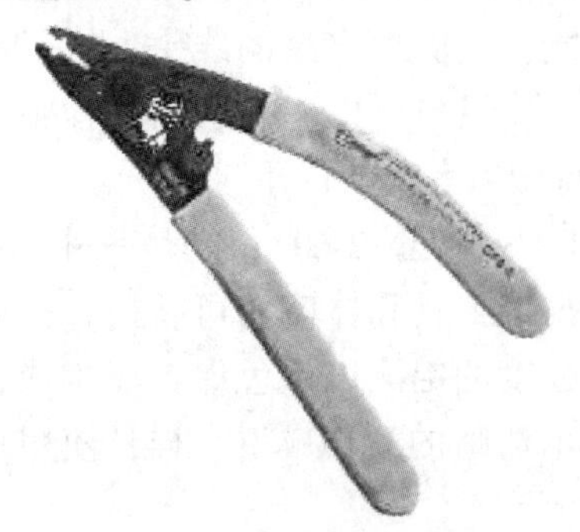

图 2-62　双口光纤剥离钳

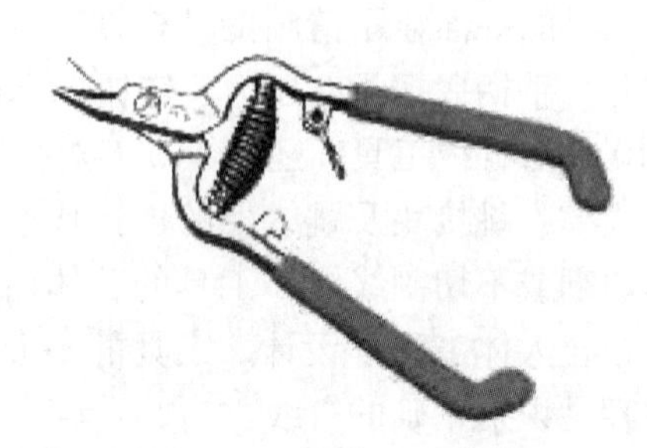

图 2-63　光纤 Kevlar 剪刀

（3）光纤连接器压接钳

光纤连接器压接钳用于压接 FC、SC 和 ST 连接器，如图 2-64 所示。

（4）光纤接续子

光纤接续子用于尾纤接续、不同类型的光缆转接、室内外永久或临时接续、光缆应急恢复。光纤接续子有很多类型，如图 2-65 为 CamSplice 光纤接续子，它是一种简单、易用的光纤接续工具，可以接续多模或单模光纤。它的特点是使用一种“凸轮”锁定装置，不需要任何黏接剂。CamSplice 光纤接续子采用了光纤中心自对准专利技术，使两光纤接续时保持极高的对准精度。CamSplice 光纤接续子的平均接续损耗为 0.15 dB。即使随意接续（不经过精细对准），其损耗也很容易达到 0.5 dB 以下。它可以应用在 250/250 μm、250/900 μm，或 900/900 μm 光纤接续的场合。CamSplice 光纤接续子使用起来非常简单，没有太多的附件，使用人员几乎不需要培训。操作步骤如下：剥纤并把光纤切割好，将需要接续的光纤分别插入接续子内，直到它们互相接触，然后旋转凸轮以锁紧并保护光纤。这个过程中不需要任何黏接剂或其他的专用工具，当然使用夹具操作更方便。一般来说，接续一对光纤不会超过 2 min。

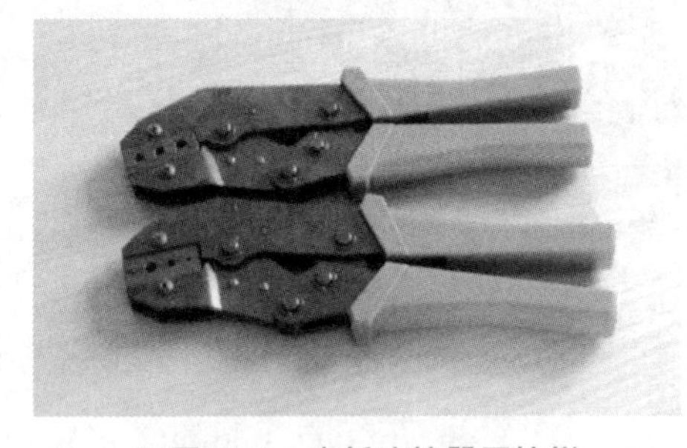

图 2-64　光纤连接器压接钳

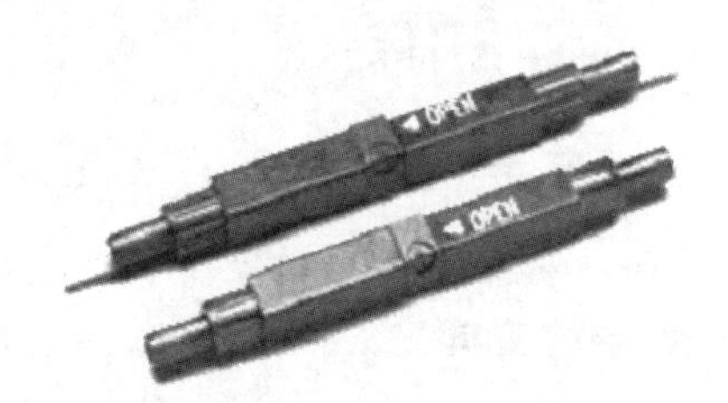

图 2-65　CamSplice 光纤接续子

（5）光纤切割工具

光纤切割工具用于多模和单模光纤切割，包括通用光纤切割工具（见图 2-66）和光纤切割笔（见图 2-67）。光纤切割工具用于光纤精密切割，光纤切割笔用于光纤的简易切割。

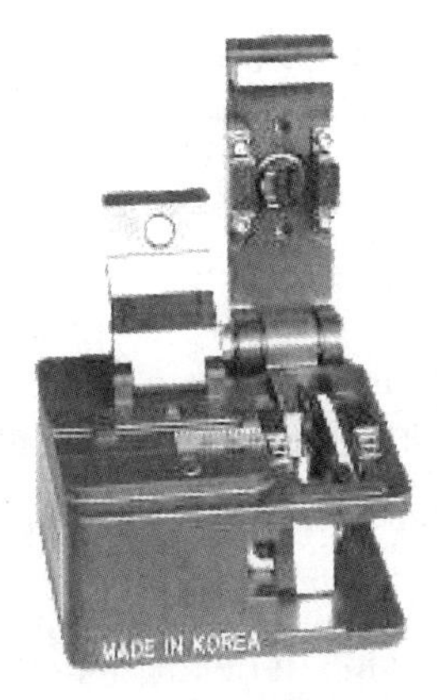

图 2-66　光纤切割工具

图 2-67　光纤切割笔

（6）单芯光纤熔接机

熔接机采用芯对芯标准系统（PAS）进行快速、全自动熔接。它配备有双摄像头，支持 5 in 高清晰度彩显，能进行 *X*、*Y* 轴同步观察；具有深凹式防风盖，在 15m/s 的强风下能进行接续工作；可以自动检测放电强度，放电稳定可靠；能够自动进行光纤类型识别，自动校准熔接位置，自动选择最佳熔接程序，自动推算接续损耗。其选件及必备件有主机、AC 转换器/充电器、AC 电源线、监视器罩、电极棒、便携箱、操作手册、精密光纤切割刀、充电/直流电源和涂覆层剥皮钳。单芯光纤熔接机如图 2-68 所示。

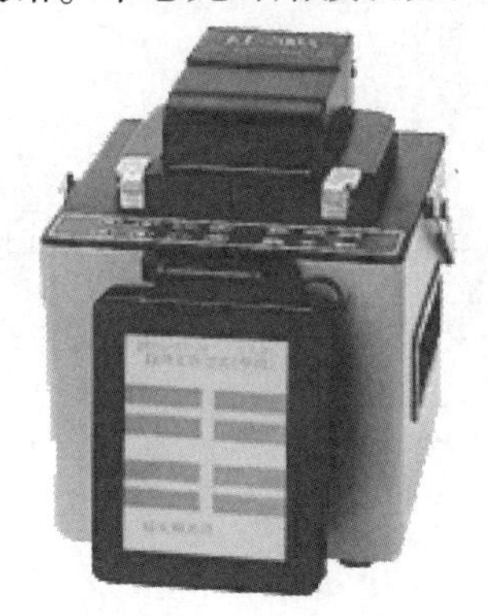

图 2-68　单芯光纤熔接机

其他光纤工具还有光纤固化加热炉、手动光纤研磨工具、光纤头清洗工具、FT300 光纤探测器、常用光纤工具包等，在此不再一一介绍。

2.5　验收测试仪器

布线系统的现场测试包括验证测试和认证测试。验证测试是测试所安装的双绞线的通断和长度，认证测试除了验证测试的全部内容外还包括对线缆电气性能如衰减、近端串扰等指标的测试。因此布线测试仪也相应地分为两种类型：验证测试仪和认证测试仪。

验证测试仪用于施工的过程中，由施工人员边施工边测试，以保证所完成的每一个连接的正确性。此时只测试电缆的通断、电缆的打线方法、电缆的长度以及电缆的走向。下面介绍四种典型的验证测试仪表。其中后三种是国际知名测试仪表供应商——美国 FLUKE 公司的 MicroTools 系列产品。

1. 简易布线通断测试仪

如图 2-69 所示，简易布线通断测试仪是最简单的电缆通断测试仪，包括主机和远端机，测试时，线缆两端分别连接上主机和远端机，就能判断双绞线 8 芯线的通断情况，但不能定位故障点的位置。

2. MicroMapper 电缆线序检测仪

如图 2-70 所示，MicroMapper 电缆线序检测仪是小型手持式验证测试仪，可以方便地验证双绞线电缆的连通性，包括检测开路、短路、跨接、反接以及串绕等问题。只需按动测试（TEST）按键，线序仪就可以自动地扫描所有线对并发现所有存在的线缆问题。当与音频探头（MicroProbe）配合使用时，MicroMapper 内置的音频发生器可追踪到穿过墙壁、地板、天花板的电缆。线序检测仪还包括一个远端，因此一个人就可以方便地完成电缆和用户跳线的测试。

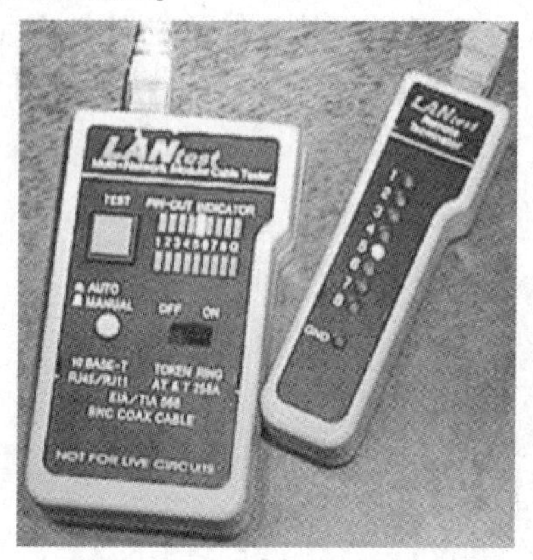

图 2-69　简易布线通断测试仪

图 2-70　MicroMapper 电缆线序检测仪

3. MicroScanner Pro 电缆验证仪

如图 2-71 所示，MicroScanner Pro 电缆验证仪是一个功能强大、专为防止以及解决电缆安装问题而设计的工具，可以检测电缆的通断、电缆的连接线序、电缆故障的位置，从而节省了安装的时间和成本。MicroScanner Pro 电缆验证仪可以测试同轴线（RG6、RG59 等 CATV/CCTV 电缆）以及双绞线（UTP/STP/SSTP），并可诊断其他类型的电缆，如语音传输电缆、网络安全电缆或电话线。它产生 4 种音调来确定墙壁中、天花板上或配线间中的电缆的位置。

4. FLUKE620 电缆测试仪

如图 2-72 所示，FLUKE620 电缆测试仪是一种单端电缆测试仪，进行电缆测试时不需在电缆的另外一端连接远端单元即可进行电缆的通断、距离、串绕等测试。这样不必等到电缆全部安装完毕就可以开始测试，发现故障可以立即得到纠正，省时又省力。如果使用远端单元还可查出接线错误以及电缆的走向等。

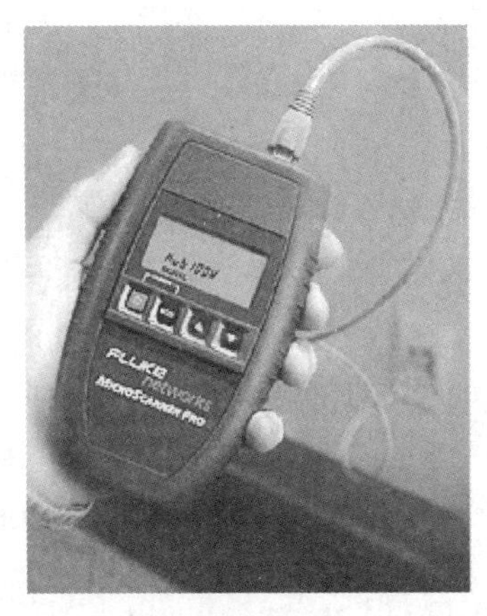

图 2-71　**MicroScanner Pro 电缆验证仪**

图 2-72　**FLUKE620 电缆测试仪**

任务3　综合布线项目施工管理

综合布线作为一个系统工程目前已经成为校园网不可缺少的一部分。本任务把综合布线作为一个独立的单项工程，从项目施工管理方面入手，介绍综合布线系统工程在施工过程中应如何进行科学有效的管理。

3.1　施工组织管理

3.1.1　项目施工管理概要

1. 施工管理范围和内容

从施工的角度看，综合布线作为一个独立的系统，它在工程项目总体施工部署和管理目标的指导下，形成自身的项目管理方案和目标，按照其预先设计、达到相应等级以及质量的要求，如期竣工交付业主使用。项目施工管理的基本范围一般随着工程建设项目的大小而定，结合综合布线系统工程来说，是指安装施工单位从施工承包投标开始，直到工程保修期满为止的全过程中所有与施工有关活动的管理工作，也可以说其管理的范围是由承包施工合同界定的，通常由工程承包施工合同中规定的承包范围作为管理的范围，可以是工程建筑项目（如××校园综合布线系统工程），也可以是单项工程或单位工程（如地下通信管道工程或安装通信设备工程等）。按照工程建设领域的规定，只有建设项目、单项工程、单位工程的施工活动过程，且形成最终产品，才能称为施工项目。由于分部工程、分项工程都不是最终产品（如缆线的检验测试或槽道加工组装等），所以它们是施工活动过程，不能称其为施工项目，它们是施工项目的组成部分，其施工管理工作在整个工程项目的基本范围之内。

从施工的角度看，综合布线作为一个独立的系统，它在工程项目总体施工部署和管理目标的指导下，形成自身的项目管理方案和目标，按照其预先设计、达到相应等级以及质量的要求，如期竣工交付业主使用。

布线工程签订合同，接收到工程项目总部（或建设方、监理）《工程施工入场通知单》日起，综合布线项目部成立并进入工程现场准备开始施工。综合布线设计通常也包含施工方案的基本规范。施工方案中包含的主要内容如下：

1）项目施工的组织；

2）根据设计方案进行施工图设计，制订工程的施工计划；

3）制定与其他弱电工程及土建工程在工程进度上的配合方案。

2. 施工工程管理

综合布线是一个系统工程，要将综合布线设计方案最终在建筑中完美体现，工程组织和工程实施是十分重要的环节。综合布线的工程组织和工程实施是时间性很强的工作，具有步骤性、经验性和工艺性的特点。综合布线工程要求施工单位具备工程组织能力、工程实践能力和工程管理能力，同时在施工中做好工程施工管理、工程技术管理和工程质量管理。工程施工管理包括施工进度管理、施工界面管理和施工组织管理。工程技术管理包括技术标准和规范管理、安装工艺管理以及技术文件管理。工程质量管理要严格按照 ISO 3001 质量标准实施。

工程质量管理具体包括施工图的规划化和制图的质量标准、管线施工的质量检查和监督、配线规格的审查和质量要求、系统运行时的参数统计和质量分析、系统验收的步骤和方法、系统验收的质量标准、系统操作与运行时的规范和要求、系统的保养与维护的规范和要求等。

综合布线系统工程具有任务细节繁杂、技术性强的特点，为此工程管理上需要采用设计管理和现场施工管理相结合的模式。

设计管理侧重于对整体综合布线技术从需求、方案、设计到具体实际施工中所出现的切实问题予以关注和解决。设计管理大量涉及合同中的产品数量、型号，因此，更多地体现在产品质量管理、费用控制和信息管理、合同管理、技术培训、技术交流和维护保养。

现场施工管理是综合布线系统与机电、土建单位联络的主要方式。现场施工管理要做好安全工作。

综合布线系统工程与智能化建筑或智能化校园的主体建筑工程相比而言，是一个很小的子系统，但它是独立的一个工程建设项目，具有一定的管理范围和相应的工作内容，主要有进度、质量、成本和安全生产等控制，人力资源、设备器材、设备和仪表工具、技术、资金、合同、信息、施工现场等管理以及组织协调、生活事务等具体工作，应该说“麻雀虽小、五脏俱全”。下面将与综合布线系统安装施工中密切相关的主要部分，予以简要的叙述。

3. 进度控制

综合布线系统工程的安装施工进度控制，应以实现承包施工合同约定的竣工日期为最终目标，对此可按单项工程或单位工程（如屋内建筑物主干布线子系统缆线的敷设）分解为交工分目标，并编制施工进度计划，在工期实施过程中加以监督管理和严格控制，当出现进度偏差时，应及时采取措施调整，力求总的进度目标不变以顺利完成施工任务。

4. 质量控制

质量控制是综合布线系统工程中三大控制的重要内容，它是工程的“灵魂”，如果工程没有质量，就毫无存在的价值。质量控制应坚持“质量第一，预防为主”的方针，按照最新版本的 GB/T 3000 标准和施工企业质量管理体系的要求进行施工活动，在具体实施中应按工程设计、施工规范及工艺规程等规定执行，以满足用户的实际需要。在综合布线系统工程施工过程中应按标准规定，实行自检、耳检和交接检验。隐蔽工程或指定部位（如地下通信管道工程和光纤连接工序等)，在未经检验或虽经检验定为不合格的工序，严禁掩盖并不得转入下道工序。对于不负责任，影响工程质量的部分，必须返工，并追究有关人员的责任。由于综合布线系统的缆线或部件极为精细，且价格较高，必须加强检验和严格控制，使工程质量得以确保。

5. 成本控制

成本控制对于施工企业是极为重要的管理内容，在综合布线系统工程的施工合同签订后，施工企业应根据合同规定的总造价、工程设计和施工图样及招标文件中的工程量进行核算，初步确定在安装施工的正常情况下的管理费用、企业开支和施工成本（又称可控成本）。在整个施工过程中应坚持按照增收节支、全面控制、责权利相结合的原则，用目标管理方法对实际完成工程量的施工成本发生过程，进行切实有效的控制。同时，在成本控制过程中，结合质量控制的要求，坚决反对和杜绝安装施工中偷工减料、以次充好和降低标准等所谓节约的不良行为，严重的必须予以从严处理。

6. 安全控制

任何一个工程建设项目都有施工人员参与，这就有人身生命安全的问题。此外，工程本身的事故、环境保护等都属于安全生产的范围。为此，必须坚持“安全第一，预防为主”的方针。应建立安全管理体系和安全生产责任制，加强重点工序（如光纤连接和光缆接续等）的安全生产教育，应坚持持证上岗制度，根据安装施工现场的特点，采取相应的安全技术措施。在综合布线系统工程中，尤其要防止施工人员高空坠落、沟槽塌方、交通事故、触电、沼气中毒等伤亡事故的发生，要采取切实有效、安全可靠的保护措施，务必保证安装施工过程中不发生安全事故。

7. 成本控制

成本控制对于施工企业是极为重要的管理内容，在综合布线系统工程的施工合同签订后，施工企业应根据合同规定的总造价、工程设计和施工图样及招标文件中的工程量进行核算，初步确定在安装施工的正常情况下的管理费用、企业开支和施工成本（又称可控成本）。在整个施工过程中应坚持按照增收节支、全面控制、责权利相结合的原则，用目标管理方法对实际完成工程量的施工成本发生过程，进行切实有效的控制。同时，在成本控制过程中，结合质量控制的要求，坚决反对和杜绝安装施工中偷工减料、以次充好和降低标准等所谓节约的不良行为，严重的必须从严处理。

8. 设备和器材的管理

综合布线系统工程中所需的设备和器材应由建设单位或业主委托有关单位向厂商订货或市场采购，所有设备或器材均应按工程设计或供货合同的质量要求，保质保量筹集和供应，进入施工现场的设备或器材应进行数量、型号和规格的验收；其质量、性能和外形应予以认证，做出相应的验收记录和便于辨别的标识。凡是不合格的或无生产厂家提供证明的设备和器材，都不允许在工程中使用。所有设备和器材运进施工现场后，应根据设备或器材的特点和要求，分区按类堆放，专人负责看管，建立进入库场的台账和领用退料制度，采取切实有效的防火、防潮等技术措施，以免设备或器材损坏或丢失而影响安装施工。

3.1.2 项目施工管理机构

项目部成立，应做出相应的人员安排（根据现场的实际情况，如工程项目较小，可一人承担两项或三项工作）。针对综合布线工程的施工特点，施工单位要制订一整套规范的人员配备计划。通常，人员配备采用项目经理领导下的技术经理、物料（施工材料与器材）经理、施工经理的工程负责制管理模式。组织结构图如图 3-1 所示。

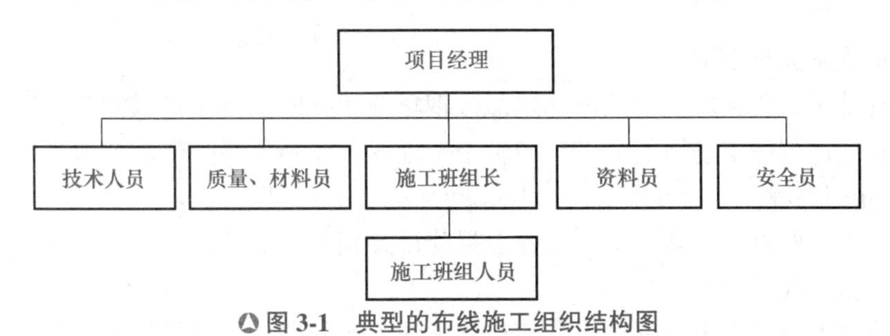

图 3-1　典型的布线施工组织结构图

1）项目经理：具有大综合布线系统工程项目的管理与实施经验，监督整个工程项目的实施，对工程项目的实施进度负责，负责协调解决工程项目实施过程中出现的各种问题；负责与业主及相关人员的协调工作，主要统筹项目所有的施工设计、施工管理、工程测试及各类协调等工作。

2）技术人员：要求具有丰富的工程施工经验，对项目实施过程中出现的进度、技术等问题，及时上报项目经理；熟悉综合布线系统的工程特点、技术特点及产品特点，并熟悉相关技术执行标准及验收标准，负责协调系统设备检验与工程验收工作。

3）质量、材料员：要求熟悉工程所需的材料、设备规格，负责材料、设备的进出库管理和库存管理，保证库存设备的完整。

4）安全员：要求具有很强的责任心，负责巡视日常工作安全防范以及库存设备材料的安全。

5）资料员：负责日常的工程资料整理（图纸、洽商文档、监理文档、工程文件、竣工资料等）。

6）施工班组人员：承担工程施工生产，应具有相应的施工能力和经验。

3.1.3 项目人员管理

1. 项目经理部人员管理

针对工程规模、施工进度、技术要求、施工难度等特点，根据正规化的工程管理模式，拟订出一套科学的、合理的工程管理人事配置方案。项目经理部一般分为技术、施工、物料职能部门，并设有总监。

技术管理：负责审核设计，制订施工计划，检验产品性能指标；审核项目方案是否满足标书要求；负责施工技术指导和问题解决；监控工程进度；检验与监控工程施工质量；负责整个工程的资料管理，制定资料目录，保证施工图纸为当前有效的图纸版本；提供与各系统相关的验收标准，负责制定竣工资料，负责本工程技术建档工作，收集验收所需的各种技术报告，负责提出验收报告。

施工管理：主要承担工程施工的各项具体任务，其下设布线组、测试组、设备台调试组和技术支持组，各组既分工明确又相互协调。

物料管理：主要根据合同及工程进度即时安排好库存和运输，为工程提供足够、合格的施工物料与器材。

2. 施工现场人员管理

1）制定施工人员档案。

2）所有施工人员在施工场地内均须佩戴现场施工有效工作证，以便于识别及管理。

3）所有须进入施工场地的员工，均给予工地安全守则，并必须参加由工地安全负责人安排的安全守则课程。

4）当员工离职时，更新人员档案并上报建设方相关人员。

5）制定施工人员分配表。

6）向施工人员发出工作责任表，细述当天的工作程序、所需材料与器材，说明施工要求和完成标准。

3.2 现场施工内容及管理

3.2.1 工程施工内容

综合布线工程施工包括图纸会审、管理细则、技术交底、工程变更、施工步骤、施工注意事项、施工进度计划、施工协调、施工配合等。

1. 图纸会审

图纸会审是一项极其严肃和重要的技术工作。认真做好图纸会审工作，对于减少施工图中的差错，保证和提高工程质量有重要的作用。图纸会审，应有组织、有领导、有步骤地进行，并按照工程进展，定期分级组织会审工作。图纸会审工作应由建设方和施工方提出问题，设计人员解答。对于涉及面广、设计人员一方不能定案的问题，应由建设单位和施工单位共同协商解决办法。会审结果应形成纪要，由建设单位、施工单位、监理单位三方共同签字，并分发下去，作为施工技术存档。

2. 管理细则

(1) 监察及报告

按计划施工进度及设计安排工期，对所有工地人员介绍整个工程计划，明确委派每一位人员的责任及从属。实施施工人员管理计划，确保所 o9-p 有人员履行所属责任，每天到工地报到，并分配当天工作任务及所需设备和工具。班组长每天巡视工地，确保工程进度如期进行及达到施工标准。施工组主管每天提交当天施工进度报告及归档。

项目管理批阅有关报告后，按需要调动适当人员及调整施工计划，以确保工程进度。每周以书面形式向总工程师、监理方、建设方提交工程进度报告。订定与工地管工的定期会议，了解工程的实施进度及问题，按不同情况及重要性，检讨及重新制定施工方向，程序及人员的分配．同时制定弹性人员调动机制，以便工程加快或变动进度时予以配合。每日巡查施工场地，检查施工人员的工作操守，以确保工程的正确的运行及进度。

(2) 施工原则

坚持质量第一，确保安全施工；按计划和基建施工配合；

严格执行基本施工安装工序和技术监管的要求；

严格按照标准保证工程的质量，确保可靠性，安全性；

协调多工序、多工种的交叉作业。

(3) 编制现场施工管理文件及施工图，编制内容包含：

现场技术安全交底、现场协调、现场变更、现场材料质量签证、现场工程验收单；

工程概况。包括：工程名称、范围、地点、规模、特点、主要技术参数，工期要求及投资等；

施工平面布置图，施工准备及其技术要求；

施工方法图、工序图、施工计划网络图；

施工技术措施与技术要求；

施工安全、防火措施；

(4) 编制与审批程序

施工方案经项目技术组组长审核，建设方和监理负责人（主任工程师）复审，建设方技术监管认可后生效并执行。

(5) 施工方案的贯彻和实施

方案编制完成后，施工前应由施工方案编制人向全体施工人员（包括质检人员和安全人员）进行交底（讲解）；项目主管负责方案的贯彻，各级技术人员应严格执行方案的各项要求。工程竣工后，应认真进行总结，提交方案实施的书面文件。

3. 技术交底

技术交底包括基建设计单位与甲、施工单位之间。技术交底工作应分级进行，分级管理，并定期按周进行交流，召开例会。

技术交底的主要内容包括：施工中采用的新技术、新工艺、新设备、新材料的性能和操作使用方法，预埋部件注意事项；技术交底应做好记录。

4. 工程变更

经过图纸会审和技术交底工作之后，会发现一些设计图纸中的问题和用户需求的改动，或随着工程的进展，不断会发现一些问题。这时设计也不可能再修改图纸，采用设计变更的办法，将需要修改和变更的地方，填写工程设计变更联络单。变更单上附有文字说明，有的还附有大样图和示意图。

当收到工程变更单时，应妥善保存，它也是施工图的补充和完善性的技术资料，应对应相应的施工图，认真核对，在施工时应按变更后的设计进行。工程变更单是作竣工图的重要依据，同是也是交竣工资料的组成部分，应归纳存档。

5. 施工步骤

（1）施工过程可分为三阶段进行：

施工准备阶段：阅读和熟悉基建施工图纸；绘出布线施工设计和施工图；设备、材料订购，到货清点验收、入库，布线管槽定制，人员组织准备等。

施工阶段：配合土建、装修施工，预埋电缆电线、保护管、各支持固定件及固定接线箱等。最后依据工程进展，逐步进行设备安装。

（2）施工步骤

根据具体项目的施工规模、工期，调配好施工步骤，确立重点，采取对策。施工过程中也要注意与弱电，土建，装修，机电分包的配合，以确保整个工程的顺利进行。工程施工步骤包含在详细的施工进度计划内，进入现场后进一步细化。

施工准备：施工设计图纸的会审和技术交底，由甲方组织，建设方技术人员，工长参加；由建设方技术人员根据工程进度提出施工用料计划，施工机具和检验工具、仪器的配备计划，同时结算施工劳动力的配备，做好施工班组的安全、消防、技术交底和培训工作。配合主体结构和装修，熟悉结构和装修预埋图纸，校清预埋位置尺寸以及有关施工操作、工艺、规程、标准的规定及施工验收规范要求。随结构、装修工程的进度，监督好管盒预埋安装和线槽敷设工作，做到不错、不漏、不堵，当分段隐蔽工程完成后，应配合甲方及时验收并及时办理隐检签字手续。

材料与器材开箱检查：由设备材料组负责，技术和质量监理参加，将已到施工现场的设备、材料做直观上的外观检查，板正无外伤损坏、无缺件，清点备件。核对设备、材料、电缆、电线、备件的型号规格、数量是否符合施工设计文件以及清单的要求，并及时如实填写开箱检查报告。仓库管理员应填写材料库存统计表与材料入库统计表。由质量监理组负责，严格按照施工图纸文件要求和有关规范规定的标准对设备及路线等进行验收。

自检：在设备端接，测试完毕后，由质量监理组和技术支持组，按施工设计有关规程规定，组织有关人员进行认真的检查和重点的抽查，确认无误以及合乎有关规定后，再进行竣工资料整理和报验工作。

6. 施工注意事项

（1）做到无施工方案不施工，有方案工作任务没交底不施工。

施工班组要认真做好完全上岗交底活动及记录，在固定时间内组织安全活动。严格执行操作规程，违章作业的指令有权拒绝，制止违章作业。

（2）进入施工现场必须严格遵守安全生产纪律，严格执行安全生产规程。

（3）从事高空作业人员要定时体检。不适于高空作业的，不得从事高空作业。

（4）脚手架搭设要有严格的交底和验收制度，未经验收的不得使用。施工时严禁擅自拆除各种安全措施，对施工有影响而非拆除不可时，要得到有关人员批准，并采取加固措施。

（5）严格安全用电制度，遵守《施工现场临时用电安全技术规范》（JCJ46-88），临时用电要布局合理，严禁乱拉乱接，潮湿处、地下室及管道竖井内施工应采用低压照明。现场用电，一定要有专人管理，同时设专用配电箱，严禁乱接乱拉，采取用电牌制度，杜绝违章作业，防止人身、线路，设备事故的发生。

（6）电钻、电锤、电焊机等电动机具用电、配电箱必须要有保护装置和良好的接地保护地线，所有电动机具和线缆必须定期检查，保证绝缘良好，使用电动机具时应穿绝缘鞋，戴绝缘手套。

7. 施工进度计划

（1）在总体施工进度计划指导下，由项目经理编制季、月、周施工作业计划，由专业施工技术督导员负责向施工队交底和组织实施。

（2）项目部每周召开专业施工技术督导员，各子系统施工班组负责人参加的进度协调会，及时检查协调各子系统工程进度及解决工序交接的有关问题。会定期召开各有关部门会议，协调部门与项目部之间有关工程实施的配合问题。

（3）项目经理按时参加甲方召开的生产协调会仪，及时处理与有关施工单位之间的施工配合问题，及时反映施工中存在的问题，以确保整个工程的顺利及同步进行。

8. 施工协调

工程项目在施工过程中会涉及很多方面的关系，一个建筑施工项目常有几十家涉及不同专业的施工单位，矛盾是不可避免的。协调作为项目管理的重要工作，需要有效的解决各种分歧和施工冲突，使各施工单位齐心协力保证项目的顺利实施，以达到预期的工程建设目标。协调工作主要由项目经理完成，技术人员支持。综合布线项目协调的内容大致分为以下几个方面：

1. 相互配合的协调，包括其他专业的施工单位、业主、监理公司、设计公司或咨询公司等在配合关系上的协调。如与其他施工单位协调施工次序的先后，线管线槽的路由走向，或避让强电线槽线管以及其他会造成电磁干扰的机电设备等。与业主、监理公司协调工程进度款的支付，施工进度的安排，施工工艺的要求、隐蔽工程验收等。与设计公司或咨询公司协调技术变更等。

2. 施工供求关系的协调，包括工程项目实施中所需要的人力、工具、资金、设备、材料、技术的供应，主要通过协调解决供求平衡问题。应根据工程施工进度计划表组织施工，安排相关数量的施工班组人员以及相应的施工工具，安排生产材料的采购，解决施工中遇到技术或资金问题等。

3. 项目人际关系的协调，包括工程总包方、弱电总包方其他专业施工单位和业主的人际关系，主要为解决人员之间在工作中产生的联系或矛盾。

4. 施工组织关系的协调，主要为协调综合布线项目内部技术、质量、材料、安全、资料施工班组相互配合。

一般综合布线工程的施工是比较复杂的，要与各种专业空间交叉作业。主要包括土建、装修、给排水、采暖通风、电气安装等专业的交叉施工。在施工中，如果某一专业的施工只考虑本专业或工种的进度，势必影响其他的工种施工，这样本专业的施工也很难搞好。所以在施工中的协调配合，是十分重要的。综合布线工程施工是整个建筑工程的一个组成部分，与其他各专业的施工必然发生多方面的交叉作业，尤其和土建、装修施工的关系最为密切。

3.2.2 现场施工过程

熟悉工程状况后，项目组成员，分工明确，责任到人，同时还应发扬相互协作精神，严格按照各项规章制度、工作流程、开展工作。

（1）施工机械设备的准备，综合布线施工的大型施工工具或设备，主要为电钻、电锤、切割机、网络测试仪、线缆端接工具、光纤熔接机、测试仪等。

（2）熟悉综合布线设计文件，掌握系统设计要点，熟悉施工图纸对施工班组技术交底。

（3）制定工程实施方案，工程实施方案由项目经理负责组织，设计人员负责完成。应根据整体工程进度，编制综合布线工程施工组织设计方案，编制工程施工进度计划表。

（4）工程材料进场，应根据施工进度计划，设备、材料分批次采购进场并组织相关人员（业主、监理公司）检验。检验合格后应形成业主或监理公司签收的书面文件。以作为工程结算的文件之一。

（5）工程实施，由项目经理负责组织，由工程技术组，质量管理组，施工班组完成。

在整个实施过程中，以控制工程质量为主，以控制工程进度为辅，不断督导检查，以执行标准为设计依据，以工程验收标准为检验依据，保证工程顺利完成，直至工程竣工验收。

3.2.3 现场管理措施

1）为了加强工程领导力量，工程应由有着较丰富的工程管理经验的工程师任项目负责人，同时由有现场施工经验和管理能力的工程师担任现场施工负责人。

2）加强施工计划安排。为了保质、保量、保工期、安全地完成这一任务，根据总工期要求，制订施工总进度控制计划，并在总进度控制计划的前提下制订日计划、周计划、旬计划及月计划等。

3）根据施工设计，按照工程进度充分备足每一阶段的物料，安排好库存及运输，以保证施工工程中的物料供应。

4）安全措施。施工人员到现场施工，应采取必要措施。施工人员进入现场必须佩戴安全帽，现场严禁烟火。

5）现场的临时用电，要遵循有关安全用电规定，服从现场建设单位代表的管理。带电作业时，随时做好监护工作。登高作业时，要系好安全带，并进行监护。

3.2.4 质量保证措施

为确保施工质量，在施工过程中，项目经理、技术主管、质检工程师、建设单位代表、监理工程师共同按照施工设计规定、设计图纸要求对施工质量进行检查。施工时应严格按照施工图纸、操作规程及现阶段规范要求进行施工，严格进行施工管理，严格遵循施工现场隐蔽工程交验签字顺序。现场成立以项目经理为首，由各分组负责人参加的质量管理领导小组，对工程进行全面质量管理，建立完善的质量保证体系与质量信息反馈体系。对工程质量进行控制和监督，层层落实工程质量管理责任制和工程质量责任制。

在施工队伍中开展全面质量管理基础知识教育，努力提高职工的质量意识，实行质量目标管理，创建“优质”工程。认真落实技术岗位责任制和技术交底制度，每道工序施工前必须进行技术、工序、质量交底。认真做好施工记录，定期检查质量和相应的资料，保证资料的鉴定、收集、整理、审核与工程同步。

原材料进场必须要有材质证明，取样检验合格后方准使用。各种器材成品、半成品进场必须要有产品合格证。推行全面质量管理，建立明确的质量保证体系，坚持质量检查制、样板制和岗位责任制。认真做好技术资料和文档管理工作，对各类设计图纸资料仔细保存，对各道工序的工作认真做好记录和文字资料，完工后整理出整个系统的文档资料。

3.2.5 成本控制措施

降低工程成本关键在于做好施工前计划，施工过程中的控制。

1. 做好施工前计划

在项目开工前，项目经理部应做好前期准备工作，选定先进的施工方案，选好合理的材料商和供应商，制订出详细的项目成本计划，做到心中有数。

1）制订实际合理且可行的施工方案，拟定技术员组织措施。施工方案主要包括施工方法的确定、施工器械和工具的选择、施工顺序的安排及流水施工的组织。施工方案不同，工期就会不同，所需机械、工具也不同。因此，施工方案的优化选择是工程施工中降低工程成本的主要途径。

制定施工方案要以合同工期和建设方要求为依据，综合考虑实际项目的规模、性质、复杂程度、现场等因素。尽量同时制订出若干个施工方案，互相比较，从中优选最合理、经济的方案。工程技术人员、材料员、现场管理人员应明确分工，形成落实技术组织措施的一条合理的链路。

2）做好项目成本计划。成本计划是项目实施之前所做的成本管理初期活动，是项目运行的基础和先决条件，是根据内部承包合同确定的目标成本。应根据施工组织设计和生产要素的配置等情况，按施工进度计划，确定每个项目周期成本计划和项目总成本计划，计算出盈亏平衡点和目标利润，作为控制施工过程生产成本的依据。

项目经理部人员及施工人员无论在工程进行到何种进度，都能事前清楚知道自己的目标成本，以便采取相应手段控制成本。

2. 施工过程中的控制

在项目施工过程中，按照所选的技术方案，严格按照成本计划实施和控制，包括对材料费的控制、人工消耗的控制和现场管理费用等内容。

（1）降低材料成本

在工程建设中，材料成本占整个工程成本的比例最大，一般可达 70%左右，有较大的节约潜力，往往在其他成本出现亏损时，要靠材料成本的节约来弥补。材料成本的节约，也是降低工程成本的关键。组成工程成本的材料包括主要材料和辅助材料，主要材料是构成工程的主要材料。

在施工过程中实行三级收料及限额发料可以有效地节约材料成本。首先要推行限额发料，合理确定工程实施中实际的材料应发数量，可以是由项目经理确认的数据。其次要推行三级收料。三级收料是限额发料的一个重要环节，是施工队对项目部采购材料的数量给予确认的过程。

所谓三级收料，就是首先由收料员清点数量，记录签字，其次由材料部门的收料员清点数量，验收登记，再由施工队清点并确认，如发现数量不足或过剩，由材料部门解决。应发数量及实发数量确定后，施工队施工完毕，对其实际使用数量再次确认。

（2）组织材料合理进出场

工程具体项目中往往材料种类繁多，所以合理安排材料进出场的时间特别重要。首先应当根据施工进度编制材料计划，并确定好材料的进出场时间。有时候因现场的情况较为复杂，有较多的人为不可控制的情况发生，导致工程中材料的型号及数量有所变化，需重新订货，增加成本。

为了降低损耗，项目经理应组织工程师和造价工程师，根据现场实际情况与工程商确定一个合理损耗率，由其包干使用，节约双方分成，让每一个工程商或施工人员在材料用量上都与其经济利益挂钩，降低整个工程的材料成本。

（3）节约现场管理费

施工项目现场管理费包括临时设施费和现场经费两项内容，此两项费用的收益是根据项目施工任务而核定的。但支出并不与项目工程量的大小成正比。综合布线工程工期视工程规模可长可短，但不管如何，其临时设施的支出仍然是一个不小的数字，一般应本着经济适用的原则布置。

对于现场经费的管理，应抓好如下工作：①人员的精简；②工程程序及工程质量的管理，一项工程在具体实施中往往受时间、条件的限制而不能按期顺利进行，这就要求合理调度；③建立 QC 小组，促进管理水平不断提高，减少管理费用支出。

（4）工程实施完成后总结分析

事后分析是总结经验教训及进行下一个项目的事前科学预测的开始，是成本控制工作的继续。在坚持综合分析的基础上，采取回头看的方法，及时检查、分析、修正、补充，以达到控制成本和提高效益的目标。

根据项目部制定的考核制度，对成本管理责任部室、相关部室、责任人员、相关人员及施工队进行考核，考核的重点是完成工作量、材料、人工费及机械使用费四大指标，根据考核结果决定奖罚。

（5）工程成本控制小结

1）加强现场管理，合理安排材料进场和堆放，减少二次搬运和损耗。

2）加强材料的管理工作，做到不错发、领错材料，不丢失、遗失材料，施工班组要合理使用材料，做到材料精用。

3）材料管理人员要及时组织使用材料的发放及施工现场材料的收集工作。

4）加强技术交流，推广先进施工方法，积极采用先进科学的施工方案，提高施工技术。

5）积极鼓励员工“合理化建议”活动的开展，提高施工班组人员的技术素质，尽可能地节约材料和人工，降低工程成本。

6）加强质量控制，加强技术指导和管理，做好现场施工工艺的衔接，杜绝返工合理组织工序穿插，缩短工期，减少人工、机械及有关费用的支出。

7）科学合理安排施工程序，做到劳动力、机具、材料的综合平衡，“向管理要效益”。

3.2.6 安全保障措施

1. 建立安全制度

建立安全生产岗位责任制，项目经理是安全工作的第一责任者，现场设专职质安员，加强现场安全生产的监督检查。整个现场管理要把安全生产当作头等大事来抓，坚持实行安全值班制度，认真贯彻执行各项安全生产的政策及法令规定。

在安排施工任务的同时，必须进行安全交底，有书面资料和交接人签字，施工中认真执行安全操作规程和各项安全规定，严禁违章作业、违章指挥，现场机电设备防火安全设施要有专人负责。

2. 贯彻安全计划

现场施工质安员必须对所有施工人员的安全及卫生的工作环境负有重要责任。每次的现场协调会议和安全工作会议上，安全监督员和安全监督员代表必须出席，及时反映工地现场的安全隐患和安全保护措施。会议内容应当明显地写在工地现场办公地点的告示牌上。安全员须每半月在工地现场举行一次安全会议，提高现场施工人员的安全意识。如出现安全问题或事故，施工人员必须马上向安全管理员报告整个事件情况。

对于在危险工作地点工作的人员，为防止意外事故，应对每个人给予指导性的培训，并对施工操作给予系统的解释，直接发给每个人紧急事件集合点地图和注意事项。在发生危险出现死亡或严重身体伤害时，应立刻通知本单位和业主以及当地救护中心，并在24小时以内，提交关于事故的详细书面报告。

3.2.7 施工进度管理

对于一个具有可行性的施工管理制度而言，实施工作是影响施工进度的重要因素，如何提高工程施工的效率从而保证工程如期完成，需要一个相对完善的施工进度计划体系。

3.2.8 施工机具管理

由于工程施工需要，施工时会有许多施工机具、测试仪器等设备或工具，这些机具的管理是工程管理的内容，同时也是提高工程效率、降低成本的有效措施，在工程管理中应给予重视。最常用和有效的管理办法如下：

1）建立施工机具使用及维护制度。

2）实行机具使用借用制度。

3.2.9 技术支持及服务

坚持为客户服务的宗旨，对布线工程的运行、使用、维护以及有关部门人员进行培训，提供全面的技术支持和服务。

1. 文档提交

向用户提供布线系统的设计资料，包括设计文档、图纸、产品证明材料；并且向用户提供布线路由图、跳接线图，所有的连接件上做上标签，帮助用户建立布线档案。

2. 用户人员培训

为了保证系统的正常运行，对有关人员进行培训，在安装过程中应现场为用户免费培训工程师，使他们熟悉布线系统工程的情况，了解布线系统的设计，掌握基本的布线安装技能，今后能够独立管理布线系统，并且能够解决一些简单的问题。

3. 竣工后技术维护

由施工单位负责施工安装的工程，保修期为一年，由竣工验收之日计起，签发“综合布线系统工程保修书”和“安装工程质量维修通知书”。质保期满后，施工单位提交一式三份年鉴报告，建设单位签字后，证明质保期满。对于保修期已过的工程，施工单位本着负责到底的宗旨，一律予以保修。

设备发生故障或需更换时，施工单位应在建设单位认可的合理时间内尽快提供维修服务，建设单位需提供材料及零部件清单，费用由建设单位承担。对于保修期已过的工程、施工单位将根据合同及时提供各系统的备件、备品。

施工单位在系统安装过程中和安装完毕后，及时向建设方交接人员详细介绍系统的结构，示范系统的使用方法，讲解系统的使用注意事项，使经过现场培训的建设方人员，能独立完成综合布线系统的操作及日常维护、保养工作。施工方应根据工程合同承诺为建设单位提供维修、维护服务。

3.3 工程监理

3.3.1 工程监理的意义和责任

综合布线工程监理，是指在综合布线建设过程中，由建设方委托，为建设方提供工程前期咨询、方案论证、工程施工，对工程质量控制开展一系列的监理服务工作。工程监理帮助建设方完成工程项目建设目标，实现优质工程的监督和保障。

当前对于大型综合布线工程项目，通常都需要实施监理过程。

目前，一项工程建设的全过程涉及建设方、施工方和施工监理三方，各自行使相应的职责和义务，共同协同完成建设任务。

对于综合布线工程，通常有以下责任和义务：

1）帮助建设方做好需求分析，深入了解工程承包企业各方面的情况，与建设方、工程承包商共同协商，提出可行的监理方案。

2）帮助建设方选择施工单位。优秀的综合布线施工企业应该是：

①有较强的经济和技术实力、好的工程设计与施工队伍；

②有丰富的综合布线工程经验及较多典型成功案例；

③有完备的工程质量服务体系；

④有良好的信誉。

3）帮助工程建设方控制工程进度。工程监理人员应严格遵循相关标准，实施对工程过程和质量的监理。

4）工程监理对工程质量负有法律规定的责任。通常，根据我国有关法律规定，工程监理对工程的质量负有相应的责任。

工程监理人员必须根据有关国家规定，具有相应的监理职业资格证，监理公司（部门）具有监理资质，才能承接工程监理项目。

3.3.2 工程监理的内容

工程监理最主要的职责就是按照相关法规、技术标准严把工程质量，包括：

1）评审综合布线系统方案是否合理，所选工程器材、材料及设备质量是否合格，能否达到建设方的要求；

2）建设过程是否按照批准的设计方案进行；

3）工程施工过程是否按照有关国家或国际技术标准进行；

4）工程质量按期阶段性的监测和验收。

3.3.3 工程监理的实施步骤

工程监理的一般实施步骤划分为综合布线系统需求分析阶段、综合布线工程招投标阶段、综合布线工程实施阶段、综合布线系统保修阶段四个阶段。

1. 综合布线系统需求分析阶段

本阶段主要完成用户网络系统分析，包括综合布线系统、网络应用的需求分析，以及为用户提交供监理方的工程建设方案。

（1）综合布线需求分析

对用户实施综合布线的相关建筑物进行实地考察，由建设方提供建筑工程图，了解相关建筑物的建筑结构，分析施工难易程度。需了解的其他数据包括中心机房的位置、信息点数、信息点与中心机房的最远距离、电力系统供应状况、建筑接地等情况。

（2）提供监理方案

根据在综合布线需求分析中了解的数据，给用户提交一份工程监理方案。

2. 综合布线工程招标投标阶段

这个阶段主要协助建设方完成招、投标工作，确定工程施工单位。包括：

1）根据在项目建设方需求阶段提交的监理方案，协助用户进行招标工作前期准备工作，与建设方共同组织编制工程招标文件。

2）发布招标通告或邀请函，负责工程有关问题的咨询。

3）接收投标单位递送的投标书。对投标单位资格、行业资质等进行审查。审查内容包括企业注册资金、网络集成工程、技术人员实力、各种网络代理资格属实情况、各种网络资质证书的属实情况等。

4）协助建设方邀请专家组成评标委员会，进行开标、评标、决标、受标、签署合同工作。

3. 综合布线工程实施阶段

这个阶段将进入网络建设实质阶段，关系着网络工程能否保质保量按期完成。由总监理工程师编制监理规则等工作。

1）对工程材料进行检验，检查工程合同执行情况，审核进度。

2）进行工程测试，根据测试结果判定施工质量是否合格，合格则继续履行合同。若某些项目不合格，则敦促施工单位根据测试情况进行整改，直至测试达到既定工程标准。

3）提供翔实的工程测试报告。

4）根据工程合同开展工程验收工作，整理验收结果文档。

5）审核施工进度，根据实际施工情况，协助施工单位解决可能出现的问题，确保工程如期进行。

6）协助工程建设方组织验收工作，包括验收委员会的组建、工程验收的技术指标参数的确定等。验收内容主要包括合同履行情况、工程是否达到预期效果、各种技术文档是否齐全、规范等。

7）项目验收后，敦促建设方按照合同付款给工程施工方。

4. 综合布线系统保修阶段

本阶段完成可能出现的质量问题的协调工作，包括：

1）定期走访用户，检查系统运行状况。

2）出现质量问题，确定责任方，敦促解决。

3）保修期结束，与布线工程项目建设方商谈监理结束事宜。

4）提交监理业务记录手册。

5）签署监理终止合同。

3.3.4 工程监理的组织结构

工程监理方应任命总监理工程师、监理工程师、监理人员，并且向业主方通报，明确各工作人员职责，分工合理，组织运转科学有效。

1. 总监理工程师

总监理工程师由监理单位任命，全权负责项目监理机构的工作。总监理工程师负责协调各方面关系，组织监理工作，任命委派监理工程师，并定期检查监理工作的进展情况，并且针对监理过程中的工作问题提出指导性意见；审查施工方提供的需求分析、系统分析、网络设计等重要文档，并提出改进意见；主持双方重大争议纠纷，协调双方关系，针对施工中的重大失误签署返工令。

2. 总监代表（助理）

总监代表（助理）由总监任命，向总监负责，在总监授权范围内工作，总监离岗期间代理总监工作。

3. 监理工程师

监理工程师接受总监理工程师的领导，负责协调各方面的日常事务，具体负责监理工作，审核施工方需要按照合同提交的网络工程、软件文档；检查施工方工程进度与计划是否吻合，主持双方的争议解决事宜，针对施工中的问题进行检查和督导，起到解决问题、正常工作的目的。

4. 监理员

监理员人选由总监确定，须持有行业培训合格证，且具有监理专业的技术员以上资格证。监理员负责具体的监理工作，接受监理工程师的领导，负责具体硬件设备验收、具体布线、网络施工督导，编写监理日志，向监理工程师汇报。

5. 资料员

资料员须具有计算机操作能力，懂得计算机管理监理工作的基本知识。

3.3.5 工程验收及优化

工程验收的主要任务是根据网络综合布线工程的技术指标规范和验收依据对竣工工程是否达到设计功能目标（指标）进行评判。

1. 验收原则

综合布线系统工程的验收应按照以下的原则来实行：

1）综合布线系统工程的验收首先必须以工程合同、设计方案、设计修改变更单为依据。

2）工程竣工验收项目的内容和方法，应按《综合布线工程验收规范》（GB 50312—2007）的规定执行。

3）工程技术文件、承包合同文件要求采用国际标准时，应按要求采用适用的国际标准，但不应低于 GB 50312—2007 的规定。

4）综合布线工程是一项系统工程，不同的项目会涉及通信、机房、防雷、防火问题。

2. 验收组织

按照综合布线行业国际惯例，大中型综合布线系统工程主要由中立的有资质的第三方认证服务提供商来提供测试验收服务。就我国目前的情况而言，综合布线系统工程的验收小组应包括工程双方单位的行政负责人、相关项目主管、主要工程项目监理人员、建筑设计施工单位的相关技术人员、第三方验收机构或相关技术人员组成的专家组。

主要有以下几种验收组织形式：

1）施工单位自己组织验收；

2）施工监理机构组织验收；

3）第三方测试机构组织验收。

3. 工程验收阶段

综合布线工程验收主要有以下 4 个阶段：开工前检查、随工验收、初步验收、竣工验收。

（1）开工前检查

开工前检查包括环境检查和设备材料检验。其中，环境检查包括检查土建施工的地面、墙面、门、电源插座及接地装置、机房面积、预留孔洞等。设备材料检验包括检查产品的规格、数量、型号是否符合设计要求；材料设备的外观检查、抽检缆线的性能指标是否符合技术规范等。

（2）随工验收

为了随时考核施工单位的施工水平和施工质量，尤其是隐蔽工程，在竣工验收时一般不再（也不可能）进行复验，所以，随工验收应由工地代表和施工监理员负责，主要针对工程的隐蔽部分边施工边验收，以便及早发现工程质量问题，避免造成人力、物力和财力的大量浪费。

（3）初步验收

为保证竣工验收顺利进行，对于大、中型工程项目，在竣工验收前一般应安排初步验收。时间应定在原定计划的建设工期内，由建设单位组织相关单位（如设计、施工、监理、使用等单位）的人员参加。

初步验收包括检查工程质量，审查竣工资料等，对发现的问题提出处理意见，并组织相关责任单位落实解决。

(4) 竣工验收

工程竣工验收是工程建设的最后一个环节。竣工验收的内容应包括：

1) 确认各阶段测试检查结果。

2) 验收组认为必要的项目的复验。

3) 设备的清点核实。

4) 全部竣工图纸、文档资料审查等。

5) 工程评定和签收。

任务4　工作区子系统的设计与实施

4.1　任务描述

学院某教工宿舍四楼有8个房间，预计共入住20多名教师。现需要对教工宿舍四楼进行综合布线，要求能够满足电话、计算机和监控等信号的传输。

4.2　任务分析

在进行施工时，我们需要确认以下信息：

1）在施工的建筑中，总共有多少个工作区？工作区的应用分别是什么？用户要使用到哪些内容的应用：电话、计算机与监控等？

2）各个工作区内的设计标准是什么？具体安装各类信息点的数量是多少？

3）确定各区域信息点的位置和数量。

4）各个工作区采用何种类型缆线，需要什么材料的模块、面板？数量是多少？

5）终端跳线采用成品跳线还是自制跳线？

4.3　相关知识

1. 工作区子系统的概念

工作区子系统又称为服务区子系统，从设备出现到信息插座的整个区域，一个独立的需要安装终端设备的区域称为一个工作区。

2. 工作区的范围

工作区可支持电话机、数据终端、计算机、电视机、监视器以及传感器等终端设备。它包括信息插座、信息模块、网卡和连接所需的跳线，并在终端设备和输入/输出（I/O）之间搭接，相当于电话配线系统中连接电话机的用户线及电话机终端部分。

综合布线工作区由终端设备、与水平子系统相连的信息插座以及连接终端设备的软跳线构成。

例如，对于计算机网络系统来说，工作区就是由计算机、RJ-45 接口信息插座及双绞线跳线构成的系统；对于电话话音系统来说，工作区就是由电话机、RJ-11 接口信息插座及电话软跳线构成的系统。

3. 工作区的等级划分

由于设置终端设备的类型和功能不同，所以有着不同的工作区。通常电话机或计算机终端设备的工作区的面积可按 5~10 m^2 计算，也可以根据用户实际需要设置。

基本型：每个工作区有一个电话或一个计算机，即一个信息点。

增强型：每个工作区有一个电话和一个计算机，即两个信息点。

综合型：每个工作区有两个以上的信息插座。

4. 国家相关标准

《综合布线系统工程设计规范》（GB 50311—2007）要求，工作区的每一个工作区至少应配置一个 220 V 交流电源插座，电源插座应选用带保护接地的单相电源插座，保护接地与中性线应严格分开。

5. 工作区子系统的设计要求

1）工作区内线槽的敷设要合理、美观。

2）信息插座设计在距地面 30 cm 以上。

3）信息插座与电源插座相隔 20 cm 以上，每个信息插座配一个单相三孔电源插座。

4）信息插座与计算机设备的距离保持在 5 m 以内。

5）网卡接口类型要和线缆接口类型保持一致。

6）所有工作区信息插座、信息模块、水晶头的数量要准确，规格要相同。

6. 工作区信息插座的安装要求

1）根据楼层平面计算每层楼的布线面积，确定信息插座的安装位置。

①安装在地面上的信息插座应采用防水和抗压的接线盒。

②安装在墙面或柱子上的信息插座底部离地面的高度宜为 300 mm。

2）根据设计等级，估算信息插座数量。

①对于基本型设计，每 10 m^2 一个信息插座。

②对于增强型或综合型设计，每 10 m^2 两个信息插座。

3）信息模块的类型和数量。

①3 类信息模块：支持 16 Mb/s 信息传输。

②超 5 类信息模块：支持 1 000 Mb/s 信息传输。

③6 类信息模块：支持 1 000 Mb/s 信息传输。

④光纤插座模块：支持 1 000 Mb/s 以上信息传输，适合语音、数据和视频应用。

⑤信息插座、模块的估算可采用以下公式计算，式中 n 代表信息点的数量，A 代表每个信息插座面板的孔数。

水晶头数量：$m_1=4n+4n\times50\%$；

信息模块数量：$m_2=n+n\times30\%$；

信息插座数量：$m_3=\mathrm{INT}\ (n/A)\ +\mathrm{INT}\ (n/A)\ \times 3\%$。

7. 跳接软线的要求

1）工作区连接信息插座和计算机间的跳接软线应小于 5 m。

2）跳接软线可订购也可现场压接。一条链路需要两条跳线，一条从配线架跳接到交换设备，另一条从信息插座连到计算机。

3）现场压接跳线 RJ-45 所需的数量。RJ-45 头的需求量一般用下述方式计算：

$$m=4n+4n\times 15\%$$

式中，m 表示 RJ-45 的总需求量；n 表示信息点的总量；$4n\times 15\%$表示留有的富余量。

8. 用电配置要求

综合布线工程中对工作区子系统设计时，同时要考虑终端设备的用电需求。每组信息插座附近宜配备 220 V 电源三孔插座，为设备供电，其间距不小于 10 cm。暗装信息插座（RJ-45）与其旁边电源插座应保持 20 cm 的距离，且保护地线与中性线严格分开，如图 4-1 所示。

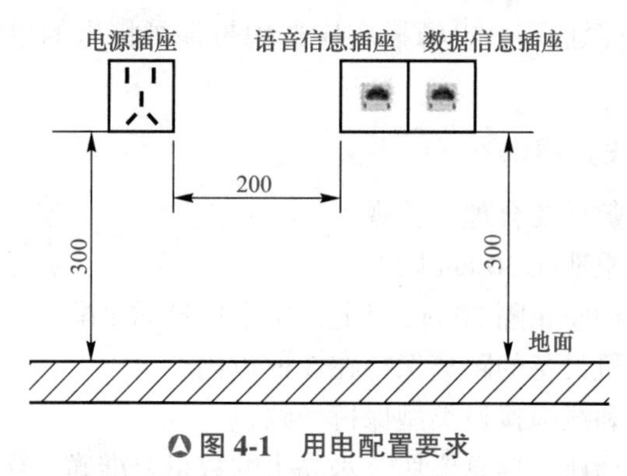

图 4-1　用电配置要求

9. 工作区子系统的设计步骤

工作区子系统设计的步骤一般如下：首先与用户进行充分的技术交流，了解建筑物用途，其次要认真阅读建筑物设计图纸，然后进行初步规划和设计，最后进行概算和预算。

工作区子系统设计的工作流程一般如图 4-2 所示。

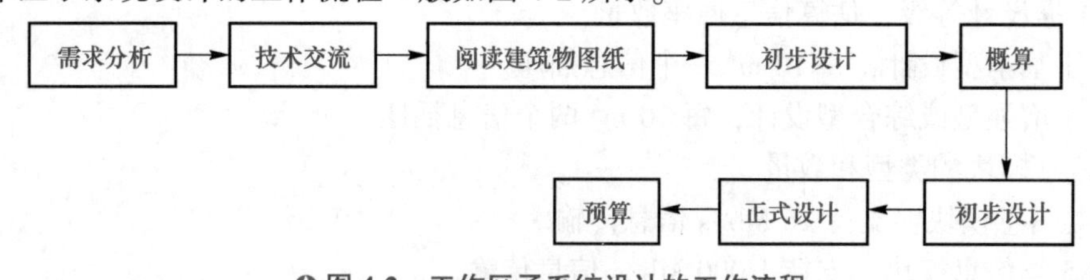

图 4-2　工作区子系统设计的工作流程

（1）需求分析

需求分析主要掌握用户的当前用途和未来扩展需要，目的是把设计对象归类，按照写字楼、宾馆、综合办公室、生产车间、会议室、商场等类别进行归类，为后续设计确定方向和重点。

需求分析首先从整栋建筑物的用途开始进行，然后按照楼层进行分析，最后再到楼层的各个工作区或者房间，逐步明确和确认每层和每个工作区的用途和功能，分析这个工作区的需求、规划工作区的信息点数量和位置。

（2）技术交流

在进行需求分析后，要与用户进行技术交流，这是非常必要的。不仅要与技术负责人交流，也要与项目或者行政负责人进行交流，进一步充分和广泛地了解用户的需求，特别是未来的发展需求。在交流中重点了解每个房间或者工作区的用途、工作区域、工作台位置、工作台尺寸、设备安装位置等详细信息。在交流过程中必须进行详细的书面记录，每次交流结束后要及时整理书面记录，这些书面记录是初步设计的依据。

3）阅读建筑物图纸

索取和认真阅读建筑物图纸是不能省略的程序，通过阅读建筑物图纸掌握建筑物的土建结构、强电路径、弱电路径，特别是主要电器设备和电源插座的安装位置，重点掌握在综合布线路径上的电器设备、电源插座、暗埋管线等。在阅读图纸时，进行记录或者标记，这有助于将网络和电话等插座设计在合适的位置，避免强电或者电器设备对网络综合布线系统的影响。

（4）初步设计

1）工作区面积的确定。一般建筑物设计时，网络综合布线系统工作区面积的需求参照表 4-1。

表 4-1　工作区面积划分表（GB 50311—2007 规定）

建筑物类型及功能	工作区面积/m^2
网管中心、呼叫中心、信息中心等终端设备较为密集的场地	3~5
办公区	5~10
会议、会展	10~60
商场、生产机房、娱乐场所	20~60
体育场馆、候机室、公共设施区	20~100
工业生产区	60~200

2）工作区信息点的配置。每个工作区信息点数量可按用户的性质、网络构成和需求来确定。

在网络综合布线系统工程实际应用和设计中，一般按照下述面积或者区域配置和确定信息点数量。表 4-2 是根据作者多年项目设计经验给出的常见工作区信息点的配置原则，供设计者参考。

表 4-2　常见工作区信息点的配置原则

工作区的类型及功能	安装位置	安装数量	
		数据	语音
网管中心、呼叫中心、信息中心等终端设备较为密集的场地	工作台处墙面或者地面	1~2 个/工作台	2 个/工作台
集中办公区域的写字楼、开放式工作区等人员密集场所	工作台处墙面或者地面	1~2 个/工作台	2 个/工作台
董事长、经理、主管等独立办公室	工作台处墙面或者地面	2 个/间	2 个/间

续表

工作区的类型及功能	安装位置	安装数量	
		数据	语音
小型会议室/商务洽谈室	主席台处地面或者台面 会议桌地面或者台面	2~4 个/间	2 个/间
大型会议室、多功能厅	主席台处地面或者台面 会议桌地面或者台面	5~10 个/间	2 个/间
>5 000 m^2 的大型超市或者卖场	收银区和管理区	1 个/100 m^2	1 个/100 m^2
2 000~3 000 m^2 的中小型卖场	收银区和管理区	1 个/30~50 m^2	1 个/30~50 m^2
餐厅、商场等服务业	收银区和管理区	1 个/50 m^2	1 个/50 m^2
宾馆标准间	床头或写字台或浴室	1 个/间	1~3 个/间
学生公寓（4 人间）	写字台处墙面	4 个/间	4 个/间
公寓管理室、门卫室	写字台处墙面	1 个/间	1 个/间
教学楼教室	讲台附近	1~2 个/间	
住宅楼	书房	1 个/套	2~3 个/套

3）工作区信息点点数统计表。工作区信息点点数统计表简称点数表，是设计和统计信息点数量的基本工具和手段。

初步设计的主要工作是完成点数表，初步设计的程序是在需求分析和技术交流的基础上，首先确定每个房间或者区域的信息点位置和数量，然后制作和填写点数统计表。点数统计表的做法是先按照楼层，然后按照房间或者区域逐层逐房间地规划和设计网络数据、语音信息点数，再把每个房间规划的信息点数量填写到点数统计表对应的位置。每层填写完毕，就能够统计出该层的信息点数，全部楼层填写完毕，就能统计出该建筑物的信息点数。

点数统计表能够一次准确和清楚地表示和统计出建筑物的信息点数量。点数表的格式见表 4-3。

表 4-3　建筑物网络综合布线信息点数量统计表

楼层编号	房间或者区域编号										数据点数合计	语音点数合计	信息点数合计
	01		03		05		07		09				
	数据	语音	数据	语音	数据	语音	数据	语音	数据	语音			
4 层	3		1		2		3		3		12		
		2		1		2		3		2		10	
3 层	2		2		3		2		3		12		
		2	3	2		2		2		2		13	
2 层	5				5		5		6		24		
		4		3		4		5		4		23	
1 层	2		2		3		2		3		12		
		2	3	2		2		2		2		13	
合计											60		
												49	109

（5）概算

在初步设计的最后要给出该项目的概算，这个概算是指整个综合布线系统工程的造价概算，当然也包括工作区子系统的造价。工程概算的计算方法公式如下：

工程造价概算=信息点数量×信息点的价格

每个信息点的造价概算中应该包括材料费、工程费、运输费、管理费、税金等全部费用。材料中应该包括机柜、配线架、配线模块、跳线架、理线环、网线、模块、底盒、面板、桥架、线槽、线管等全部材料及配件。

（6）初步设计方案确认

初步设计方案主要包括点数统计表和概算两个文件，因为工作区子系统信息点数量直接决定综合布线系统工程的造价，信息点数量越多，工程造价越大。工程概算的多少与选用产品的品牌和质量有直接关系，工程概算多时宜选用高质量的知名品牌，工程概算少时宜选用区域知名品牌。点数统计表和概算也是综合布线系统工程设计的依据和基本文件，因此必须经过用户确认。用户确认的一般程序如图 4-3 所示。

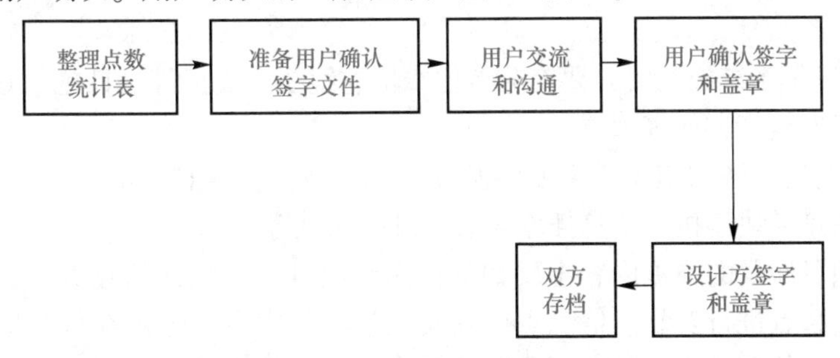

图 4-3　用户确认的一般程序

（7）正式设计

用户确认初步设计方案和概算后，就必须开始进行正式设计。正式设计的主要工作为准确设计每个信息点的位置，确认每个信息点的名称或编号，核对点数统计表，最终确认信息点数量，为整个综合布线工程系统的设计奠定基础。

4.4　任务实施

根据前面任务分析的内容，设计者到公司办公地点现场进行调研，得到了楼层平面图，如图 4-4 所示。

确认了如下信息：

1）经理室安装 2 个信息点，其中包含 1 个数据点和 1 个语音点。

2）仓库需要安装摄像头进行安全监控，因此安装 2 个信息点，其中包含 1 个数据点和 1 个语音点；财务室、办公室、工程部、项目部、维修部、商务部每个屋安装 4 个信息点，其中包含 2 个数据点和 2 个语音点。

3）信息点、语音点采用 86 型双口信息面板，敷设超 5 类双绞线。监控部分采用数字监控，使用 6 类屏蔽双绞线进行施工。

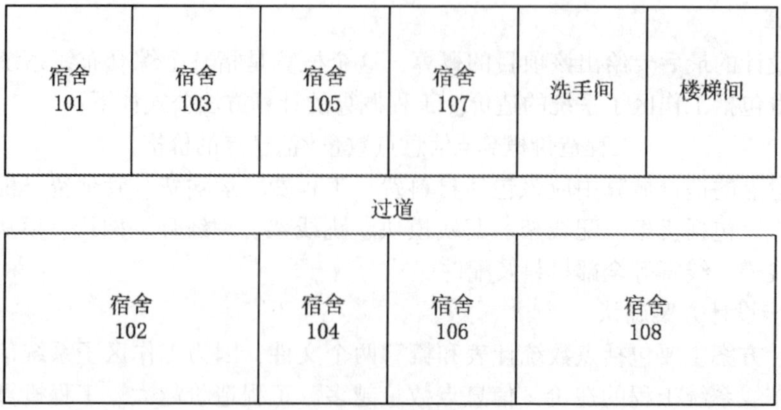

宿舍 101	宿舍 103	宿舍 105	宿舍 107	洗手间	楼梯间

过道

宿舍 102	宿舍 104	宿舍 106	宿舍 108

▲图 4-4 楼层平面图

4）在本项目中涉及的工作区子系统设计施工就是指每个办公室使用信息点的布线情况。

5）在工作区子系统施工时，要充分考虑线槽、缆线、面板等设计施工是否规范，用户使用及维护是否安全、方便等因素。

6）要完成此项任务的施工，主要涉及以下几项技能：信息点的统计、预算表的编制、水晶头端接、信息模块端接、信息插座安装及跳线测试等。

因此，本项目涉及的施工内容主要如下：先对项目工程统计信息点，然后进行材料预算，最后对各信息点进行安装。信息点的安装在该项目中主要体现在每个房间内安装信息插座，而安装一个信息插座，又包括几项施工内容：模块端接、面板安装、底座安装和制作信息插座到终端设备使用的跳线，也就是需要完成 RJ-45 连接器的制作以及跳线的简单测试。

1. 统计信息点

一个工程项目在进行具体施工前，必须先根据项目需求分析，得出项目的信息点分布情况，然后可以通过 Excel 表格进行统计，表 4-4 是本项目的统计结果。信息点的主要统计内容应该包含信息点的类型、信息点的具体位置、信息点的分布数量及总数量等。

表 4-4 信息点统计表

房间号 / 信息点的类型	401	402	403	404	405	406	407	408	总计
数据点	2	1	2	2	2	2	2	1	14
语音点	2	1	2	2	2	2	2	1	14

2. 预算材料

根据信息点的统计结果，我们可以对项目材料进行预算编制，表 4-5 是依据本项目信息点统计得出的材料预算，主要统计主要耗材的具体规格、数量和价格表。

表 4-5　材料预算表

材料名称	材料规格	数量	单价/元	合计/元
插座底盒	明装，86 系列塑料	14 个	3	42
插座面板	双口，86 系列塑料	14 个	5	70
网络模块	RJ-45	14 个	15	210
语音模块	RJ-11	14 个	5	70
水晶头	RJ-45	60 个	1	60
双绞线	超 5 类	1 箱（305 m）	550	550

3. 端接 RJ-45 连接器

在工作区子系统施工时，经常要使用到跳线。跳线有成品跳线和自制跳线两种。

本项目所有跳线采用自制跳线，因为共有 14 个信息点，经过与公司相关人员确认，最后需要 1 m 跳线 2 根、3 m 跳线 10 根和 5 m 跳线 2 根。

以下给出 RJ-45 连接器的端接步骤：

1）剥开外绝缘护套：剥离长度一般为 2~3 cm。在剥护套过程中不能对线芯的绝缘护套或者线芯造成损伤或者破坏。

2）剥开 4 对双绞线：拆开 4 对双绞线时，不能强行拆散或者硬折线对。

3）8 根线排好线序：经常使用的布线标准有 T568A 和 T568B，见表 4-6。

表 4-6　T568A 和 T568B 标准线序

标准	1	2	3	4	5	6	7	8
T568A	白绿	绿	白橙	蓝	白蓝	橙	白棕	棕
T568B	白橙	橙	白绿	蓝	白蓝	绿	白棕	棕
绕对	同一绕对		与 6 同一绕对	同一绕对		与 3 同一绕对	同一绕对	

4）剪齐线端：将 8 根线端头一次剪掉，留 14 mm 长度，从线头开始，至少 10 mm 导线之间不应有交叉。

5）插入 RJ-45 水晶头：判断双绞线是否插到底的依据是，眼睛直视水晶头的顶部，可以清晰地看到 8 个双绞线铜芯的白点。

6）压接：将插好的水晶头放入压线钳对应的接口中，使用适中的力量进行压接。

4. 测试跳线

在本项目中，使用"能手"网线测试仪简单测试通断即可。

1）测试：把双绞线两端的水晶头分别插入网线测试仪的端口，开启测试仪的电源开关。

2）结果分析：如果测试仪上 8 个指示灯都依次一对一闪过，证明网线制作成功。如果出现任何一个灯不对称或者不亮，证明存在断路、接触不良和线序出错的状况。仔细检查两个水晶头的制作工艺，重新压接处理。

5. 端接网络模块

模块的端接方式有两种：压接和免压接。其中压接型模块的端接必须借助专用打线器完成，而免压接型模块则在模块出厂时已经设计好，施工时只需手工就可以完成模块的端接。

本项目包含 14 个网络模块、14 个语音模块需要压接。网络模块对双绞线的 8 芯线都需要压接，而语音模块只需要压接其中的 4 芯缆线，但是压接步骤相同。

通过工具压接网络模块的步骤如下：

1）剥开外绝缘护套，拆开 4 对双绞线，拆开单绞线。

2）放线。查看网络模块两边的线序说明，按照 T568B 线序标准将对应单绞线放入端接口。特别注意，不能用大力将线直接压入接口缝隙中。

3）压接和剪线。使用打线器分别将 8 芯单绞线分别加入模块中，缆线被正确压接的标志是缆线平躺于模块的缝隙底部。

4）盖好防尘帽。

6. 安装信息插座

一个完整的信息插座应该包含信息模块、面板和底座。在工程中，一个信息点的工程实现就是通过安装信息插座来体现的。

本项目需要安装 14 个信息插座，下面分别介绍安装信息插座各个部件的具体步骤。

（1）安装底盒

安装各种底盒时，一般按照下列步骤：

1）目视检查产品的外观合格。特别检查底盒上的螺孔必须正常，如果其中有一个螺孔损坏则坚决不能使用。

2）取掉底盒挡板。根据进出线方向和位置，取掉底盒预设孔中的挡板。

3）固定底盒。明装底盒按照设计要求用膨胀螺钉直接固定在墙面。暗装底盒首先使用专门的管接头把线管和底盒连接起来，这种专用接头的管口有圆弧，既方便穿线，又能保护缆线不会划伤或者损坏，然后用膨胀螺钉或者水泥砂浆固定底盒。

4）成品保护。一般做法是在底盒螺孔和管口塞纸团，也有用胶带纸保护螺孔的做法。

（2）安装信息模块

信息模块一般包含网络数据模块和电话语音模块两大类，两者的安装方法基本相同，其主要步骤为：准备材料和工具→清理和标记→剪掉多余线头→剥线→压线→压防尘盖。

安装模块前首先清理底盒内堆积的水泥砂浆或者垃圾，然后将双绞线从底盒内轻轻取出，清理表面的灰尘重新做编号标记，标记位置距离管口 60~80 mm，注意做好新标记后才能取消原来的标记。

（3）安装面板

模块压接完成后，将模块卡接在面板中，然后立即安装面板。如果压接模块后不能及时安装面板，必须对模块进行保护，一般做法是在模块上套一个塑料袋，避免土建墙面施工污染。

任务5　水平布线子系统的设计与实施

5.1　任务描述

学院某教工宿舍四楼有8个房间，根据用户要求共有28个信息点，其中数据点12个、电话语音点12个，除了走廊过道监控点需要使用屏蔽6类双绞线外，其余各点都使用超5类双绞线进行网络综合布线，最终要能够满足用户电话、计算机、监控等设备的使用。

5.2　任务分析

在进行配线子系统施工时，我们需要确认以下信息：

1）在建筑楼层的每个房间中，信息点的数量是多少？具体位置在哪里？

2）楼层的配线间位置在哪里？

3）所有施工内容中选用哪种缆线类型？

4）房间内缆线的敷设方式如何，采用管还是槽，是暗埋还是明敷？

5）房间外缆线的敷设方式如何，采用管还是槽，是暗埋还是明敷？

6）所有信息点距离配线间的最长距离是否超过90 m？如果超过应如何处理？

7）配线架端接信息点采用哪种类型的端接设备？

5.3　相关知识

5.3.1　水平干线子系统的组成

1. 水平干线子系统概述

水平干线子系统是综合布线结构的一部分，它将垂直干线子系统线路延伸到用户工作区，实现信息插座和管理间子系统的连接，包括工作区与楼层配线间之间的所有电缆、连接硬件（信息插座、插头、端接水平传输介质的配线架、跳线架等）、跳线线缆及附件。水平干线子系统的管路敷设、线缆选择将成为综合布线系统中的重要组成部分。它与垂直干线子系统的区别是：水平干线子系统总是在一个楼层上，仅与信息插座、管理间子系统连接。

2. 网络拓扑结构

水平干线子系统通常采用星形网络拓扑结构，它以楼层配线架 FD 为主结点，各工作区信息插座为分结点，二者之间采用独立的线路相互连接，形成以 FD 为中心向工作区信息插座辐射的星形网络。通常用双绞线敷设水平子系统，此时水平干线子系统的最大长度为 90 m。

5.3.2 综合布线水平子系统设计注意事项

1）水平干线子系统应根据楼层用户类别及工程提出的近、远期终端设备要求确定每层的信息点（TO）数，在确定信息点数及位置时，应考虑终端设备将来可能产生的移动、修改、重新安排，以便于对一次性建设和分期建设的方案选定。

2）当工作区为开放式大密度办公环境时，宜采用区域式布线方法，即从楼层配线设备（FD）上将多对数电缆布至办公区域，根据实际情况采用合适的布线方法，也可通过集合点（CP）将线引至信息点（TO）。

3）配线电缆宜采用 8 芯非屏蔽双绞线，语音口和数据口宜采用 5 类、超 5 类或 6 类双绞线，以增强系统的灵活性，高速率应用场合宜采用多模或单模光纤，每个信息点的光纤宜为四芯。

4）信息点应为标准的 RJ-25 型插座，并与线缆类别相对应，多模光纤插座宜采用 SC 插接形式，单模光纤插座宜采用 FC 插接形式。信息插座应在内部做固定连接，不得空线、空脚。要求屏蔽的场合，插座须有屏蔽措施。

5）水平干线子系统可采用吊顶上、地毯下、暗管、地槽等方式布线。

6）信息点面板应采用国际标准面板。

5.3.3 国家相关标准

配线子系统缆线宜采用在吊顶、墙体内穿管或设置金属密封线槽及开放式（电缆桥架、吊挂环等）敷设，当缆线在地面布放时，应根据环境条件选用地板下线槽、网络地板、高架（活动）地板布线等安装方式。

5.3.4 水平干线子系统的设计步骤

水平干线子系统设计的步骤一般为，首先进行需求分析，与用户进行充分的技术交流，并了解建筑物用途，然后认真阅读建筑物设计图纸，确定水平干线子系统信息点的位置和数量，完成点数表，其次进行初步规划和设计，确定每个信息点的水平布线路径，最后确定布线材料规格和数量，列出材料规格和数量统计表。水平干线子系统设计的一般工作流程如图 5-1 所示。

需求分析 → 技术交流 → 阅读建筑物图纸 → 规划和设计 → 材料规格和数量统计

图 5-1　水平干线子系统设计的一般工作流程

1. 需求分析

需求分析是综合布线系统设计的首项重要工作，水平干线子系统是综合布线系统工程中最大的一个子系统，使用的材料最多，工期最长，投资最大，也直接决定每个信息点的稳定性和传输速度。布线距离、布线路径、布线方式和材料的选择，对后续水平干线子系统的施工是非常重要的，也直接影响网络综合布线系统工程的质量、工期，甚至影响最终工程造价。

需求分析首先按照楼层进行分析，分析每个楼层的设备间到信息点的布线距离、布线路径，逐步明确和确认每个工作区信息点的布线距离和路径。

2. 技术交流

在进行需求分析后，要与用户进行技术交流，这是非常必要的。由于水平干线子系统往往覆盖每个楼层的立面和平面，布线路径也经常与照明线路、电器设备线路、电器插座、消防线路、暖气或者空调线路有多次的交叉或者并行，因此不仅要与技术负责人交流，也要与项目或者行政负责人进行交流。在交流中重点了解每个信息点路径上的电路、水路、气路和电器设备的安装位置等详细信息。在交流过程中必须进行详细的书面记录，每次交流结束后要及时整理书面记录。

3. 阅读建筑物图纸

索取和认真阅读建筑物设计图纸是不能省略的程序，通过阅读建筑物图纸掌握建筑物的土建结构、强电路径、弱电路径，特别是主要电器设备和电源插座的安装位置，重点掌握在综合布线路径上的电器设备、电源插座、暗埋管线等。在阅读图纸时，进行记录或者标记，正确处理水平子系统布线与电路、水路、气路和电器设备的直接交叉或者路径冲突问题。

4. 规划和设计

（1）水平干线子系统缆线的布线距离规定

1）配线子系统信道的最大长度不应大于 100 m。

2）信道总长度不应大于 2 000 m。

3）建筑物或建筑群配线设备之间（FD 与 BD、FD 与 CD、BD 与 BD、BD 与 CD 之间）组成的信道出现两个连接器件时，主干缆线的长度不应小于 15 m。

（2）开放型办公室布线系统长度的计算

对于商用建筑物或公共区域大开间的办公楼、综合楼等的场地，由于其使用对象数量的不确定性和流动性等因素，宜按开放办公室综合布线系统要求进行设计，并应符合下列规定：采用多用户信息插座时，每一个多用户插座包括适当的备用量在内，宜能支持 12 个工作区所需的 8 位模块通用插座；各段缆线长度可按表 5-1 选用。

表 5-1　各段缆线长度限值

电缆总长度 /m	水平布线电缆 H/m	工作区电缆 w/m	电信间跳线和设备电缆 D/m
100	90	5	5
99	85	9	5
98	80	13	5
97	75	17	5
97	70	22	5

（3）CP 集合点的设置

如果在水平子系统施工中，需要增加 CP 集合点，同一个水平电缆上只允许一个 CP 集合点，而且 CP 集合点与 FD 配线架之间水平线缆的长度应大于 15 m。

CP 集合点的端接模块或者配线设备应安装在墙体或柱子等建筑物固定的位置，不允许随意放置在线槽或者线管内，更不允许暴露在外边。

CP 集合点只允许在实际布线施工中应用，规范了缆线端接做法，适合解决布线施工中个别线缆穿线困难时中间接续，实际施工中尽量避免出现 CP 集合点。在前期项目设计中不允许出现 CP 集合点。

（4）管道缆线的布放根数

常规通用线槽内布放线缆的最大的条数可以按照表 5-2 选择。

表 5-2　线槽规格型号与容纳双绞线最多条数表

线槽/桥架类型	线槽/桥架规格/mm	容纳双绞线最多条数	截面利用率
PVC	20×12	2	30%
PVC	25×12. 5	2	30%
PVC	30×16	7	30%
PVC	39×19	12	30%
金属、PVC	50×25	18	30%
金属、PVC	60×30	23	30%
金属、PVC	75×50	20	30%
金属、PVC	80×50	50	30%
金属、PVC	100×50	60	30%
金属、PVC	100×80	80	30%
金属、PVC	150×75	100	30%
金属、PVC	200×100	150	30%

5.3.5 水平干线子系统管槽路由设计

水平布线，是将电缆线从配线间接到每一楼层的工作区的信息输入/输出（I/O）插座上。设计者要根据建筑物的结构特点，从路由（线）最短、造价最低、施工方便、布线规范等几个方面考虑。但由于建筑物中的管线比较多，往往要遇到一些矛盾，所以，设计水平干线子系统必须折中考虑，优选最佳的水平布线方案。一般可采用 3 种类型：

1）直接埋管线槽方式。

2）先选线槽再分管（先走吊顶内线槽，再走支管到信息出口）方式。

3）适合大开间及后打隔断的地面线槽方式。

其余都是这 3 种方式的改良型和综合型。现对以上 3 种方式进行讨论。

1. 直接埋管线槽方式

直接埋管线槽由一系列密封在现浇混凝土里的金属布线管道或金属馈线走线槽组成。这些金属管道或金属馈线走线槽从配线间向信息插座的位置辐射。根据通信和电源布线要求、地板厚度和占用的地板空间等条件，直接埋管线槽方式可能要采用厚壁镀锌管或薄型电线管。这种方式在老的设计中非常普遍。这是因为老式建筑一般面积不大，电话点比较少，电话线也比较细，使用一条管路可以穿 3 个以上房间的线，出线盒既做信息出口又做过线盒，因此远端工作房间到弱电井的距离较长，可达 20 m，一个楼层用 1~2 个管路就可以涵盖。整个设计简单明了，安装、维护比较方便，工程造价也低。比较大的楼层可分为几个区域，每个区域设置一个小配线箱，先由弱电井的楼层配线间直埋钢管穿大对数电缆到各分区的小配线箱，然后再直埋较细的管子将电话线引到房间的电话出口。由此可见，在老式建筑中采用直接埋管线槽方式，不仅设计、安装、维护非常方便，而且工程造价较低。

现代楼宇不仅有较多的电话语音点，还有较多的计算机数据点，语音点与数据点还要求互换，以增加综合布线系统使用的灵活性。因此综合布线的水平线缆比较粗，如 3 类 2 对非屏蔽双绞线外径 1.7 mm，截面积 17.32 mm^2，5 类 2 对非屏蔽双绞线外径 5.6 mm，截面积 22.65 mm^2，对于目前使用较多的 SC 镀锌钢管及阻燃高强度 PVC 管，建议容量为 70%。

对于新建的办公楼宇，要求面积为 8~10 m^2 便拥有一对语音点、数据点；对于要求不高的，10~12 m^2 便拥有一对语音点、数据点。设计布线时，要充分考虑到这一点。

由于这种布线方式采用的排管数量比较多，钢管的费用相应增加，相对于吊顶内走线槽方式的价格优势不大，而局限性较大，在现代建筑中慢慢被其他布线方式取代。不过在地下层、信息点比较少及没吊顶的场合，一般还继续使用直接埋管线槽方式。

此外直接埋管线槽方式的改良方式也有应用，即由弱电井到各房间的排管不打在地面垫层中，而是吊在走廊的吊顶中，到各房间的位置后，再用分线盒分出较细的支管走房间吊顶，贴墙而下到信息出口。由于排管走吊顶，可以过一段距离加过线盒以便穿线，所以远端房间离弱电井的距离不受限制；吊顶内排管的管径也选择较大的，如 SC50。但这种改良方式明显不如先走吊顶内线槽，再走支管的方式灵活，应用范围不大，一般用在塔楼的塔身层面积不大，而且没有必要架设线槽的场合。

2. 先走线槽再分管方式

线槽由金属或阻燃高强度 PVC 材料制成，有单件扣合式和双件扣合式两种类型。线槽通常悬挂在天花板上方的区域。这种布线方式用在大型建筑物或布线系统比较复杂而需要有额外支持物的场合。用横梁式线槽将电缆引向所要布线的区域。由弱电井出来的缆线先走吊顶内的线槽，到各房间后，经分支线槽从横梁式电缆管道分叉后将电缆穿过一段支管引向墙柱或墙壁，贴墙而下到本层的信息出口（或贴墙而上，在上一层楼板钻一个孔，将电缆引到上一层的信息出口），最后端接在用户的插座上。

在设计、安装线槽时应多方考虑，尽量将线槽放在走廊的吊顶内，并且去各房间的支管应适当集中至检修孔附近，便于维护。如果是新楼宇，应赶在走廊吊顶前施工，这样不仅减少布线工时，还利于已穿线缆的保护，不影响房内装修；一般走廊处于中间位置，布线的平均距离最短，节约线缆费用，提高综合布线系统的性能（线越短，传输的质量越高），尽量避免线槽进入房间，否则不仅费钱，而且影响房间装修，不利于以后的维护。

弱电线槽能走综合布线系统、公用天线系统、闭路电视系统（22 V 以内）及楼宇自控系统信号线等弱电线缆，这可降低工程造价。同时由于支管经房间内吊顶贴墙而下至信息出口，在吊顶与其他的系统管线交叉施工，减少了工程协调量。

3. 地面线槽方式

弱电井出来的线走地面线槽到地面出线盒或由分线盒出来的支管到墙上的信息出口。由于地面出线盒或分线盒不依赖墙或柱体直接走地面垫层，因此这种方式适用于大开间或需要打隔断的场合。

将长方形的线槽打在地面垫层中，每隔 2~8 m 拉一个过线盒或出线盒（在支路上出线盒也起分线盒的作用），直到信息出口的出线盒。线槽有两种规格：70 型的外形尺寸为 70 mm×25 mm（宽×厚），有效截面为 1 270 mm^2，占空比取 30%，可穿 22 根水平线；50 型的外形尺寸为 50 mm×25 mm，有效截面积为 960 mm^2，可穿 15 根水平线。分线盒与过线盒有两槽与三槽两种，均为正方形，每面可接 2 根或 3 根地面线槽。因为正方形有四面，分线盒与过线盒均有将 2~3 个分路汇成一个主路的功能或起到 90°转弯的功能。四槽以上的分线盒都可由两槽或三槽分线盒拼接而成。

5.3.6 缆线的选择原则

1. 系统应用

1）对于同一布线信道及链路的缆线和连接器件，应保持系统等级与阻抗的一致性。

2）确定综合布线系统工程的产品类别及链路、信道等级应综合考虑建筑物的功能、应用网络、业务终端类型、业务的需求及发展、性能价格、现场安装条件等因素。

3）综合布线系统光纤信道应采用标称波长为 850 nm 和 1 300 nm 的多模光纤及标称波长为 1 310 nm 和 1 550 nm 的单模光纤。

4）楼内宜采用多模光缆，建筑物之间宜采用多模或单模光缆，需直接与电信业务经营者相连时宜采用单模光缆。

5）工作区信息点为电端口时，应采用 8 位模块通用插座（RJ-25），光端口宜采用 SFF 小型光纤连接器件及适配器。

6）工作区信息点为电端口时，应采用 8 位模块通用插座（RJ-25），光端口宜采用 SFF 小型光纤连接器件及适配器。

7）FD、BD、CD 配线设备应采用 8 位模块通用插座或卡接式配线模块（多对、25 对及回线型卡接模块）和光纤连接器件及光纤适配器（单工或双工的 ST、SC 或 SFF 光纤连接器件及适配器）。

8）CP 集合点安装的连接器件应选用卡接式配线模块或 8 位模块通用插座或各类光纤

连接器件和适配器。

2. 屏蔽布线系统

1）综合布线区域内存在的电磁干扰场强高于 3 V/m 时，宜采用屏蔽布线系统进行防护。

2）用户对电磁兼容性有较高的要求（电磁干扰和防信息泄漏）时，或有网络安全保密的需要时，宜采用屏蔽布线系统。

3）采用非屏蔽布线系统无法满足安装现场条件对缆线的间距要求时，宜采用屏蔽布线系统。

4）屏蔽布线系统采用的电缆、连接器件、跳线、设备电缆等都应是屏蔽的，并应保持屏蔽层的连续性。

3. 水平干线子系统缆线布线距离的规定

在 GB 50311—2007 中，规定水平干线子系统永久链路的长度不能超过 90 m。只有个别信息点的布线长度会接近这个最大长度，一般设计的平均长度都在 60 m 左右。在实际工程应用中，因为拐弯、中间预留、缆线缠绕和强电避让等原因，实际布线的长度往往会超过设计长度。如土建墙面的埋管一般是直角拐弯，实际布线长度比斜角要大一些，因此在计算工程用线总长度时，要考虑一定的余量。

按照 GB 50311—2007 的规定，水平干线子系统中，各缆线长度应符合图 5-2 的划分并应符合下列要求。

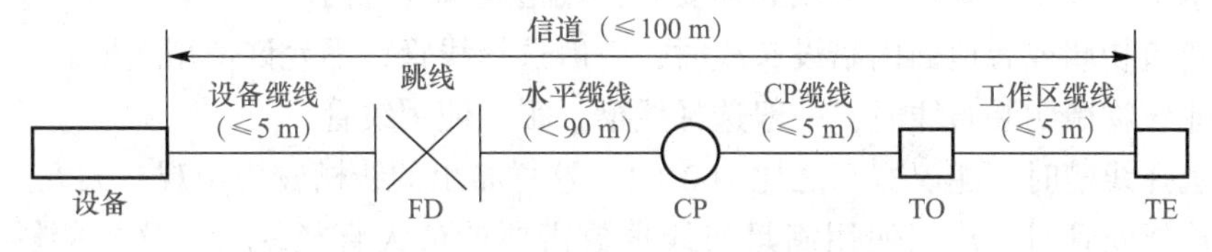

图 5-2 水平干线子系统缆线长度划分

1）水平干线子系统信道的最大长度不应大于 100 m。其中，水平缆线长度不大于 90 m，一端工作区设备连接跳线不大于 5 m，另一端设备间（电信间）的跳线不大于 5 m，如果两端的跳线之和大于 10 m，则水平缆线长度（90 m）应适当减少，保证水平干线子系统信道最大长度不应大于 100 m。

2）信道总长度不应大于 2 000 m。信道总长度为综合布线系统水平缆线、建筑物主干缆线及建筑群主干 3 部分缆线之和。

3）建筑物或建筑群配线设备之间（FD 与 BD、FD 与 CD、BD 与 BD、BD 与 CD 之间）组成的信道出现两个连接器件时，主干缆线的长度不应小于 15 m。

4. 水平干线子系统布线距离的计算

要计算整座楼宇的水平布线用线量，首先要计算出每个楼层的用线量，然后对各楼层用线量进行汇总即可，每个楼层用线量的计算公式如下：

$$C=[0.55(F+N)+6]\times m$$

式中，C 为每个楼层用线量；F 为最远信息插座离楼层管理间的距离；N 为最近信息插座离楼层管理间的距离；m 为每层楼的信息插座的数量；6 为端对容差（主要考虑到施工时缆线的损耗、缆线布设长度误差等因素)。

整座楼的用线量为

$$S = \sum MC$$

式中，M 为楼层数；C 为每个楼层用线量。

【例】 已知某一楼宇共有 6 层，每层信息点数为 20 个，每个楼层的最远信息插座离楼层管理间的距离均为 60m，每个楼层的最近信息插座离楼层管理间的距离均为 10m，请估算出整座楼宇的用线量。

解 根据题目要求可知：

每层楼的信息插座的数量 $M=20$；

最远信息插座离管理间的距离 $F=60$ m；

最近信息插座离管理间的距离 $N=10$ m；

因此，每层楼用线量 $C=[0.55\times(60+10)+6]\times20=890$ m。

整座楼共 6 层，因此整座楼的用线量 $S=890\times6=5\ 340$ m。

5. 管道缆线的布放根数

管内穿放大对数电缆或 2 芯以上光缆时，直线管路的管径利用率应为 50%~60%，弯管路的管径利用率应为 20%~50%。管内穿放 2 对对绞电缆或 2 芯光缆时，截面利用率应为 25%~35%。布放缆线在线槽内的截面利用率应为 30%~50%。

1）在水平干线子系统中，缆线必须安装在线槽或者线管内。

2）在建筑物墙或者地面内暗设布线时，一般选择线管，不允许使用线槽。

3）在建筑物墙明装布线时，一般选择线槽，很少使用线管。

4）在选择线槽时，建议宽高之比为 2∶1，这样布出的线槽较为美观、大方。

5）在选择线管时，建议使用满足布线根数需要的最大直径线管，这样能够降低布线成本。

6）缆线布放在管与线槽内的管径与截面利用率，应根据不同类型的缆线做不同的选择。

6. 网络缆线与其他设施的间距

（1）网络缆线与电力电缆的间距

在水平子系统布线施工中，必须考虑与电力电缆之间的距离，不仅要考虑墙面明装的电力电缆，更要考虑墙内暗埋的电力电缆。

在水平子系统中，经常出现综合布线电缆与电力电缆平行布线的情况，为了减少电力电缆电磁场对网络系统的影响，综合布线电缆与电力电缆接近布线时，必须保持一定的距离。GB 50311—2007 规定的间距应符合表 5-3 的规定。

表 5-3 综合布线电缆与电力电缆的间距

类 别	与综合布线接近状况	最小间距/mm
380 V 以下电力电缆（<2 kV·A）	与缆线平行敷设	130
	有一方在接地的金属线槽或钢管中	70
	双方都在接地的金属线槽或钢管中	10

续表

类　别	与综合布线接近状况	最小间距/mm
380 V 电力电缆 （2~5 kV · A）	与缆线平行敷设	300
	有一方在接地的金属线槽或钢管中	150
	双方都在接地的金属线槽或钢管中②	80
380 V 电力电缆 （>5 kV · A）	与缆线平行敷设	600
	有一方在接地的金属线槽或钢管中	300
	双方都在接地的金属线槽或钢管中②	150
注：①当采用 380 V 电力电缆（<2 kV · A），双方都在接地的线槽中，且平行长度不大于 10 m 时，最小间距可为 10 mm。 ②双方都在接地的线槽中，指两个不同的线槽，也可在同一线槽中用金属板隔开。		

（2）缆线与电气设备的间距

为了减少电气设备电磁场对网络系统的影响，综合布线电缆与附近可能产生高电平电磁干扰的电动机、电力变压器、射频应用设备等电气设备之间应保持必要的间距。GB 50311—2007 规定的综合布线系统缆线与配电箱、变电室、电梯机房、空调机房之间的最小净距应符合表 5-4 的规定。

表 5-4　综合布线系统缆线与电气设备的最小净距

名称	最小净距/m	名称	最小净距/m
配电箱	1	电梯机房	2
变电室	2	空调机房	2

（3）缆线与其他管线的间距。墙上敷设的综合布线系统缆线及管线与其他管线的间距应符合表 5-5 的规定。

表 5-5　综合布线系统缆线及管线与其他管线的间距

其他管线	平行净距/mm	垂直交叉净距/mm
避雷引下线	1 000	300
保护地线	50	20
给水管	150	20
压缩空气管	150	20
热力管（不包封）	500	500
热力管（包封）	300	300
煤气管	300	20

5.4 任务实施

根据前面任务分析的内容，公司的综合布线设计平面图如图 5-3 所示，将 22U 机柜放在经理室东北角，距东墙、北墙各 0.5 m；走廊水平走线采用 200 mm×100 mm 金属桥架；所有信息点都要通过孔洞敷设到各办公室。水平桥架进各办公室内用 22 mm×12 mm PVC 线槽，墙面用 86 型明盒及双口信息面板。

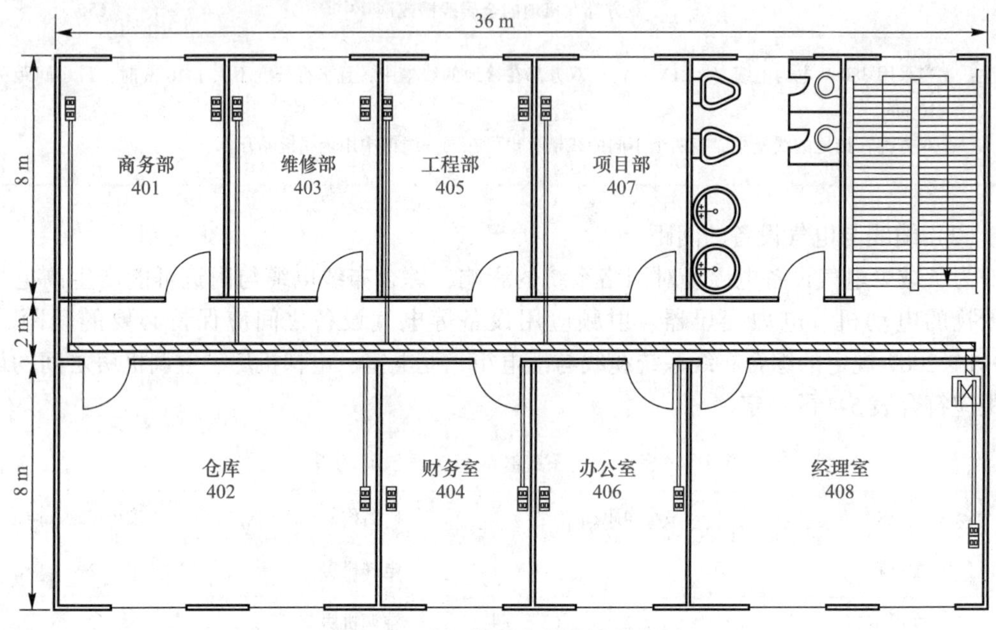

图 5-3 公司综合布线设计平面图

经现场调研，确认了如下信息：

1）该网络公司的 201、203、205、207 这 4 个房间的信息点位于距离北墙 2 m 处；202、202、206 这 3 个房间的信息点位于距离南墙 2 m 处；208 房间的信息点位于距离南墙 2 m 处。

2）配线间位于经理室内，采用在东北角处放置一个 22U 机柜实现，距东墙、北墙各 0.5 m。

3）项目中所有数据和语音信息点都采用超 5 类双绞线；监控部分采用数字监控，使用 6 类屏蔽双绞线进行施工。

4）房间内因为原有建筑已经预埋好了暗管，直通到走廊处，所以房间内的布线都采用暗管敷设。

5）房间外走廊水平走线采用 200 mm×100 mm 金属桥架进行敷设。

6）在该工程中最长的信息点为 201 房间的信息点：6 m+36 m+0.5 m=22.5 m，再加上机柜和信息模块处端接的距离，假设给定总共 3 m 的预留，总共 25.5 m，远远小于水平布线 90 m 的极限值，所以所有信息点的设计可以考虑从信息点直达机柜。

7）该项目的信息点数量总共为28个，其中语音点12个、数据点12个，所以考虑使用一个110语音配线架和一个网络配线架进行端接。

8）在水平子系统施工时，要充分考虑线槽、缆线等设计施工是否规范，用户使用及维护是否安全、方便等因素。

9）要完成此项任务的施工，主要涉及以下几项技能：双绞线缆线的敷设、桥架的安装、墙面暗管的敷设、墙面明槽管的敷设和吊顶的敷设等。

因此，本项目涉及的施工内容主要如下：①根据建筑的平面图结果，实地规划好缆线的路由路径；②进行相关材料预算；③对各房间内的缆线进行敷设施工，对走廊内的缆线进行桥架敷设施工，以及安装与端接配线间内机柜内的配线架；④对敷设完的线路进行检测和纠错。

1. 规划缆线路由

在配线子系统施工前，必须根据给定的设计平面图，到施工现场确定具体的路由线路。本项目中，施工人员到现场确定桥架的安装高度和支架的固定位置，在各房间内确定暗管的可用性。楼层垂直走线采用竖井内200 mm×100 mm金属槽道；走廊水平走线采用的200 mm×100 mm金属桥架相连接；各分配线间内用22 mm×12 mm PVC线槽。

2. 敷设墙面暗埋管缆线

在设计配线子系统的埋管图时，一定要根据设计信息点的数量确定埋管规格。图5-4是本任务中公司商务部的暗管结构，房间墙面上安装2个信息插座。

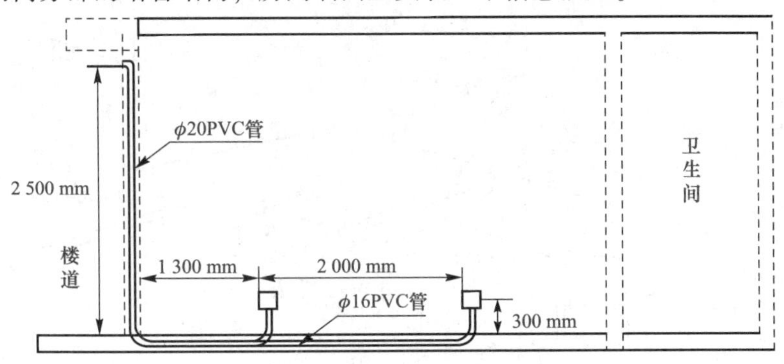

图5-4　墙面暗埋管线施工图

注意，预埋在墙体中间的暗管的最大管外径不宜超过50 mm，楼板中的暗管的最大管外径不宜超过25 mm，由室外进入建筑物的管道的最大管外径不宜超过100 mm。

根据以上设计，对房间内暗埋缆线进行施工，具体程序如下：土建埋管→穿钢丝→安装底盒→穿线→标记→压接模块→标记。

3. 敷设墙面明装线槽缆线

在本项目中，因为配线间设计在经理室房间，机柜位置不在原有暗管敷设出口处，所以经理室的信息插座采用明装线槽方式进行敷设，图5-5为经理室墙面明装线槽施工图。

根据施工图实施线槽的安装，具体程序如下：信息插座安装底盒→钉线槽→布线→装线槽盖板→压接模块→标记。

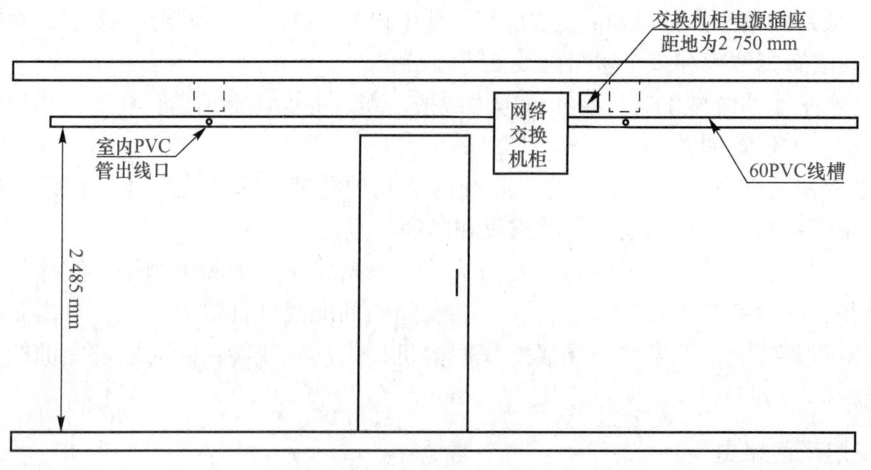

图 5-5　墙面明装线槽施工图

4. 敷设地面线槽缆线

本项目配线间在经理室内，为了方便以后缆线的敷设，所有其他房间的缆线进入该房间后，都通过地面线槽敷设方式进入机柜中。也就是说，本项目其他所有信息插座的缆线由机柜统一引出后走地面线槽到地面出线盒或由分线盒引出的支管到墙上的信息出口，如图 5-6 所示。

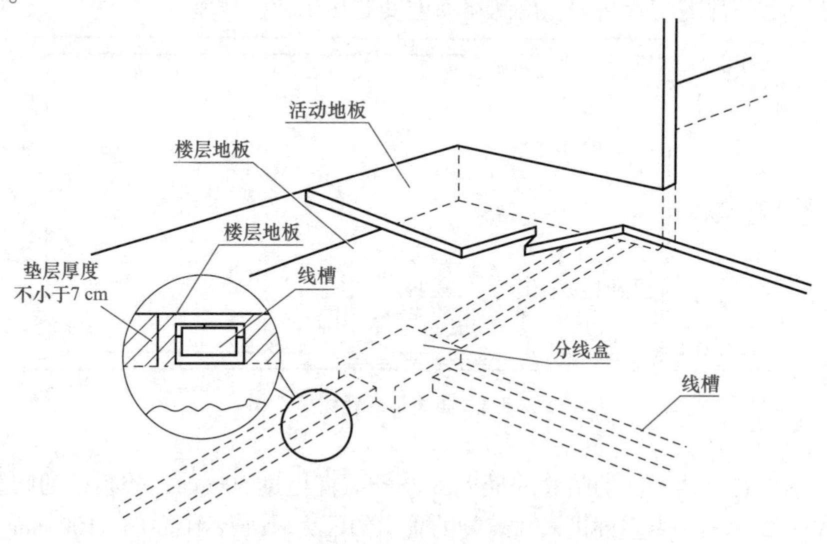

图 5-6　地面线槽敷设

注意：在活动地板下敷设缆线时，地板内净空应为 150~300 mm。若空调采用下送风方式，则地板内净高应为 300~500 mm。

5. 敷设楼道架空和吊顶线槽缆线

楼道桥架布线主要应用于楼间距离较短且要求采用架空的方式布放干线缆线的场合。本项目正好适合该种建筑结构，所有信息插座的缆线在走出各房间后统一采用走廊桥架方式进行缆线敷设，具体程序如下：画线确定位置→装支架（吊杆）→装桥架→布线→装桥架盖板→压接模块→标记。

在施工过程中，需要注意以下几点。

1）配线子系统在楼道墙面适合安装比较大的塑料线槽，例如，宽度 60mm、100mm 或者 150mm 的白色 PVC 塑料线槽。

2）在楼道墙面安装金属桥架时，安装方法是首先确定楼道桥架安装高度并且画线，其次安装 L 形支架或者三角形支架，每米 2~3 个。支架安装完毕后，用螺栓将桥架固定在每个支架上，并且在桥架对应的管出口处开孔，如图 5-7 所示。

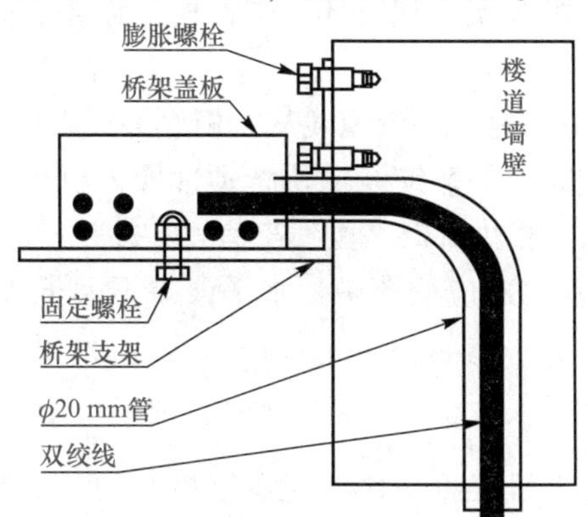

图 5-7　楼道墙面安装金属桥架

3）在楼板吊装桥架时，首先确定桥架安装高度和位置，并且安装膨胀螺栓和吊杆，其次安装挂板和桥架，同时将桥架固定在挂板上，最后在桥架开孔和布线，如图 5-8 所示。

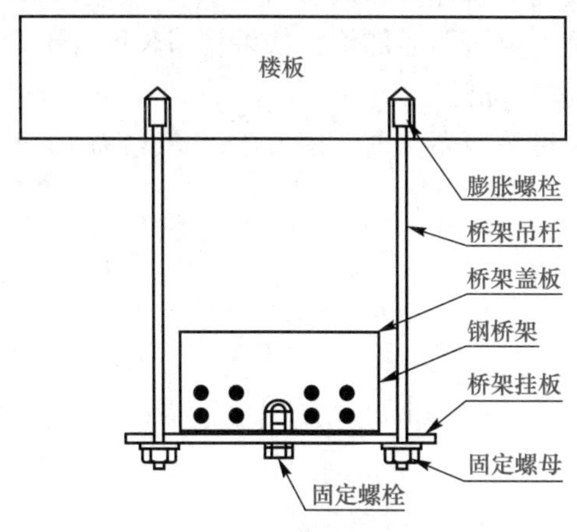

图 5-8　楼板吊装桥架

4）缆线引入桥架时，必须穿保护管，并且保持比较大的曲率半径。

6. 安装通信跳线架

通信跳线架主要用于语音配线系统，一般采用 110 跳线架，主要是上级程控交换机过来的接线与到桌面终端的语音信息点连接线之间的连接和跳接部分，便于管理、维护和测试。通信跳线架的安装步骤如下：

1）取出 110 跳线架和附带的螺栓。

2）利用十字螺钉旋具把 110 跳线架用螺栓直接固定在网络机柜的立柱上。

3）理线。

4）按打线标准把每个线芯按照顺序压在跳线架下层模块端接口中。

5）把 5 对连接模块用力垂直压接在 110 跳线架上，完成下层端接。

7. 安装网络配线架

网络配线架的安装步骤与通信跳线架的安装步骤类似，网络配线架的安装要求如下。

1）在机柜内部安装配线架前，首先要进行设备位置规划或按照图纸规定确定位置，统一考虑机柜内部的跳线架、配线架、理线环、交换机等设备。同时考虑配线架与交换机之间跳线方便。

2）缆线采用地面出线方式时，一般缆线从机柜底部穿入机柜内部，配线架宜安装在机柜下部。采取桥架出线方式时，一般缆线从机柜顶部穿入机柜内部，配线架宜安装在机柜上部。缆线从机柜侧面穿入机柜内部时，配线架宜安装在机柜中部。

3）配线架应该安装在左右对应的孔中，水平误差不大于 2 mm，更不允许左右孔错位安装。

8. 安装理线架

在配线子系统施工时，理线架总是伴随配线架存在的，主要用途是帮助整理缆线。机柜内设备之间的安装距离至少留 1U 的空间，便于设备的散热。理线架直接固定安装在网络机柜的立柱上。

9. 弯管成形线管

1）将与管规格相配套的弯管弹簧插入管内。

2）将弯管弹簧插入到需要弯曲的部位，如果管路长度大于弯管弹簧的长度，可用铁丝拴牢弹簧的一端，拉到合适的位置。

3）用两手抓住弯管弹簧的两端位置，用力弯管子或使用膝盖顶住被弯曲部位，逐渐弯出所需要的弯度。

4）取出弯管器。

任务6 垂直干线子系统的设计与实施

6.1 任务描述

学院某教工宿舍楼的1~4层，该四层楼共有35个房间，根据用户要求需设136个信息点，其中数据点68个、电话语音点68个，除了监控点需要屏蔽6类双绞线外，其余各点都用超5类双绞线进行网络综合布线，最终要能够满足用户电话、计算机、监控等设备的使用。

6.2 任务分析

在进行垂直干线子系统施工时，我们需要确认以下信息：

1）在建筑物的各楼层中是否都设置了分配线间？如果部分楼层没有，该楼层的缆线汇总点在哪里？

2）该建筑物的设备间在哪里？

3）所有施工内容中选用哪种缆线类型？

4）各分配线间与设备间的缆线路由是什么？采用竖井，还是电缆孔或电缆井？

5）如果采用竖井，是否与强电合用？

6）如果采用电缆孔或者电缆井，楼层切割位置是否合理？

7）所有信息点距离配线间的最长距离是否超过90 m？如果超过，如何处理？

8）配线架端接信息点采用哪种类型的端接设备？

6.3 相关知识

6.3.1 垂直干线子系统的组成

1. 垂直干线子系统概述

垂直干线子系统是综合布线系统中非常关键的组成部分，它由设备间子系统与管理间子系统的引入口之间的布线组成，采用大对数电缆或光缆，两端分别连接在设备间和楼层配线间的配线架上。它是建筑物内综合布线的主馈缆线，是楼层配线间与设备间之间垂直布放（或空间较大的单层建筑物的水平布线）缆线的统称。

垂直干线子系统包括：

1）供各条干线接线间的电缆走线用的竖向或横向通道。

2）主设备间与计算机中心间的电缆。

2. 网络拓扑结构

垂直干线子系统的结构是一个星形结构。垂直干线子系统的任务是通过建筑物内部的传输电缆，把各个服务接线间的信号传送到设备间，直到传送到最终接口，再通往外部网络，如图 6-1 所示。

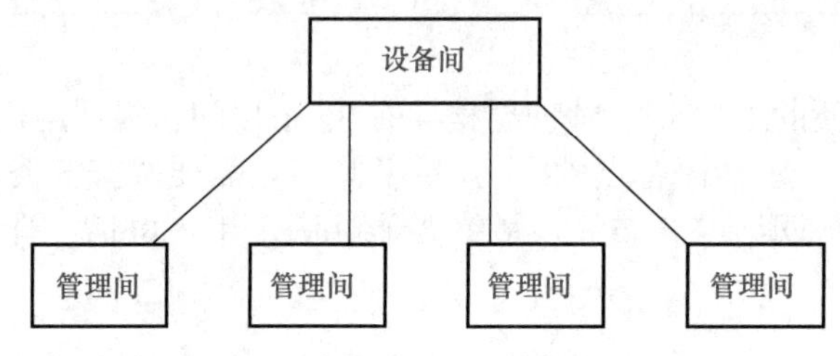

图 6-1 垂直干线子系统的星形结构

3. 垂直干线子系统的设计要点

垂直干线子系统的线缆直接连接着几十或几百个用户，因此一旦干线电缆发生故障，则影响巨大。为此，我们必须十分重视干线子系统的设计工作。

根据综合布线的标准及规范，应按下列设计要点进行干线子系统的设计工作：

1）确定每层楼的干线要求。

2）确定整座楼的干线要求。

3）确定从楼层到设备间的干线电缆路由。

4）确定干线接线间的接合方法。

5）选定干线电缆的长度。

6）确定敷设附加横向电缆时的支撑结构。

6.3.2 垂直干线子系统线缆类型的选择

1. 确定干线缆线的类型及线对

干线子系统缆线主要有铜缆和光缆两种类型，具体要根据布线环境的限制和用户对综合布线系统设计等级的考虑来选择。计算机网络系统的主干缆线可以选用 4 对双绞线电缆或 25 对大对数电缆或光缆，电话语音系统的主干电缆可以选用 3 类大对数双绞线电缆，有线电视系统的主干电缆一般采用 75 Ω 同轴电缆。主干电缆的线对要根据水平布线缆线对数以及应用系统的类型来确定。

干线子系统所需要的电缆总对数和光纤总芯数，应满足工程的实际需求，并留有适当的备份容量。主干缆线宜设置电缆与光缆，并互相作为备份路由。

2. 干线子系统布线缆线的类型

根据建筑物的结构特点以及应用系统的类型，决定选用干线缆线的类型。在干线子系统设计时常用以下 5 种缆线：

1）4 对双绞线电缆（UTP 或 STP）。

2）100 Ω 大对数对绞电缆（UTF 或 STP）。

3）62.5/125 μm 多模光缆。

4）8.3/125 μm 单模光缆。

5）75 Ω 有线电视同轴电缆。

目前，针对电话语音的传输一般采用 3 类大对数对绞电缆（25 对、50 对、100 对等规格），针对数据和图像的传输采用光缆或 5 类以上 4 对双绞线电缆以及 5 类大对数对绞电缆，针对有线电视信号的传输采用 75 Ω 同轴电缆。要注意的是，由于大对数缆线对数多，很容易造成相互间的干扰，因此很难制造超 5 类以上的大对数对绞电缆，为此 6 类网络布线系统通常使用 6 类 4 对双绞线电缆或光缆作为主干缆线。在选择主干缆线时，还要考虑主干缆线的长度限制，如 5 类以上 4 对双绞线电缆在应用于 100 Mb/s 的高速网络系统时，电缆长度不宜超过 90 m，否则宜选用单模或多模光缆。

6.3.3 垂直干线子系统的布线路由

垂直缆线的布线路由的选择主要依据建筑的结构以及建筑物内预埋的管道而定。目前垂直的干线布线路由主要采用电缆孔和电缆井两种方法。对于单层平面建筑物水平型的干线布线路由，主要用金属管道和电缆托架两种方法。

确定从管理间到设备间的干线路由，应选择干线段最短、最安全和最经济的路由，在大楼内通常有如下两种方法。

1. 电缆孔方法

干线通道中所用的电缆孔是很短的管道，通常用直径为 10 cm 的金属管做成。它们嵌在混凝土地板中，这是在浇注混凝土地板时嵌入的，比地板表面高出 2.5~10 cm。电缆往往捆在钢绳上，而钢绳又固定到墙上已铆好的金属条上。当配线间上下都对齐时，一般采用电缆孔方法，如图 6-2 所示。

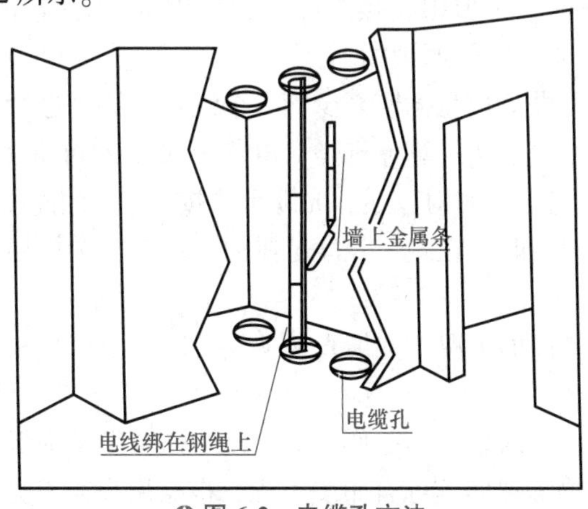

图 6-2　电缆孔方法

2. 电缆井方法

电缆井方法常用于干线通道。电缆井是指在每层楼板上开出一些方孔，使电缆可以穿过这些电缆并从某层楼伸到相邻的楼层，如图 6-3 所示。电缆井的大小依所用电缆的数量而定。与电缆孔方法一样，电缆也是捆在或箍在支撑用的钢绳上，钢绳靠墙上金属条或地板三脚架固定住。离电缆井很近的墙上立式金属架可以支撑很多电缆。电缆井的选择性非常灵活，可以让粗细不同的各种电缆以任何组合方式通过。电缆井方法虽然比电缆孔方法灵活，但在原有建筑物中开电缆井安装电缆造价较高，它的另一个缺点是使用的电缆井很难防火。如果在安装过程中没有采取措施防止损坏楼板支撑件，则楼板的结构完整性将受到破坏。

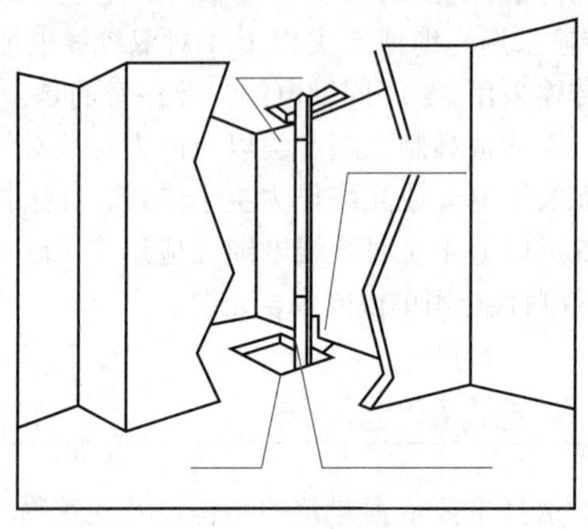

图 6-3　电缆井方法

在多层楼房中，经常需要使用干线电缆的横向通道才能从设备间连接到干线通道，以及在各个楼层上从二级交接间连接到任何一个配线间。注意，横向走线需要寻找一个易于安装的方便通道，因而两个端点之间很少是一条直线。

6.3.4 垂直干线子系统缆线容量的计算

在确定干线缆线类型后，便可以进一步确定每个楼层的干线容量。一般而言，在确定每层楼的干线类型和数量时，都要根据楼层配线子系统所有的语音、数据、图像等信息插座的数量来进行计算，具体计算的原则如下：

1）语音干线可按一个电话信息插座至少配 1 个线对的原则进行计算。

2）计算机网络干线线对容量计算原则是，电缆干线按 24 个信息插座配对 2 对对绞线。每一个交换机或交换机群配对 4 对对绞线，光缆干线按每 48 个信息插座配 2 芯光纤。

3）当楼层信息插座较少时，在规定长度范围内，可以多个楼层共用交换机，并合并计算光纤芯数。

4）如有光纤到用户桌面的情况，光缆直接从设备间引至用户桌面，干线光缆芯数应不包含这种情况下的光缆芯数。

5）主干系统应留有足够的余量，以作为主干链路的备份，确保主干系统的可靠性。

【例】　已知某建筑物需要实施综合布线工程，根据用户需求分析得知，其中第六层有

60个计算机网络信息点，各信息点要求接入速率为100 Mb/s，另有45个电话语音点，而且第六层楼层管理间到楼内设备间的距离为60m，请确定该建筑物第六层的干线电缆类型及线对数。

解 1）60个计算机网络信息点要求该楼层应配置3台24口交换机，交换机之间可通过堆叠或级联方式连接，最后交换机群可通过一条4对超5类非屏蔽双绞线连接到建筑物的设备间。因此计算机网络的干线缆线配备一条4对超5类非屏蔽双绞线电缆。

2）40个电话语音点，按每个语音点配1个线对的原则，主干电缆应为45对。根据语音信号传输的要求，主干缆线可以配备一根3类50对非屏蔽大对数电缆。

6.3.5 大对数电缆的线序

以25对缆线为例说明。缆线有5个基本颜色，顺序为白、红、黑、黄、紫，每个基本颜色里面又包括5种颜色顺序，分别为蓝、橙、绿、棕、灰，那么所有的线对1~25对的排序为白蓝、白橙、白绿、白棕、白灰……紫蓝、紫橙、紫绿、紫棕、紫灰。

在100对缆线里面用蓝、橙、绿、棕四色的丝带分成4个25对分组，每个分组再按上面的方式相互缠绕，我们就可以区分出100条线对。

6.3.6 垂直干线子系统的设计步骤

垂直干线子系统的设计步骤一般如下：首先进行需求分析，与用户进行充分的技术交流，并了解建筑物用途，然后认真阅读建筑物设计图纸，确定管理间位置和信息点数量，其次进行初步规划和设计，确定每条垂直系统布线路径，最后确定布线材料规格和数量，列出材料规格和数量统计表。综合布线垂直干线子系统设计的一般工作流程如图6-4所示。

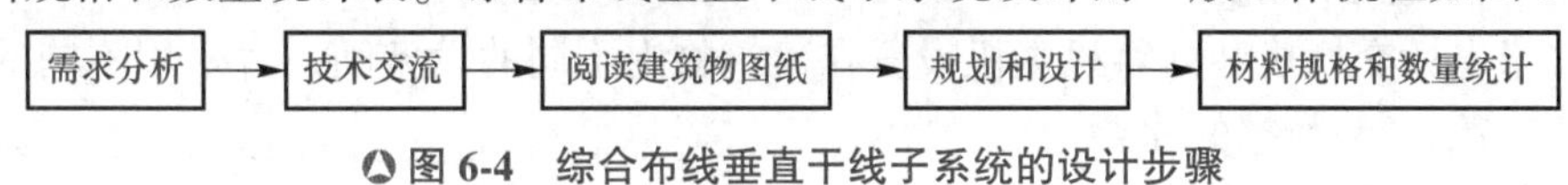

图6-4 综合布线垂直干线子系统的设计步骤

1. 需求分析

需求分析是综合布线系统设计的首项重要工作，垂直干线子系统是综合布线系统工程中最重要的一个子系统，直接决定每个信息点的稳定性和传输速度，主要涉及布线路径、布线方式和材料的选择，对后续水平子系统的施工是非常重要的。

需求分析首先按照楼层高度进行分析，分析设备间到每个楼层的管理间的布线距离、布线路径，逐步明确和确认垂直干线子系统的布线材料的选择方案。

2. 技术交流

在进行需求分析后，要与用户进行技术交流，这是非常必要的。不仅要与技术负责人交流，也要与项目或者行政负责人进行交流，进一步充分、广泛地了解用户的需求，特别是未来的发展需求。在交流中重点了解每个房间或者工作区的用途、要求运行环境等因数。在交流过程中必须进行详细的书面记录，每次交流结束后要及时整理书面记录，这些书面记录是初步设计的依据。

3. 阅读建筑物图纸

索取和认真阅读建筑物设计图纸是不能省略的程序，通过阅读建筑物图纸掌握建筑物的土建结构、强电路径、弱电路径，重点掌握在综合布线路径上的电器设备、电源插座、暗埋管线等。在阅读图纸时，进行记录或者标记，这有助于将网络竖井设计在合适的位置，避免强电或者电器设备对网络综合布线系统的影响。

4. 规划和设计

（1）确定干线线缆的类型及线对

1）垂直干线子系统线缆主要有铜缆和光缆两种类型，具体选择要根据布线环境的限制和用户对综合布线系统设计等级的考虑。

2）计算机网络系统的主干线缆可以选用 4 对双绞线电缆或 25 对大对数电缆或光缆，电话语音系统的主干电缆可以选用 3 类大对数双绞线电缆，有线电视系统的主干电缆一般采用 75 Ω 同轴电缆。主干电缆的线对要根据水平布线线缆对数以及应用系统类型来确定。

3）垂直干线子系统所需要的电缆总对数和光纤总芯数应满足工程的实际需求，并留有适当的备份容量。主干缆线宜设置电缆与光缆，并互相作为备份路由。

（2）垂直干线子系统路径的选择

垂直干线子系统主干缆线应选择最短、最安全和最经济的路由。路由的选择要根据建筑物的结构以及建筑物内预留的电缆孔、电缆井等通道位置而决定。

1）建筑物内有两大类型的通道：封闭型和开放型。

开放型通道是指从建筑物的地下室到楼顶的一个开放空间，中间没有任何楼板隔开。

封闭型通道是指一连串上下对齐的空间，每层楼都有一间，电缆竖井、电缆孔、管道电缆、电缆桥架等穿过这些房间的地板层。宜选择带门的封闭型通道敷设干线线缆。

2）主干电缆宜采用点对点终接，也可采用分支递减终接。

3）如果电话交换机和计算机主机设置在建筑物内不同的设备间，宜采用不同的主干缆线来分别满足语音和数据的需要。

4）在同一层若干管理间（电信间）之间宜设置干线路由。

（3）线缆容量配置

1）主干电缆和光缆所需的容量要求及配置应符合以下规定：

①对于语音业务，大对数主干电缆的对数应按每一个电话 8 位模块通用插座配置 1 对线，并在总需求线对的基础上至少预留约 10%的备用线对。

②对于数据业务，应以集线器（Hub）或交换机（SW）群（按 4 个 Hub 或 SW 组成 1 群）；或以每个 Hub 或 SW 设备设置 1 个主干端口配置。每 1 群网络设备或每 4 个网络设备宜考虑 1 个备份端口。主干端口为电端口时，应按 4 对线容量；为光端口时，则按 2 芯光纤容量配置。

③当工作区至电信间的水平光缆延伸至设备间的光配线设备（BD/CD）时，主干光缆的容量应包括所延伸的水平光缆光纤的容量在内。

2）建筑物与建筑群配线设备处各类设备缆线和跳线的配备宜符合如下规定：设备缆线和各类跳线宜按计算机网络设备的使用端口容量和电话交换机的实装容量、业务的实际需求或信息点总数的比例进行配置，比例范围为 25%~50%。

(4) 垂直干线子系统缆线敷设保护方式

垂直干线子系统缆线敷设保护方式应符合下列要求。

1) 缆线不得布放在电梯或供水、供气、供暖管道竖井中，缆线不应布放在强电竖井中。

2) 电信间、设备间、进线间之间干线通道应沟通。

(5) 垂直子系统干线线缆的交接

为了便于综合布线的路由管理，干线电缆、干线光缆布线的交接不应多于两次。从楼层配线架到建筑群配线架之间只应通过一个配线架，即建筑物配线架（在设备间内）。当综合布线只用一级干线布线进行配线时，放置干线配线架的二级交接间可以并入楼层配线间。

(6) 垂直子系统干线线缆的端接

干线电缆可采用点对点端接，也可采用分支递减端接以及电缆直接连接。点对点端接是最简单、最直接的接合方法，如图 6-5 所示。

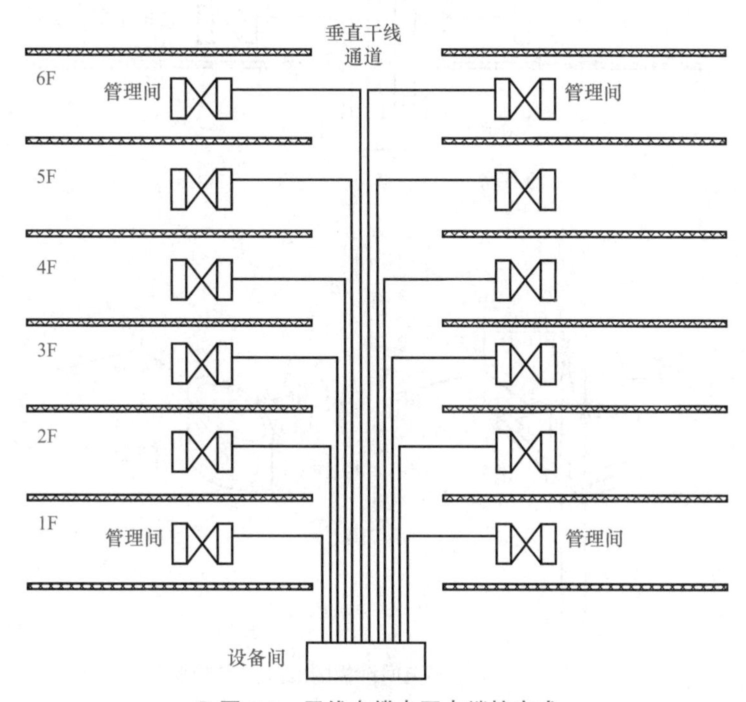

图 6-5　干线电缆点至点端接方式

干线子系统每根干线电缆直接延伸到指定的楼层配线管理间或二级交接间。

分支递减端接是用一根足以支持若干个楼层配线管理间或若干个二级交接间的通信容量的大容量干线电缆，经过电缆接头交接箱分出若干根小电缆，再分别延伸到每个二级交接间或每个楼层配线管理间，最后端接到目的地的连接硬件上，如图 6-6 所示。

(7) 确定干线子系统通道规模

垂直子系统是建筑物内的主干电缆。在大型建筑物内，通常使用的干线子系统通道由一连串穿过配线间地板且垂直对准的通道组成，穿过弱电间地板的线缆井和线缆孔，如图 6-7 所示。

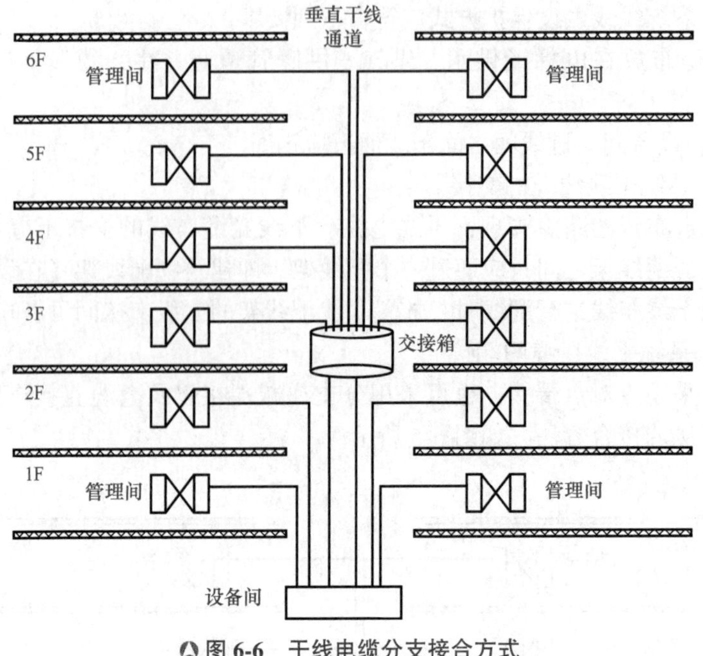

图 6-6　干线电缆分支接合方式

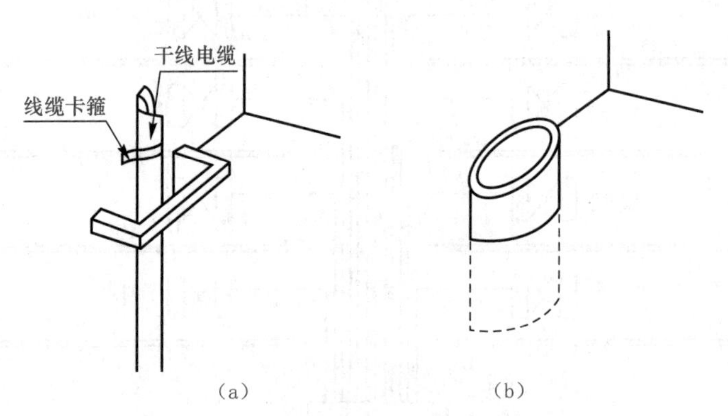

图 6-7　穿过弱电间地板的线缆井和线缆孔

(a) 线缆井；(b) 线缆孔

确定干线子系统的通道规模，主要就是确定干线通道和配线间的数目。确定的依据就是综合布线系统所要覆盖的可用楼层面积。如果给定楼层的所有信息插座都在配线间的 75 范围之内，那么采用单干线接线系统。单干线接线系统就是采用一条垂直干线通道，每个楼层只设一个配线间。如果有部分信息插座超出配线间的 75 范围之外，那就要采用双通道干线子系统，或者采用经分支电缆与设备间相连的二级交接间。

如果同一幢大楼的配线间上下不对齐，则可采用大小合适的线缆管道系统将其连通，如图 6-8 所示。

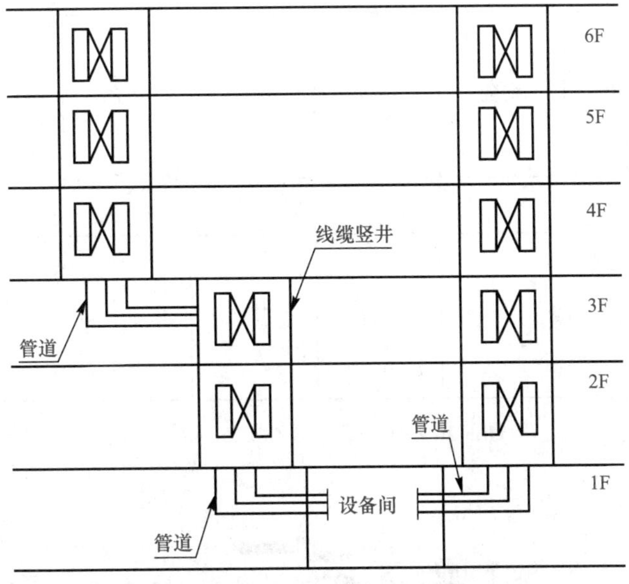

△图 6-8　配线间上下不对齐时双干线电缆通道

6.4 任务实施

经过现场勘察，幻想科技有限公司综合布线设计平面图如图 6-9 和图 6-10 所示，在每层楼的第一间房间以墙柜的方式设置分配线间，设备间设置在一楼，放置一个 42U 的立式机柜。所有缆线从各工作区的墙面信息模块先汇集到各楼层的分配线间墙柜，然后将各墙柜线路与设备间机柜相连接，如图 6-11 所示。

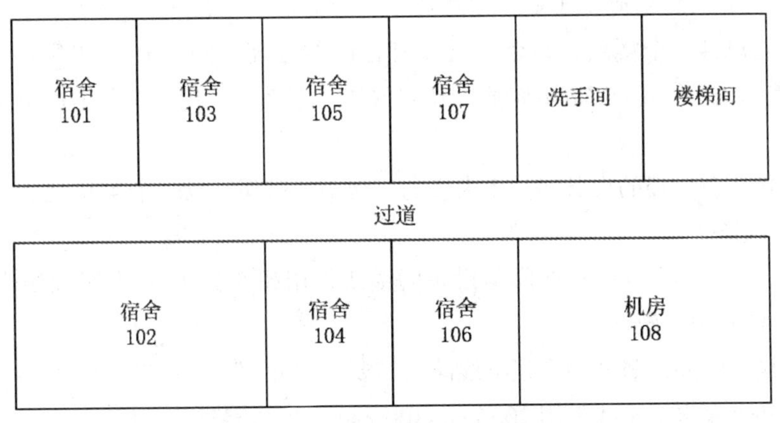

△图 6-9　教工宿舍楼 1 层平面图

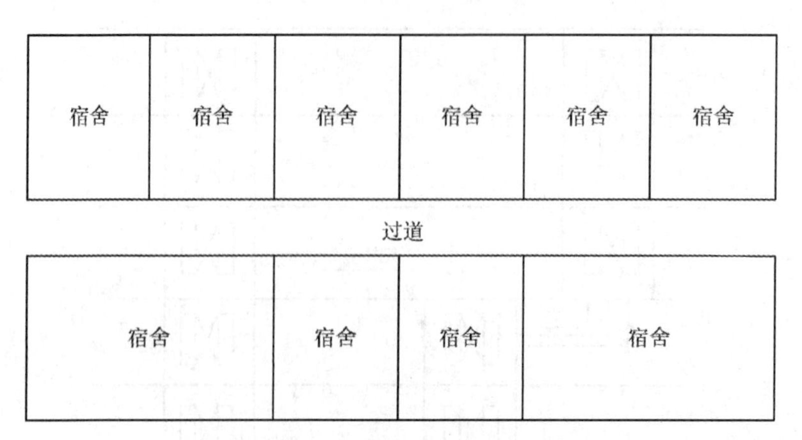

图 6-10　教工宿舍楼 2、3、4 层平面图

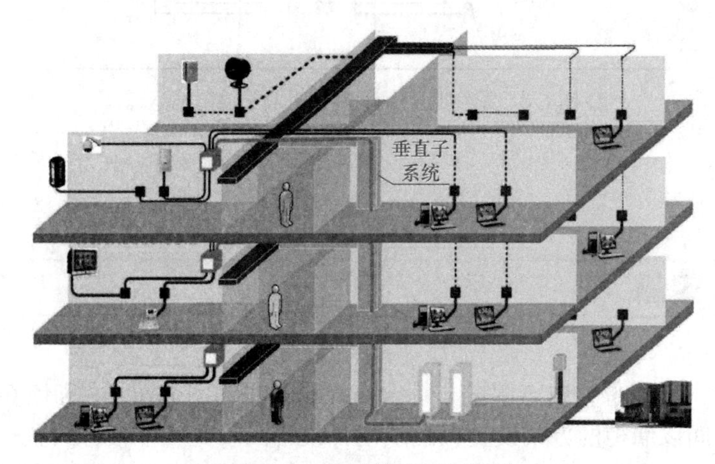

图 6-11　实验楼干线示意图

根据前面的任务分析确认了如下信息：

1）该公司总共 4 个楼层，每个楼层都有自己的分配线间，分别位于 101、201、301、401 这 4 个房间内，在每个房间靠走廊的位置放置一个墙柜，用于汇总本楼层所有的信息点线路。

2）该公司所在大楼的设备间位于大楼的一楼 108 房间，以一个 42U 立式机柜方式汇集所有分配线间线路。

3）根据设计内容，在分配线间与设备间缆线采用超 5 类 25 对大对数线进行敷设，监控缆线采用屏蔽 6 类线敷设。

4）该大楼有竖井，竖井中有强电线路，需要一起并用。

5）房间外走廊水平走线采用 200 mm×100 mm 金属桥架进行敷设。

6）该楼楼层高 4 m，按 4 层计算，在同一楼层测量分配线间到设备间的缆线距离为 38 m，所以在这 4 个楼层中，最远的分配线间到设备间的缆线距离为 16 m+38 m=54 m，小于超 5 类线的最远支持传输距离 100 m。

7）该项目的信息点数量总共为 136 个，其中语音点 68 个、数据点 68 个，所以考虑使用 3 个 110 语音配线架和 3 个网络配线架进行端接。

8）在干线子系统施工时，要充分考虑线槽、缆线等设计施工是否规范，用户使用、维护是否安全、方便等因素。

因此，本任务涉及的主要施工内容如下：根据该工程的设计者设计的系统结构图，实地规划好缆线的路由路径，然后进行相关材料预算并准备材料。在施工阶段，首先对各房间内的缆线和走廊内的缆线进行敷设施工。然后进行分配线间内和设备间机柜内的配线架安装与端接，最后对敷设完的线路进行检测和纠错。其中，房间内和走廊内的缆线施工与配线子系统的施工方法完全相同，本单元就不再赘述，下面主要讲解与配线子系统施工不同的施工内容。

6.4.1 规划缆线路由

在干线子系统施工前，必须根据给定的系统结构图，到施工现场确定具体的路由线路。本项目中，施工人员到现场确定竖井内管槽的位置，因为竖井中有强电线路，所以用于敷设大对数线的管槽要与强电管槽保持一定的距离，避免强电的干扰。由于 25 对大对数线的线径较粗，一般房间内的暗管无法敷设，所以一般采用墙面明装管槽方式进行敷设。在大楼的设备间，所有缆线一般通过地面线槽方式敷设。

6.4.2 敷设竖井通道缆线

垂直干线是建筑物的主要缆线，它为从设备间到每层楼上的管理间之间传输信号提供通路。干线子系统的布线方式有垂直型的，也有水平型的，这主要根据建筑的结构而定。大多数建筑物都是垂直向高空发展的，因此很多情况下会采用垂直型的布线方式。但是也有很多建筑物是横向发展，如飞机场候机厅、工厂仓库等建筑，这时也会采用水平型的主干布线方式。因此主干缆线的布线路由既可能是垂直型的，也可能是水平型的，或是两者的综合。

在本任务中，既有垂直路由线路，也有水平路由线路，其中，垂直干线部分利用竖井通道进行敷设。本任务中竖井位置图纸的设计如图 6-12 所示。

在竖井中敷设垂直干线一般有两种方式：向下垂放缆线和向上牵引缆线。相比较而言，向下垂放比向上牵引容易。下面就两种方式的步骤进行说明。

1. 向下垂放缆线

向下垂放缆线的一般步骤如下：

1）把缆线卷轴放到最顶层。

2）在离房子的开口（孔洞处）3~4 m 处安装缆线卷轴，并从卷轴顶部馈线。

3）在缆线卷轴处安排所需的布线施工人员（人数视卷轴尺寸及缆线质量而定），另

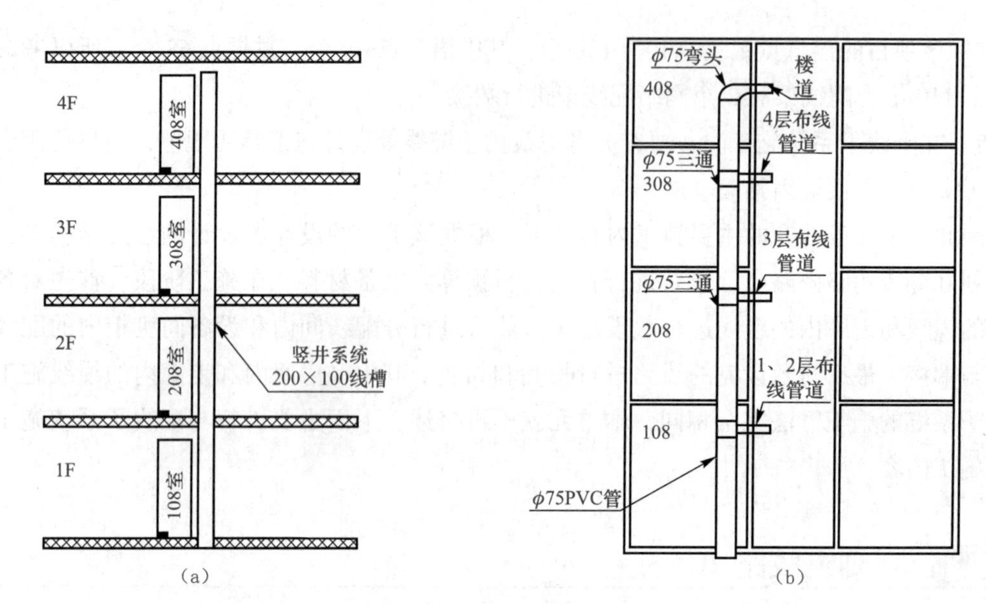

图 6-12　竖井位置示意图

（a）线槽布线方式；（b）线管布线方式

外，每层楼上要有一个工人，以便引寻下垂的缆线。

4）旋转卷轴，将缆线从卷轴上拉出。

5）将拉出的缆线引导进竖井中的孔洞。在此之前，先在孔洞中安放一个塑料的套状保护物，以防止孔洞不光滑的边缘擦破缆线的外皮。

6）慢慢地从卷轴上放缆线并进入孔洞向下垂放，注意速度不要过快。

7）继续放线，直到下一层布线人员将缆线引到下一个孔洞。

8）按前面的步骤继续慢慢地放线，并将缆线引入各层的孔洞，直至缆线到达指定楼层进入横向通道。

2. 向上牵引缆线

向上牵引缆线需要使用电动牵引绞车，其主要步骤如下。

1）按照缆线的质量，选定绞车型号，并按绞车制造厂家的说明书进行操作，先往绞车中穿一条绳子。

2）启动绞车，并往下垂放一条拉绳（确认此拉绳的强度能保护牵引缆线），直到安放缆线的底层。

3）如果缆线上有一个拉眼，则将绳子连接到此拉眼上。

4）启动绞车，慢慢地将缆线通过各层的孔向上牵引。

5）缆线的末端到达顶层时，停止绞车。

6）在地板孔边沿上用夹具将缆线固定。

7）当所有连接制作好之后，从绞车上释放缆线的末端。

3. 绑扎缆线

干线子系统敷设缆线时，由于缆线量大，应对缆线进行绑扎。本任务中，由于我们采用的是 25 对大对数缆线，数量不多，可以不用进行绑扎。但是在规模较大的干线子系统项目施工中，绑扎是必须进行的，所以在此说明绑扎时的一些注意事项。

1）在绑扎缆线的时候应该按照楼层进行分组绑扎。

2）对绞电缆、光缆及其他信号电缆应根据缆线的类别、数量、缆径、缆线芯数分束绑扎。

3）绑扎间距不宜大于 1.5 m，间距应均匀，防止缆线因重量产生拉力造成缆线变形，并且不宜绑扎过紧或使缆线受到挤压。

任务7　建筑群子系统的设计与实施

7.1　任务描述

以校园综合布线系统的设计为例，综合布线建筑群子系统的设计主要有以下步骤：

1）确定敷设现场的特点，包括确定整个工地的大小、工地的地界、建筑物的数量等。

2）确定电缆系统的一般参数，包括确认起点、端接点位置、所涉及的建筑物及每座建筑物的层数、每个端接点所需的双绞线的对数、有多个端接点的每座建筑物所需的双绞线总对数等。

3）确定建筑物的电缆入口。建筑物入口管道的位置应便于连接公用设备。根据需要在墙上穿过一根或多根管道。如果入口管道不够用，则要确定在移走或重新布置某些电缆时是否能腾出某些入口管道；再不够用的情况下应另装多少入口管道。如果建筑物尚未建完，则要根据选定的电缆路由完善电缆系统设计，并标出入口管道。建筑物入口管道的位置应便于连接公用设备，根据需要在墙上穿过一根或多根管道。查阅当地的建筑法规，了解对承重墙穿孔有无特殊要求。所有易燃材料（如聚丙烯管道、聚乙烯管道）应端接在建筑物的外面。外线电缆的聚丙烯皮可以例外，只要它在建筑物内部的长度（包括多余电缆的卷曲部分）不超过15 cm。如果外线电缆延伸到建筑物内部的长度超过15 m，就应使用合适的电缆入口器材，在入口管道中填入防水和气密性很好的密封胶，如B型管道密封胶。

4）确定明显障碍物的位置，包括确定土壤类型、电缆的布线方法、地下公用设施的位置，查清拟定的电缆路由中沿线各个障碍物位置或地理条件及对管道的要求等。

5）确定主电缆路由和备用电缆路由，包括确定可能的电缆结构，所有建筑物是否共用一根电缆，查清在电缆路由中哪些地方需要获准后才能通过，以及选定最佳路由方案等。

6）选择所需电缆的类型和规格，包括确定电缆长度，画出最终的结构图，画出所选定路由的位置和挖沟详图，确定入口管道的规格，选择每种设计方案所需的专用电缆，保证电缆可进入口管道，以及应选择其规格和材料、规格、长度和类型等。

7）确定每种选择方案所需的劳务成本，包括确定布线时间，计算总时间、每种设计方案的成本（用总时间乘以当地的工时费来确定成本）。

8）确定每种选择方案的材料成本，包括确定电缆成本、所有支持结构的成本、所有支撑硬件的成本等。

9）选择最经济、最实用的设计方案。把每种选择方案的劳务费成本加在一起，得到每种方案的总成本；比较各种方案的总成本，选择成本较低者；确定比较经济方案是否有重大缺点，以致抵消了经济上的优点。如果发生这种情况，应取消此方案，考虑经济性较好的设计方案。

7.2 相关知识

7.2.1 建筑群子系统的组成

建筑群子系统也称楼宇管理子系统。一个企业、某政府机关或学校校园可能分散在几幢相邻建筑物或不相邻建筑物内。彼此之间的语音、数据、图像和监控等系统可用传输介质和各种支持设备（硬件）连接在一起。连接各建筑物之间的传输介质和各种支持设备（硬件）组成一个建筑群综合布线系统。连接各建筑物之间的缆线组成建筑群子系统。

建筑群子系统应由连接各建筑物之间的综合布线缆线、建筑群配线设备（CD）和跳线等组成，如图 7-1 所示。

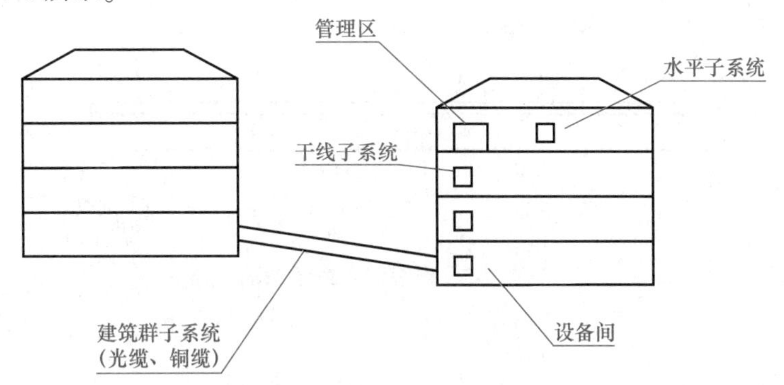

图 7-1　建筑群子系统结构图

建筑群子系统将一个建筑物中的线缆延伸到建筑物群的另一些建筑物中的通信设备和装置上，它由电缆、光缆和入楼处线缆上过电流、过电压的电气保护设备等相关硬件组成，从而形成了建筑群综合布线系统中连接各建筑物之间的缆线，组成建筑群子系统。

7.2.2 建筑群子系统管槽路由设计

确定主电缆路由和另选电缆路由，对于每一种待定的路由，确定可能的电缆结构。常用的电缆结构有：①所有建筑物共用一根电缆；②对所有建筑物进行分组，每组单独分配一根电缆；③每个建筑物单用一根电缆。

1. 管道内布线

管道内布线是一种由管道和人孔组成的地下系统，它把建筑群的各个建筑物进行互连。线缆通过一根或多根管道引线，再穿过基础墙进入建筑物内部，如图 7-2 所示。管道敷设的深度为 46～72 cm，或按当地的法规执行。人孔是设在通信系统的线路敷设管道或者井道上的检查孔，可以容纳人通过（钻出去或者钻进去），以便检查或维修。在电源人孔和通信人孔合用的情况（人孔里有电力电缆），通信电缆不能在人孔里进行端接，通信管道与电力管道必须用至少 8 cm 的混凝土或 30 cm 的压实土层隔开。

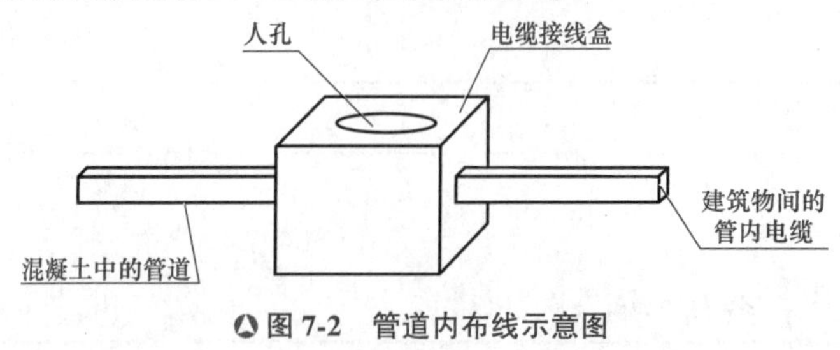

图 7-2 管道内布线示意图

2. 电缆沟布线

在建筑物之间通常有地下通道，大多数是供暖供水的，利用这些通道来敷设电缆不仅成本低，而且可利用原有的安全设施。如考虑到暖气泄漏等条件，电缆安装时应与供气、供水、供暖的管道保持一定的距离，安装在尽可能高的地方，可根据民用建筑设施的有关条例进行施工，如图 7-3 所示。

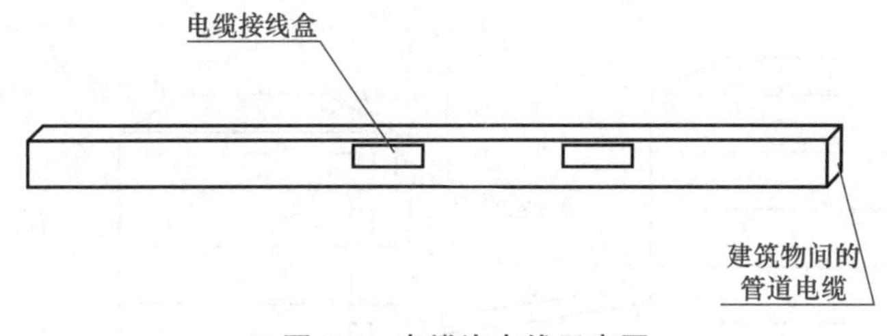

图 7-3 电缆沟布线示意图

3. 直埋布线

把电缆或光缆直接埋在地下，到建筑物处经由基础墙上预先布好的电缆孔进入室内。除了穿过基础墙的那部分线缆有导管保护外，线缆其余部分都没有管道的保护。线缆离地面 60.96 cm 以上或按当地城建部门的法规处理，并做好路由标志。如果在同一沟内埋入了其他的图像、监控线缆，应设立明显的共用标志。

直埋布线法的优点是线缆在地下，受到很好的保护措施，产生障碍的机会少；线路隐蔽，不影响建筑物的美观；施工较简单，初次工程投资不高。所以它适合线缆数量较少、敷设距离较长的情况。其缺点是线缆的扩建和维护较难，需要挖沟回填，会破坏道路和建筑物外貌。

4. 架空布线

架空布线法中，线缆利用电线杆的支撑，沿电线杆的路由走线，连接各个建筑物。架空线缆通常穿入建筑物外墙上的 U 形电缆保护套，然后向下（或向上）延伸，从电缆孔进入建筑物内部。为了稳固，要把线缆系在钢丝绳上或使用自支撑线缆。建筑物到最近处的电线杆距离应大于 30 m。

架空布线法一般只用于现成的电线杆，且对电缆的走线方式无特殊要求的场合。假如本来就有电杆，这种方法的成本较低。但是，此布线方式使得线缆悬空，易受外界腐蚀和机械损伤，且保密性和灵活性较差，影响周边环境的美观，还会带来安全隐患，故不是理想的布线方法。现在城市建设的发展趋势是让各种线缆、管道等设施隐蔽化，所以在新建的工程中，极少采用这种方法。

4 种方法的主要优缺点比较如表 7-1 所示。

表 7-1　建筑群布线方法的主要优缺点比较

方法	优点	缺点
管道	提供最佳的机械保护； 任何时候都可敷设电缆； 电缆的敷设、扩充和加固都很容易； 保持建筑物的外貌	挖沟、开管道和人孔的成本很高
电缆沟	如果本来就有巷道，则成本最低； 安全	热量或泄漏的热水可能会损坏电缆； 可能被水淹没
直埋	提供某种程度的机械保护； 保持建筑物的外貌	挖沟成本高； 难以安排电缆的敷设位置； 难以更换和加固
架空	如果本来就有电线杆，则成本最低	没有提供任何机械保护； 灵活性差； 安全性差； 影响建筑物的美观

7.2.3 综合布线产品的选择

1. 综合布线产品的选购原则

根据工程的实际需求，并结合资金具体情况，通过查看现场和建筑平面图等资料，计算出线材的用量、信息插座的数目和机柜数目，写出各种产品的使用报告。根据用址情况，再结合产品特性就可选型了，选型应注意遵循以下原则。

1）产品选型必须与工程实际相结合。应根据智能化建筑和智能化小区的主体性质、所处地位、使用功能和客观环境等特点，从工程实际和用户信息需求考虑，选用合适的产品，其中包括各种缆线和连接硬件。

2）产品选型应符合技术标准，选用的产品应符合我国国情和有关技术标准，包括国际标准、国家标准和行业标准，并应以我国国家或行业标准为依据进行检测和鉴定，未经鉴定合格的设备和器材不得在工程中使用，未经设计单位同意，不应以其他产品代用。

3）近期和远期相结合。根据近期信息业务和网络结构的需要，适当考虑今后信息业务种类和数量增加的可能，预留一定的发展余地。但在考虑近远期结合时，不应强求一步到位、贪大求全。要按照信息特点和客观需要，结合工程实际，采取统筹兼顾、因时制宜、逐步到位、分期形成的原则。在具体实施中，还要考虑综合布线系统的产品尚在不断完善和提高，应注意科学技术的发展，并符合当时的标准规定，不宜完全以厂商允诺保证产品质量的期限来决定是否选用。

4）技术先进和经济合理相统一。目前我国已有符合国际标准的通信行业标准，综合布线系统产品的技术性能应以系统指标来衡量。在产品选型时，所选设备和器材的技术性能指标一般要高于系统指标，这样在工程竣工后，才能保证满足全系统的技术性能指标。但选用产品的技术性能指标也不宜过高，否则将增加工程造价。

2. 在选购中应注意的问题

1）不要贪图便宜。选购产品时，要结合自身实际情况，选择性价比高的产品。切忌贪图价格便宜而忽略产品质量。

2）不要盲目推崇国外品牌。同选购所有商品一样，我们在选购网络产品时往往崇拜名牌。但事实证明名牌同样存在问题。随着我国科技的快速发展，很多国产品牌的产品性能也日益突出，且价格还非常低廉。

3）使用前要进行抽测。工程收工前，要进行工前检测，对于没有条件进行检测的用户，在选择供应商时最好找那些正规的、有厂商授权的公司，并通过严谨的合同条款保护自己。

3. 建筑群子系统布线线缆的选择

表7-2是网络应用标准与网络传输介质的对应表，在选择建筑群子系统布线线缆时可以参考。

表7-2　网络应用标准与网络传输介质的对应表

传播速率	网络标准	物理接口标准	传输介质	传输距离/m	备注
10 Mb/s	802. 3	10Base2	粗粗同轴电缆	185	已退出市场
		10Base5	粗粗同轴电缆	500	已退出市场
	802. 3i	10Base-T	3类双绞线	100	
	802. 3j	10Base-F	光纤	2 000	
100 Mb/s	802. 3u	100Base-T4	3类双绞线	100	使用4个线对
		100Base-TX	5类双绞线	100	用12、36线对
		100Base-FX	光纤	2 000	
1 GMb/s	802. 3ab	1000Base-T	5类以上双绞线	100	每对线缆既接收又发送
	TIA/EIA854	1000Base-TX	6类以上双绞线	100	2对发送，3对接收
	802. 3z	1000Base-SX	62. 5 μm多模光纤/短波850 nm带宽160 MHz · km	220	
		1000Base-SX	62. 5 μm多模光纤/短波850 nm带宽200 MHz · km	275	
		1000Base-SX	50 μm多模光纤/短波850 nm带宽400 MHz · km	500	

续表

传播速率	网络标准	物理接口标准	传输介质	传输距离/m	备注
1 GMb/s	802.3z	1000Base-SX	50 μm 多模光纤/短波 850 nm 带宽 500 MHz · km	550	
		1000Base-LX	多模光纤，长波 1 300 nm	550	
		1000Base-LX	单模光纤	5 000	
		1000Base-CX	150 Ω 平衡屏蔽双绞线（STP）	25	适用于机房中短距离连接
10 GMb/s	802.3ae	10GBase-SR	62.5 μm 多模光纤/850 nm	26	
		10GBase-SR	50 μm 多模光纤/850 nm	65	
		10GBase-LR	9 μm 单模光纤/1 310 nm	10 000	
		10GBase-ER	9 μm 单模光纤/1 550 nm	40 000	
		10GBase-LX4	9 μm 单模光纤/1 310 nm	10 000	WDM 波分复用
		10GBase-SW	62.5 μm 多模光纤/850 nm	26	物理层为 WAM
		10GBase-SW	50 μm 多模光纤/850 nm	65	物理层为 WAM
		10GBase-LW	9 μm 单模光纤/1 310 nm	10 000	物理层为 WAM
		10GBase-EW	9 μm 单模光纤/1 550 nm	40 000	物理层为 WAM
	802.3ak	10GBase-CX4	同轴电缆	15	
	802.3an	10GBase-T	6 类双绞线	55	使用 4 个线对
			6A 类以上双绞线	100	使用 4 个线对

建筑群子系统敷设的线缆类型及数量由综合布线连接应用系统的种类及规模来决定。一般来说，计算机网络系统常采用光缆作为建筑物布线线缆，在网络工程中，经常使用 62.5 μm/125 μm（62.5 μm 是光纤纤芯直径，125 μm 是纤芯包层的直径）规格的多模光缆，有时也用 50 μm/125 μm 和 100 μm/140 μm 规格的多模光纤。户外布线大于 2 km 时可选用单模光纤。

电话系统常采用 3 类大对数电缆作为布线线缆，3 类大对数双绞线是由多个线对组合而成的电缆，为了适于室外传输，电缆还覆盖了一层较厚的外层皮。3 类大对数双绞线根据线对数量分为 25 对、50 对、100 对、250 对、300 对等规格，要根据电话语音系统的规模来选择 3 类大对数双绞线相应的规格及数量。

双绞线质量的优劣是决定局域网带宽的关键因素之一，只有标准的超 5 类或 6 类双绞线才可能达到 100～1 000 Mb/s 的传输速率，而品质低劣的双绞线是无法满足高速率的传输需求的。

7.2.4 网络中心布局设计

目前的网络设备大多采用机架式的结构（多为扁平式，像个抽屉），如交换机、路由器、硬件防火墙等。这些设备之所以有这样一种结构类型，是因为它们都按国际机柜标准进行设计，这样平面尺寸就基本统一，可一起安装在一个大型的立式标准机柜中。这样做的好处非常明显：一方面可以使设备占用最小的空间，另一方面则便于与其他网络设备的连接和管理，同时机房内也会显得整洁、美观。

我们经常接触到的放置机房里有网络机柜、服务器机柜以及综合布线柜，从这 3 个机柜的名字就可以看出它们各自所起的作用。一般来说，网络设备（如交换机、路由器、防火墙、加密机等）以及网络通信设备（如光端机、调制解调器等）是放置在网络机柜的；服务器机柜的宽度为 19 in，高度以 U 为单位，通常有 1U、2U、3U、4U 几种标准的服务器。机柜的尺寸也是采用通用的工业标准，通常从 22U 到 42U 不等；机柜内按 U 的高度有可拆卸的滑动拖架，用户可以根据自己服务器的标高灵活调节高度，以存放服务器、集线器、磁盘阵列柜等设备。服务器摆放好后，它的所有 I/O 线全部从机柜的后方引出（机架服务器的所有接口也在后方），统一安置在机柜的线槽中，一般贴有标号，便于管理。

综合布线柜一般配有前后可移动的安装立柱，自由设定安装空间，可按需要配置隔板、风扇、电源插座等附件。配线架通常安装在机柜里，配线架的一面是 RJ-45 口，并标有编号；另一面是跳线接口，上面也标有编号，这些编号和上面的 RJ-45 口的编号是一一对应的。每一组跳线都标识有棕、蓝、橙、绿的颜色，双绞线的色线要和这些跳线一一对应，这样做不容易接错。配线架不仅仅便于管理线对，而且可以防止串扰，增加线对的隔离空间，提供 360°的线对隔离。

在机房中，必须放置交换机、功能服务器群和网络打印设备，以及局域网络连接 Internet 所需的各种设备，如路由器、防火墙以及网管工作站等。因此机房的网络布局一般至少有 3 个机柜，综合布线柜和网络机柜应当紧连在一起，便于调线操作，接下来是服务器机柜；将网络设备和布线系统进行合理的布局。

在网络布局中，每个机柜最好留一些空间，便于以后网络设备、服务器设备的扩充，综合布线柜里有可能除了网络布线外，还可能布置电话线，所以要在机柜里留下一定空间。

供电系统和制冷系统是计算机机房的两个重要部分。在供电系统中，一般采用在线的 UPS 供电方式，蓄电池实际可供使用的容量与蓄电池的放电电流大小、蓄电池的工作环境温度、储存时间以及负载的性质（电阻性、电感性、电容性）密切相关。制冷系统（空调）涉及机房的整个物理环境，包括空调、地板、机柜及房间布局等诸多方面，因此对于 UPS 和空调，我们也要考虑好将它们放置在一个合适的位置。如果机房空间较大，可以将 UPS 和空调都放在机房里；如果空间较小，可以把 UPS（包括蓄电池）放在配电房里。需要注意的是，如果大楼里安装有“中央空调”，机房里也必须安装独立的空调，因为中央空调不可能 24 小时都开着，上班的时间可以利用中央空调，下班和放假的时候，如果服务器、网络设备需要正常运行，则必须要打开机房里的独立空调。

7.2.5 校园服务器群的设计方法

随着计算机网络技术的发展，校园网站建设已经取得了不小的进展，校园网站的建设改变了传统的教学模式、教学方法以及教学手段，促进了教育观念以及教学思想的转变，大大地开阔了师生的视野。校园网站系统是一个非常庞大且复杂的系统，它不仅为现代化教学以及综合性信息管理和办公化等一系列的应用提供了基本的操作平台，而且能够提供多种的应用服务，使信息及时准确地传递给每个系统。而校园网工程建设主要应用了网络技术中的重要分支技术——局域网技术进行建设与管理。

1. 需求分析

随着计算机、通信以及多媒体技术的发展，网络上的应用更加丰富了。同时，在多媒体教育和管理等方面的需求对校院网络也提出进一步的要求，因此需要一个高速的具有先进的、可扩展的校园计算机网络来适应当前网络技术的发展趋势并满足学校各方面应用的需要。

2. 设计特点

开展校园网络的项目，应该充分地考虑学校的实际情况，注重设备的性价比；采用成熟、可靠的技术，建立先进、灵活可用、性能优良以及可升级和可扩展的校园网络；考虑学校的长期发展的规划，在网络结构以及网络应用等各个方面能够适应未来的发展，最大限度地保护学校的资源。学校可以借助校园网的建设，充分地利用丰富的资源，实现网络资源的共享、信息传递以及利用，真正地把现代管理、教育技术融入学校的日常办公中去。

3. 校园网的布局结构

校园比较大，建筑群比较多，布局也比较分散。因此在设计校园网的结构时要考虑目前实际应用的侧重点。主干网络要以中控室为中心，设置几个交换点，包括中控室、图书馆、教学楼以及宿舍楼，中心交换机和主干交换机采用光纤交换机。校园网的主干即中控室与教学楼、实验楼、图书馆以及宿舍楼之间采用 8 芯室外光缆。

7.3 任务实施

建筑群子系统是由连接各建筑物之间的传输介质和各种支持设备（硬件）组成的综合布线子系统。建筑群主干布线子系统是智能化建筑群体内的主干传输线路，也是综合布线系统的骨干部分。它的系统设计质量、工程质量、技术性能都直接影响综合布线系统的服务效果，在设计中必须高度重视。

建筑群子系统的设计主要考虑布线路由选择、线缆选择、线缆布线方式等内容。

7.3.1 确定建筑群子系统的结构

1. 建筑群子系统的设计原则

1）建筑群子系统中，建筑群配线架（CD）等设备是安装在屋内的，而其他所有线路设施都设在屋外，受客观环境和建设条件影响较大。由于工程范围大，涉及面较宽，在设计和建设中要更加注意以上问题。

2）由于综合布线系统中，大多数采用有线通信方式，一般通过建筑群子系统与公用通信网连成整体。从全程全网来看，它也是公用通信网的组成部分，其使用性质和技术性能基本一致，其技术要求也是相同的。因此，要从保证全程全网的通信质量来考虑，不应只以局部的需要为基点，使全程全网的传输质量有所降低。

3）建筑群子系统的缆线是室外通信线路，其建设原则、网络分布、建筑方式、工艺要求以及与其他管线之间的配合协调，均与所属区域内的其他通信管线要求相同，必须按照本地区通信线路的有关规定办理。

4）建筑群子系统的缆线敷设在校园式小区或智能化小区内，成为公用管线设施时，其建设计划应纳入该小区的规划，具体分布应符合智能化小区的远期发展规划要求（包括总平面布置）；且与近期需要和现状相结合，尽量不与城市建设和有关部门的规定发生冲突，使传输线路建设后能长期稳定、安全可靠地运行。

5）在已建或正在建的智能化小区内，如已有地下电缆管道或架空通信杆路，应尽量设法利用。与该设施的主管单位（包括公用通信网或用户自备设施的单位）进行协商，采取合用或租用等方式。这样可避免重复建设，节省工程投资，使小区内管线设施减少，有利于环境美观和小区布置。

2. 建筑群子系统的工程设计要求

1）建筑群子系统设计应注意所在地区的整体布局。由于智能化建筑群所处的环境一般对美化要求较高，对于各种管线设施都有严格规定，要根据小区建设规划和传输线路分布，尽量采用地下化和隐蔽化方式。

（2）建筑群子系统设计应根据建筑群用户信息需求的数量、时间和具体地点，采取相应的技术措施和实施方案。在确定缆线的规格、容量、敷设的路由以及建筑方式时，务必考虑要使通信传输线路建成后保持相对稳定，并能满足今后一定时期信息业务的发展需要。为此，必须遵循以下几点要求。

①线路路由应尽量距离短、平直，并在用户信息需求点密集的楼群经过，以便供线和节省工程投资。

②线路路由应选择在较永久性的道路上敷设，并应符合有关标准规定以及与其他管线和建筑物之间的最小净距要求。除因地形或敷设条件的限制必须与其他管线合沟或合杆外，与电力线路必须分开敷设，并有一定的间距，以保证通信线路安全。

③建筑群子系统的主干缆线分支到各幢建筑物的引入段落，其建筑方式应尽量采用地下敷设。如不得已而采用架空方式（包括墙壁电缆引入方式），应采取隐蔽引入，其引入位置宜选择在房屋建筑的后面等不显眼的地方。

7.3.2 绘制综合布线系统工程的拓扑图

在确定了建筑群子系统的结构之后，接着需要绘制拓扑图。

小型、简单的网络拓扑结构可能比较容易绘制，因为其中涉及的网络设备可能不是很多，图元外观也不会要求完全符合相应产品型号，通过简单的画图软件（如 Windows 系统中的“画图”软件、HyperSnap 等）即可轻松实现。而对于一些大型、复杂网络拓扑结构图的绘制，则通常需要采用一些非常专业的绘图软件，如 Visio、LAN MapShot 等。

Visio 系列软件是 Microsoft 公司开发的高级绘图软件，属于 Office 系列，可以绘制流程图、网络拓扑图、组织结构图、机械工程图、流程图等。它功能强大，易于使用。它可以帮助网络工程师创建商业和技术方面的图形，可对复杂的概念、过程及系统进行组织和文档备案。Visio 2003 可以通过直接与数据资源同步实现数据图形自动化，提供最新的图形，还可以通过自定制来满足特定需求。

7.3.3 综合布线产品的选择

建筑群数据网的主干线缆一般应选用多模或单模室外光缆，芯数不少于 12 芯，并且宜用松套型、中央束管式。

建筑群子系统敷设的线缆类型及数量由综合布线连接应用系统的种类及规模来决定。一般来说，计算机网络系统常采用光缆作为建筑物布线线缆，在网络工程中，经常使用 62.5 μm/125 μm（62.5 μm 是光纤纤芯直径，125 μm 是纤芯包层的直径）规格的多模光缆，有时也用 50 μm/125 μm 和 100 μm/140 μm 规格的多模光纤。户外布线大于 2 km 时可选用单模光纤。

电话系统常采用 3 类大对数电缆作为布线线缆，3 类大对数双绞线是由多个线对组合而成的电缆，为了适于室外传输，电缆还覆盖了一层较厚的外层皮。有线电视系统常采用同轴电缆或光缆作为干线电缆。

7.3.4 布线施工

1. 确定主线缆路由和备用线缆路由

确定主线缆路由和备用线缆路由的主要内容如下。

1）对于每一种特定的路由，确定可能的线缆结构方案。

所有建筑物共用一根线缆。对所有建筑物进行分组，每组单独分配一根线缆。每座建筑物单用一根线缆。

2）查清在线缆路由中，哪些地方需要获准后才能施工通过。

3）比较每个路由的优缺点，从而选定几个可能的路由方案供比较选择。

2. 选择所需线缆的类型和规格

主要内容如下。

1）确定线缆长度。

2）画出最终的结构图。

3）画出所选定路由的位置和挖沟详图，包括公用道路图或任何须经审批才能使用的地区的草图。

4）确定入口管道的规格。

5）选择每种设计方案所需的专用线缆。

6）参考所选定的布线产品的部件指南中有关线缆部分中线号、双绞线对数和长度应符合的有关要求。

7）应保证线缆可进入口管道。

8）如果须用管道，应确定其规格、长度和材料。

3. 确定每种方案所需的劳务成本

主要内容如下。

1）确定布线时间。

①迁移或改变道路、草坪、树木等所花的时间。

②如果使用管道，应包括敷设管道和穿线缆的时间。

③确定线缆接合时间。

④确定其他时间，如运输时间、协调、待工时间等。

2）计算总时间。

3）计算每种设计方案的成本（总时间乘以当地的工时费）。

4. 确定每种方案所需的材料成本

主要内容如下。

1）确定线缆成本。

①参考有关布线材料价格表。

②针对每根线缆查清每 100 m（ft）的成本。

③将上述成本除以 100。

④将每米（英尺）的成本乘以所需米（英尺）数。

2）确定所用支持结构的成本。

①查清并列出所有的支持部件。

②根据价格表查明每项用品的单价。

③将单价乘以所需的数量。

3）确定所有支撑硬件的成本。

对于所有的支撑硬件，重复 2）项所列的 3 个步骤。

5. 选择最经济、实用的设计方案

主要内容如下。

1）把每种选择方案的劳务费成本加在一起，得到每种方案的总成本。

2）比较各种方案的总成本，选择成本较低者。

3）分析确定这种比较经济的方案是否有重大缺点，以致抵消了经济上的优点。如果发生这种情况，应取消此方案，考虑其他经济性较好的设计方案。需要注意的是，如果涉及干线线缆，应把有关的成本和设计规范也列进来。

6. 建筑群子系统的电缆保护

当电缆从一座建筑物接到另一座建筑物时，要考虑易受到雷击、电源触地、电源感应、电压或地电压上升等因素的影响，必须用保护器进行保护。如果电气保护设施位于建筑物（不是对电信公用设施实行专门控制的建筑物）内部，那么所有保护设备及其安装装置都必须有 UL 安全标记。

当发生下列任何情况时，线路就会被暴露在危险的境地。

1）雷击所引起的干扰。

2）工作电压超过 300 V 以上而引起的电源故障。

3）地电压上升到 300 V 以上而引起的电源故障。

4）60 Hz 感应电压值超过 300 V。

如果出现上述所列情况之一，就应对其进行保护。电缆不遭雷击的条件如下：

1）所在地区每年遭受雷、暴雨袭击的次数只有 5 天或更少，而且大地的电阻率小于 100 Ω · m。

2）建筑物的直埋电缆小于 42 m（140ft），而且电缆的连续屏蔽层在电缆的两端都接地。

3）电缆处于已接地的保护伞之内，此保护伞是由邻近的高层建筑物或其他高层结构所提供的。

任务8 设备间、管理间子系统的设计与实施

8.1 任务描述

1）以校园综合布线系统的设计为例，完成综合布线管理间子系统设计。

①根据各个工作区子系统需求，确定每个楼层工作区信息点总数量。

②确定水平子系统缆线长度。

③确定管理间的位置。

④完成管理间子系统设计。

2）以校园综合布线系统的设计为例，完成综合布线系统设备间子系统设计。

①根据用户方要求及现场情况，具体确定设备间位置的最终位置。

②确定设备间的面积。

③确定设备间内的线缆敷设方式。

④完成设备间子系统设计。

8.2 相关知识

8.2.1 设备间子系统与管理间子系统的组成

1）设备间子系统是一个集中化设备区，连接系统公共设备及通过垂直干线子系统连接至管理子系统，如局域网（LAN）、主机、建筑自动化和保安系统等。

设备间子系统是大楼中数据、语音垂直主干线缆终接的场所，也是建筑群的线缆进入建筑物终接的场所，更是各种数据语音主机设备及保护设施的安装场所。

2）管理间（电信间）主要是楼层安装配线设备（机柜、机架、机箱等）和楼层计算机网络设备（Hub或SW）的场地，并可考虑在该场地设置缆线竖井、等电位接地体、电源插座、UPS配电箱等设施。在场地面积满足的情况下，也可设置建筑物安防、消防、建筑设备监控系统、无线信号等系统的布缆线槽和功能模块。如果综合布线系统与弱电系统设备设置于同一场地，从建筑的角度出发，一般也称为弱电间。

许多大楼在综合布线时都考虑在每一楼层设立一个管理间，用来管理该层的信息点，改变了以往几层共享一个管理间子系统的做法，这也是综合布线的发展趋势。

管理间子系统设置在楼层配线房间，是水平系统电缆端接的场所，也是主干系统电缆端接的场所。它由大楼主配线架、楼层分配线架、跳线、转换插座等组成。用户可以在管理间子系统中更改、增加、交接、扩展缆线，从而改变缆线路由。

管理间子系统中以配线架为主要设备，配线设备可直接安装在 19 in 机架或者机柜上。

管理间房间面积的大小一般根据信息点多少安排和确定。如果信息点多，就应该考虑设一个单独的房间来放置；如果信息点很少，也可采取在墙面安装机柜的方式。

8.2.2 设备间子系统和管理间子系统的作用

1. 设备间子系统的作用

设备间子系统用于安装电信设备、连接硬件、接头套管等，为接地和连接设施、保护装置提供控制环境，是系统进行管理、控制、维护的场所。

2. 管理间子系统的作用

管理间子系统设备设置在每层配线设备的房间内。管理间子系统由交接间的配线设备、输入/输出设备等组成。管理间子系统也可应用于设备间子系统。管理间子系统应采用单点管理双交接口，交接场取决于工作区、综合布线系统规模和选用的硬件。在管理规模大、复杂、有二级交接间时，在管理点才采用双点管理双交接接口，根据应用环境用标记来标出各个端接场，对于交换间的配线设备，宜采用色标区别不同种类和用途的配线区，并且在交接场之间应留出空间，以便容纳未来扩充的交接硬件。

8.2.3 设备间子系统和管理间子系统的区别和联系

设备间子系统是一个公用设备存放的场所，也是设备日常管理的地方。而管理间子系统为连接其他子系统提供手段，它是连接垂直干线子系统和水平干线子系统的系统，其主要设备是配线架、Hub、交换机和机柜、电源等设备。

一般中小企业只有设备间子系统，因为可能只是平面的单层，也就是俗称的机房。

大型企业会有管理间子系统，因为有不同的楼层，管理间子系统用于连接楼层干线和本层干线。

8.2.4 设备间子系统与管理间子系统的设计要点

1. 设备间子系统的设计要点

1）设备间的位置设计。设备间的理想位置应是建筑物综合布线系统主干线路的中间，一般常放在一、二层，并尽量靠近通信线路引入房屋建筑的位置，以便与屋内外各种通信设备、网络接口及装置连接。通信线路的引入端和设备及网络接口的间距，一般不超过 15 m。此外，设备间应邻近电梯间，以便装运笨重设备。同时，应注意电梯内的面积、净空高度以及电梯载重的限制。

设备间的位置应选择在环境安全、干燥通风、清洁明亮和便于维护管理的地方。设备间的上面或附近不应有渗漏水源，不应存放易腐蚀、易燃、易爆物品，还要远离电磁干扰源。

设备间一般装有电话、数据、计算机等系统的主机设备及其保安配线设备，并有各系统公用的综合布线系统的进线接续设备，同时还是网络集中控制、维护管理和管理人员值班的场所。在特殊情况下，电话交换系统和计算机主机也可分别设置，但应考虑连接通信网络方便和有利于综合布线系统的使用管理。程控用户交换机和计算机主机的机房离设备间不宜太远，这样有利于缩短缆线长度和保证传输质量。

2）设备间的大小。设备间的大小应根据智能化建筑的建设规模、采用的各种不同系统、安装设备的数量、网络结构要求以及今后发展需要等因素综合考虑。在设备间内应能安装所有设备，并有足够的施工和维护空间。

3）设备间的装修和安装工艺。设备间是装设各种设备的专用房间，所装设备对环境要求较高，因此，内部装修和安装工艺必须注意：

①设备间应有良好的气温条件，以保证安装设备和维护人员能够正常工作。要求室温应保持在 10～27 ℃之间，相对湿度应保持在 60%～80%。

②设备间应按防火标准安装相应的防火报警装置，使用防火防盗门。墙壁不允许采用易燃材料。应有至少能耐火 1 小时的防火墙。地面、楼板和天花板均应涂刷防火涂料，所有穿放缆线的管材、洞孔及线槽都应采用防火材料密封。

③设备间安装用户电话交换机和计算机主机时，其安装工艺应分别按设备的标准工艺要求设计。两者要求如有不同，则以较高的工艺要求为准。设备间的装修标准应满足通信机房的工艺要求，如采用活动地板时，要具有抗静电性能。

4）设备间内应防止有害气体侵入，并有良好的防尘措施。

5）设备间必须保证其净高（吊顶到地板之间）不应小于 2.55 m（无障碍空间），以便安装设备进入。门的大小应能保证设备搬运和人员通行，要求门的高度应大于 2.1 m，门的宽度应大于 0.9 m。地板的等效均布荷载应大于 5 kN/m^2。

6）设备间设一般照明，按照规定，水平工作面距地面高度 0.8 m 处、垂直工作面距地面高度 1.4 m 处，被照面的最低照度标准应为 150 lx。

7）设备间内应有可靠的交流 50 Hz、220 V 电源，必要时可设置备用电源和不间断电源。设备间内装设计算机主机时，应根据其需要配置电源设备。

2. 管理间子系统的设计要点

（1）设计规范

应对设备间、交接间和工作区的配线设备、缆线、信息插座等设施，按一定的模式进行标识和记录，内容包括管理方式、标识、色标、交叉连接等，并符合下列规定。

1）规模较大的综合布线系统宜采用计算机进行管理，简单的综合布线系统宜按图纸资料进行管理，并应做到记录准确、及时更新、便于查阅。

2）综合布线的每条电缆、光缆、配线设备、端接点、安装通道和安装空间均应给定唯一的标识。标识中可包括名称、颜色、编号、字符串或其他组合。

3）配线设备、缆线、信息插座等硬件均应设置不易脱落和磨损的标识，并应有详细的书面记录和图纸资料。

4）电缆和光缆的两端应采用不易脱落、磨损的不干胶条标明相同的编号。

5）设备间、交换间的配线设备宜采用统一的色标区别不同用途的配线区。

（2）色场管理

在每个管理区，采用色标标记实现线路管理，即在配线架上将来自于不同方向或不同应用功能设备的线路集中布放并规定了不同颜色的标记区域，称之为色标场。在各色标场之间接上跨接线或插接线。这些色标用来标明该场是干线电缆、水平电缆还是设备端接点。

这些场通常分别分配给指定的配线模块，而配线模块则按垂直或水平结构进行排列。如果场的端接数量很少，则可以在一个配线模块上完成所有的端接。

在管理点，通常使用标记插入条来区分各个端接场，而且在配线间、二级交接间、设备间的情况有所不同。

（3）管理标记

综合布线标记是管理综合布线的一个重要组成部分。完整的标记应提供以下的信息：建筑物的名称、位置、区号、起始点和功能。综合布线使用了 3 种标记：电缆标记、场标记和插入标记，其中插入标记最常用。

1）电缆标记用于连接设备前辨别电缆的始端和终端，是表示电缆的来源和去处的标记。电缆标记由背面为不干胶的白色材料制成，可以直接贴到各种电缆表面上，其规格尺寸和形状根据需要而定，一般用于配线接续设备，以区别连接、安装时的电缆。

2）场标记又称为区域标记，由背面为不干胶的材料制成，可贴在设备醒目的平整表面上，一般用于设备间、配线间和二级交接间的配线接续设备，以区别接续设备连接电缆的区域范围。

3）插入标记通常用在连接硬件（接续模块）上，用硬纸片制成，可以插入装在接续设备或接续硬件上的两个水平齿条之间的规格为 1. 27 cm×20. 32 cm 的透明塑料夹里。每个插入标记都用色标来指明所连接电缆的源发地，这些电缆端接于设备间和配线间的管理场。

8.2.5 设备间子系统与管理间子系统设计中要考虑的问题

设备间子系统由设备室的电缆、连接器和相关支持硬件组成，把各种公用系统设备互连起来。设备间的主要设备有数字程控交换机、计算机网络设备、服务器、楼宇自控设备主机等。它们可以放在一起，也可分别设置。

设备间是整个网络的数据交换中心，其正常与否直接影响着用户的办公。所以配线间须进行严格的设计。

1）设备间应尽量保持干燥、无尘土、通风良好，应符合有关消防规范，配置有关消防系统。

2）应安装空调以保证环境温度满足设备要求。

3）数据系统的光纤盒、配线架和设备均放于机柜中，配线架、线管理面板和交换机交替放置，方便跳线和美观。网络服务器与主交换机的连接应尽量避免一切不必要的中间连接，直接用专线连入主交换机，将可能故障率降至最低点。

4）主机房最好用玻璃与其他的办公室隔离出来，主机房铺上防静电地板。

管理间子系统在设计时要注意围绕单个楼层或者附近楼层的信息点数量和布线距离进

行，各个楼层的管理间最好安装在同一个位置，也可以考虑功能不同的楼层安装在不同的位置。根据点数统计表分析每个楼层的信息点总数，然后估算每个信息点的缆线长度，特别注意最远信息点的缆线长度，列出最远和最近信息点缆线的长度，宜把管理间布置在信息点的中间位置，同时保证各个信息点双绞线的长度不要超过 90 m。

8.3 任务实施

8.3.1 子系统的设计步骤及设计图

设备间子系统的设计步骤：需求分析→技术交流→阅读建筑物图纸→确定设计要求。

办公楼管理间子系统、设备间子系统设计图分别如图 8-1 和图 8-2 所示。

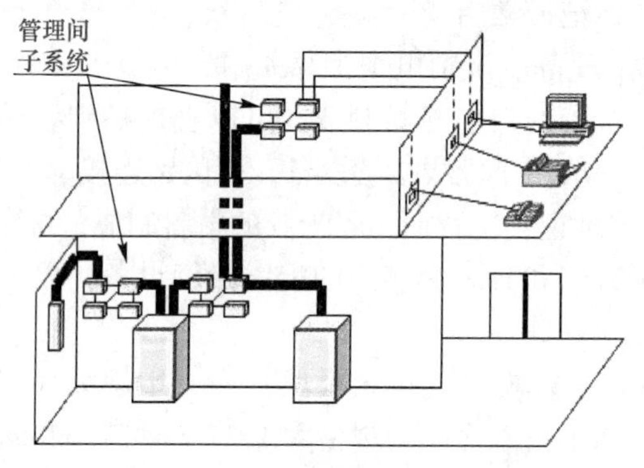

图 8-1　管理间子系统设计图

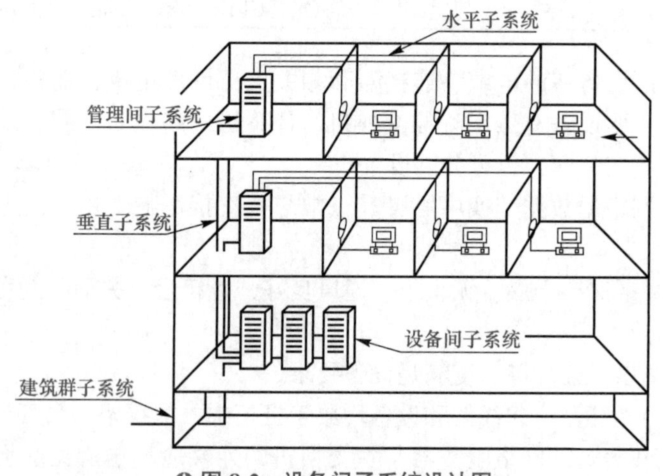

图 8-2　设备间子系统设计图

8.3.2 综合布线的设备间子系统设计

1. 需求分析

设备间子系统是综合布线的精髓，设备间的需求分析围绕整个楼宇的信息点数量、设备的数量、规模、网络构成等进行，每幢建筑物内应至少设置 1 个设备间，如果电话交换机与计算机网络设备分别安装在不同的场地或根据安全需要，也可设置 2 个或 2 个以上设备间，以满足不同业务的设备安装需要。

2. 技术交流

在进行需求分析后，要与用户进行技术交流，不仅要与技术负责人交流，也要与项目或者行政负责人进行交流，进一步充分和广泛地了解用户的需求，特别是未来的扩展需求。在交流中重点了解规划的设备间子系统附近的电源插座、电力电缆、电器管理等情况。在交流过程中必须进行详细的书面记录，每次交流结束后要及时整理书面记录，这些书面记录是初步设计的依据。

3. 阅读建筑物图纸

在设备间位置的确定前，索取和认真阅读建筑物设计图纸是必要的，通过阅读建筑物图纸掌握建筑物的土建结构、强电路径、弱电路径，特别是主要与外部配线连接接口的位置，重点掌握设备间附近的电器、电源插座、暗埋管线等。

4. 确定设计要求

（1）设备间的位置

设备间的位置及大小应根据建筑物的结构、综合布线规模、管理方式以及应用系统的设备数量等方面进行综合考虑，择优选取。一般而言，设备间应尽量建在建筑平面及其综合布线干线综合体的中间位置。在高层建筑内，设备间也可以设置在 1、2 层。

确定设备间的位置可以参考以下设计规范：

1）应尽量建在综合布线干线子系统的中间位置，并尽可能靠近建筑物电缆引入区和网络接口，以方便干线线缆的进出。

2）应尽量避免设在建筑物的高层或地下室以及用水设备的下层。

3）应尽量远离强振动源和强噪声源。

4）应尽量避开强电磁场的干扰。

5）应尽量远离有害气体源以及易腐蚀、易燃、易爆物。

6）应便于接地装置的安装。

（2）设备间的面积。设备间的使用面积要考虑所有设备的安装面积，还要考虑预留工作人员管理操作设备的地方，一般最小使用面积不得小于 20 m^2。

设备间的使用面积可按照下述两种方法之一确定。

方法一：已知 S_b 为设备所占面积（m^2），S 为设备间的使用总面积（m^2），则

$$S = (5 \sim 7) \sum S_b$$

方法二：当设备尚未选型时，则设备间使用总面积 S 为

$$S=KA$$

式中，A 为设备间的设备台（架）的总数；

K 为系数，取值4.5~5.5 m^2/台（架）。

（3）设备间的建筑结构

设备间的建筑结构主要依据设备大小、设备搬运条件以及设备重量等因素而设计。设备间的高度一般为2.5~3.2 m。设备间的门至少高2.1 m，宽1.5 m。

设备间一般安装有不间断电源的电池组，由于电池组非常重，因此对楼板承重设计有一定的要求，一般分为两级，即A级（≥500 kg/m^2）和B级（≥300 kg/m^2）。

（4）设备间的环境要求。

1）温、湿度。综合布线有关设备的温、湿度要求可分为A、B、C 3级，设备间的温、湿度也可参照3个级别进行设计，3个级别具体要求如表8-1所示。

表8-1　设备间温、湿度要求

项目	A级	B级	C级
温度/℃	夏季：22±4； 冬季：18±4	12~30	8~35
相对湿度	40%~65%	35%~70%	20%~80%

2）尘埃。设备间内的电子设备对环境清洁度要求较高，尘埃过多会影响设备的正常工作，降低设备的工作寿命。设备间的尘埃指标一般可分为A、B两级，详见表8-2。

表8-2　设备间的尘埃指标要求

项目	A级	B级
粒度/μm	最大0.5	最大0.5
个数/（粒·d^{-3}）	<10 000	<18 000

减少设备间尘埃关键在于定期清扫灰尘，工作人员进入设备间应更换干净的鞋具。

3）空气。设备间内应保持空气洁净且有防尘措施并防止有害气体侵入。允许有害气体限值见表8-3。

表8-3　允许有害气体限值　　（单位：mg/m^3）

有害气体	二氧化硫（SO_2）	硫化氢（H_2S）	二氧化氮（NO_2）	氨（NH_3）	氯（Cl_2）
平均限值	0.2	0.006	0.04	0.05	0.01
最大限值	1.5	0.03	0.15	0.15	0.3

4）照明。设备间内距地面0.8 m处，照明度不应低于200lx。设备间配备的事故应急照明，在距地面0.8 m处，照明度不应低于5lx。

5）噪声。为了保证工作人员的身体健康，设备间内的噪声应小于70 dB。如果长时间在70~80 dB的噪声环境下工作，不但影响人的身心健康和工作效率，还可能造成人为的噪声事故。

6）电磁场干扰。根据综合布线系统的要求，设备间无线电干扰的频率应在0.15~1 000 MHz范围内，噪声不大于120 dB，磁场干扰场强不大于800 A/m。

7）电源要求。电源频率为 50 Hz，电压为 220 V 和 380 V，三相五线制或者单相三线制。设备间供电电源允许变动范围如表 8-4 所示。

表 8-4　设备间供电电源允许变动范围

项目	A 级	B 级	C 级
电压变动	-5～+5 V	-10～+7 V	-15～+10 V
频率变动	-0. 2～+0. 2 Hz	-0. 5～+0. 5 Hz	-1～+1 Hz
波形失真率	-5～+5	-7～+7	-10～+10

（5）设备间的管理。为了管理好各种设备及线缆，设备间内的设备应分类分区安装，设备间内所有进出线装置或设备应采用不同色标，以区别不同用途的配线区，方便线路的维护和管理。

（6）安全分类。设备间的安全分为 A、B、C 3 个类别，具体规定详见表 8-5。

表 8-5　设备间的安全要求

安全项目	A 类	B 类	C 类
场地选择	有要求或增加要求	有要求或增加要求	无要求
防火	有要求或增加要求	有要求或增加要求	有要求或增加要求
内部装修	要求	有要求或增加要求	无要求
供配电系统	要求	有要求或增加要求	有要求或增加要求
空调系统	要求	有要求或增加要求	有要求或增加要求
火灾报警及消防设施	要求	有要求或增加要求	有要求或增加要求
防水	要求	有要求或增加要求	无要求
防静电	要求	有要求或增加要求	无要求
防雷击	要求	有要求或增加要求	无要求
防鼠害	要求	有要求或增加要求	无要求
电磁波防护	有要求或增加要求	有要求或增加要求	无要求

（7）防火结构

为了保证设备使用安全，设备间应安装相应的消防系统，配备防火防盗门。对于规模较大的建筑物，在设备间或机房应设置直通室外的安全出口。

（8）散热要求

机柜、机架与缆线的走线槽道摆放位置，对于设备间的气流组织设计至关重要，图 8-3 所示为各种设备的建议安装位置。

以交替模式排列设备行，即机柜/机架面对面排列以形成热通道和冷通道。冷通道是机架/机柜的前面区域，热通道位于机架/机柜的后部，形成从前到后的冷却路由。

对于高散热、高精度设备集装架，可采用弧形高密度孔门，可安装发热量极大的 IBM 卡片式服务器和 2U 高密度服务器。

（9）设备间接地要求

1）直流工作接地电阻一般要求不大于 4 Ω，交流工作接地电阻也不应大于 4 Ω，防雷保护接地电阻不应大于 10 Ω。

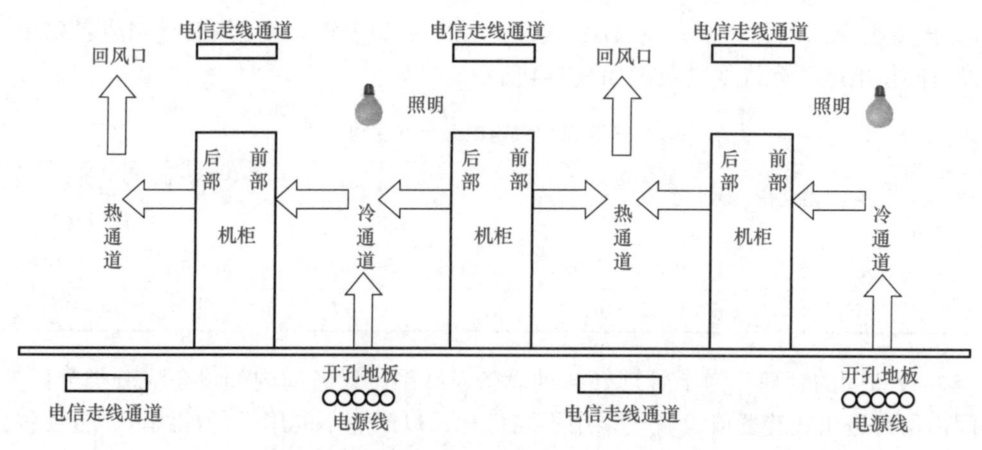

图 8-3 设备间设备的建议安装位置

2）建筑物内应设网状接地系统，保证所有设备等电位。如果综合布线系统单独设接地系统，且能保证与其他接地系统之间有足够的距离，则接地电阻值应不大于 4 Ω。

3）为了获得良好的接地，推荐采用联合接地方式。当采用联合接地系统时，通常利用建筑钢筋作为防雷接地引下线，联合接地电阻要求不大于 1 Ω。

4）接地所使用的铜线电缆规格与接地的距离有直接关系，一般接地距离在 30 m 以内，接地导线采用直径为 4 mm 的带绝缘套的多股铜线电缆。接地铜线电缆规格与接地距离的关系可以参见表 8-6。

表 8-6 接地铜线电缆规格与接地距离的关系

接地距离/m	接地导线直径/mm	接地导线截面积/mm^2
小于 30	4.0	12
30~48	4.5	16
48~76	5.6	25
76~106	7.2	30
106~122	6.7	35
122~150	8.0	50
150~300	9.8	75

（10）设备间内部装修

设备间装修使用难燃材料或阻燃材料，应能防潮、吸声、不起尘、抗静电等。

1）地面。为了方便敷设缆线和电源线，设备间的地面最好采用抗静电活动地板。

2）墙面。墙面应选择不易产生灰尘，也不易吸附灰尘的材料，常用涂阻燃漆或耐火胶合板。

3）顶棚。为了吸音及布置照明灯具，吊顶材料应满足防火要求。目前，我国大多数采用铝合金或轻钢作为龙骨，安装吸音铝合金板、阻燃铝塑板、喷塑石英板等。

4）隔断。隔断可以选用防火的铝合金或轻钢作为龙骨，安装 10 mm 厚玻璃；或从地板面至 1.2 m 处安装难燃双塑板，1.2 m 以上安装 10 mm 厚玻璃。

（11）设备间线缆的敷设

1）活动地板方式：缆线在活动地板下的空间敷设，由于地板下的空间大，缆线敷设和拆除均简单、方便，但造价较高，会减少房屋的净高，对地板表面材料也有一定要求。

2）地板或墙壁沟槽方式：缆线在建筑中预先建成的墙壁或地板内的沟槽中敷设，但沟槽设计和施工必须与建筑设计和施工同时进行，在使用中会受到限制，缆线路由不能自由选择和变动。

3）预埋管路方式：在建筑的墙壁或楼板内预埋管路，其管径和根数根据缆线需要来设计。采用该方式穿放缆线比较容易，维护、检修和扩建均有利，造价低廉，技术要求不高，是最常用的方式。

4）机架走线架方式：在设备或者机架上安装桥架或槽道，桥架和槽道的尺寸根据缆线需要设计，可以在建成后安装，便于施工和维护，也有利于扩建。机架上安装桥架或槽道时，应结合设备的结构和布置来考虑，在层高较低的建筑中不宜使用该方式。

8.3.3 综合布线的管理间子系统设计

1. 管理间数量的确定

每个楼层一般宜至少设置1个管理间（电信间）。如果特殊情况下，每层信息点数量较少，且水平缆线长度不大于90 m，宜几个楼层合设一个管理间。管理间数量的设置宜按照以下原则：

如果该层信息点数量不大于400个，水平缆线长度在90 m范围以内，宜设置一个管理间，当超出这个范围时宜设两个或多个管理间。

在实际工程应用中，为了方便管理和保证网络传输速度或者节约布线成本，例如学生公寓，信息点密集，使用时间集中，楼道很长，也可以按照100~200个信息点设置一个管理间，将管理间机柜明装在楼道中。

2. 管理间的面积

GB 50311—2007中规定，管理间的使用面积不应小于5 m^2，也可根据工程中配线管理和网络管理的容量进行调整。一般新建楼房都有专门的垂直竖井，楼层的管理间基本都设计在建筑物竖井内，面积在3 m^2 左右。在一般的小型网络综合布线系统工程中，管理间也可能只是一个网络机柜。一般旧楼增加网络综合布线系统时，可以将管理间设在楼道中间位置的办公室，也可以采取壁挂式机柜直接明装在楼道，作为楼层管理间。

管理间安装落地式机柜时，机柜前面的净空不应小于800 mm，后面的净空不应小于600 mm，以方便施工和维修。安装壁挂式机柜时，一般在楼道中的安装高度不小于1.8 m。

3. 管理间的电源要求

管理间应提供不少于两个220 V带保护接地的单相电源插座。

管理间如果安装电信管理或其他信息网络管理模块，管理模块供电应符合相应的设计要求。

4. 管理间对门的要求

管理间应采用外开丙级防火门，门宽大于0.7 m。

5. 管理间的环境要求

管理间内温度应为10~35 ℃，相对湿度宜为20%~80%。一般应该考虑网络交换机等设备发热对管理间温度的影响，在夏季必须保持管理间温度不超过35 ℃。

8.3.4 施工流程

1. 设备间子系统的施工流程

（1）走线通道的敷设

设备间内各种桥架、管道等走线通道敷设应符合以下要求：

1）横平竖直，水平走向左右偏差应不大于10 mm，高低偏差不大于5 mm。

2）走线通道与其他管道共架安装时，走线通道应布置在管架的一侧。

3）走线通道内缆线垂直敷设时，缆线的上端和每间隔1.5 m处应固定在通道的支架上；水平敷设时，缆线的首、尾、转弯及每间隔3~5 m处应进行固定。

4）布放在电缆桥架上的线缆要绑扎。外观平直、整齐，线扣间距均匀，松紧适度。

5）要求将交、直流电源线和信号线分架走线，或金属线槽采用金属板隔开，在保证线缆间距的情况下，可以同槽敷设。

6）缆线应顺直，不宜交叉，特别在缆线转弯处应绑扎固定。

7）缆线在机柜内布放时不宜绷紧，应留有适量余量，绑扎线扣间距均匀，力度适宜，布放顺直、整齐，不应交叉缠绕。

8）6A类UTP网线敷设通道填充率不应超过40%。

2. 缆线的端接

设备间有大量的跳线和端接工作，在进行缆线与跳线的端接时应遵守下列基本要求：

1）需要交叉连接时，尽量减少跳线的冗余和长度，保持整齐和美观。

2）满足缆线的弯曲半径要求。

3）缆线应端接到性能级别一致的连接硬件上。

4）主干缆线和水平线缆应被端接在不同的配线架上。

5）双绞线外护套剥除。

6）线对开绞距离不能超过13 mm。

7）6A类网线绑扎固定不宜过紧。

（3）布线通道的安装

1）开放式网络桥架的安装施工。

①地板下安装。设备间桥架必须与建筑物垂直子系统和管理间主桥架连通，在设备间内部，每隔1.5 m安装一个地面托架或支架，用螺栓、螺母固定。

一般情况下可采用支架，支架与托架离地高度也可以根据用户现场的实际情况而定，不受限制，底部至少距地50 mm安装。

②天花板安装。在天花板安装桥架时采取吊装方式，通过槽钢支架或者钢筋吊杆，再结合水平托架和M6螺栓将桥架固定，吊装于机柜上方，将相应的缆线布放到机柜中，通过机柜中的理线器等对其进行绑扎、整理归位。

③特殊安装方式。分层安装桥架方式：分层吊挂安装可以敷设更多线缆，便于维护和管理，使现场美观。

机架支撑安装方式：采用这种安装方式，安装人员不用在天花板上钻孔，而且安装和布线时工人无须爬上爬下，省时省力，非常方便。用户不仅能对整个安装工程有更直观的控制，线缆也能自然通风散热，机房日后的维护升级也很简便。

（4）设备间接地

1）机柜和机架接地连接。设备间机柜和机架等必须可靠接地，一般采用自攻螺钉与机柜钢板连接方式。如果机柜表面是油漆过的，接地必须直接接触到金属，用褪漆溶剂或者电钻帮助，实现电气连接。

2）设备接地。安装在机柜或机架上的服务器、交换机等设备必须通过接地汇集排可靠接地。

3）桥架接地。桥架必须可靠接地。

（5）内部通道的设计与安装

1）人行通道。

①用于运输设备的通道净宽不应小于 1.5 m。

②面对面布置的机柜或机架正面之间的距离不宜小于 1.2 m。

③背对背布置的机柜或机架背面之间的距离不宜小于 1 m。

④需要在机柜侧面维修测试时，机柜与机柜、机柜与墙之间的距离不宜小于 1.2 m。

⑤成行排列的机柜，其长度超过 6 m 时，两端应设有走道；当两个走道之间的距离超过 15 m 时，其间还应增加走道；走道的宽度不宜小于 1 m，局部可为 0.8 m。

2）架空地板走线通道。架空地板，地面可起到防静电的作用，它的下部空间可以作为冷、热通风的通道。同时又可设置线缆的敷设槽、道。国内的标准中规定，架空地板下部空间只作为布放通信线缆使用时，地板内净高不宜小于 250 mm。当架空地板下的空间既用于布线，又作为空调静压箱时，地板高度不宜小于 400 mm。

国外 BISCI 的数据中心设计和实施手册中定义架空地板内净高至少满足 450 mm，推荐 900 mm，地板板块底面到地板下通道顶部的距离至少保持 20 mm，如果有线缆束或管槽的出口，则增至 50 mm，以满足线缆的布放与空调气流组织的需要。

3）天花板下走线通道。

①净空要求。常用的机柜高度一般为 2.0 m，气流组织所需机柜顶面至天花板的距离一般为 500~700 m，尽量与架空地板下净高相近，故机房净高不宜小于 2.6 m。

根据国际分级指标，1~4 级数据中心的机房梁下或天花板下的机房净高要求如表 8-7 所示。

表 8-7　机房净高要求

级别	一级	二级	三级	四级
天花板离地板高度	至少 2.6 m	至少 2.7 m	至少 3 m。天花板离最高的设备顶部不低于 0.46 m	至少 3 m。天花板离最高的设备顶部不低于 0.6 m

②通道形式。天花板走线通道由开放式桥架、槽式封闭式桥架和相应的安装附件等组成。开放式桥架因其方便线缆维护的特点，在新建的数据中心应用较广。

走线通道安装在离地板 2.7 m 以上机房走道和其他公共空间上空的空间，否则天花板走线通道的底部应敷设实心材料，以防止人员触及和保护其不受意外或故意的损坏。

③通道位置与尺寸要求：

a. 通道顶部距楼板或其他障碍物不应小于 300 mm。

b. 通道宽度不宜小于 100 mm，高度不宜超过 150 mm。

c. 通道内横断面的线缆填充率不应超过 50%。

d. 当存在多个天花板走线通道时，可以分层安装，光缆最好敷设在铜缆的上方，为了方便施工与维护，铜缆线路和光纤线路宜分通道敷设。

e. 灭火装置的喷头应当设置于走线通道之间，不能直接放在通道上。机房采用管路的气体灭火系统时，电缆桥架应安装在灭火气体管道上方，不阻挡喷头，不阻碍气体。

（6）机柜机架的安装设计

1）预连接系统安装设计。预连接系统可以用于水平配线区—设备配线区，也可以用于主配线区—水平配线区之间线缆的连接。预连接系统的设计关键是准确定位预连接系统两端的安装位置以定制合适的线缆长度，包括配线架在机柜内的单元高度位置、端接模块在配线架上的端口位置、机柜内的走线方式和冗余的安装空间，以及走线通道和机柜的间隔距离等。

2）机架线缆管理器安装设计。在每对机架之间和每列机架两端安装垂直线缆管理器，垂直线缆管理器宽度至少为 83 mm（3. 25in）。在单个机架摆放处，垂直线缆管理器至少 150 mm（6in）宽。两个或多个机架一列时，在机架间考虑安装宽度 250 mm（10in）的垂直线缆管理器，在一排的两端安装宽度 150 mm（6in）的垂直线缆管理器，线缆管理器要求从地面延伸到机架顶部。

管理 6A 类及以上级别的线缆和跳线时，宜采用在高度或深度上适当增加理线空间的线缆管理器，满足线缆最小弯曲半径与填充率要求。

3）机柜安装抗震设计。单个机柜、机架应固定在抗震底座上，不得直接固定在架空地板的板块上或随意摆放。每一列机柜、机架应该连接成为一个整体，采用加固件与建筑物的柱子及承重墙进行固定。机柜、列与列之间也应当在两端或适当的部位采用加固件进行连接。机房设备应防止地震时产生过大的位移、扭转或倾倒。

2. 管理间子系统的施工流程

（1）管理间设备的安装

GB 50311—2007 中规定管理间的使用面积不应小于 5 m^2，也可根据工程中配线管理和网络管理的容量进行调整。一般新建楼房都有专门的垂直竖井，楼层的管理间基本都设计在建筑物竖井内，面积在 3 m^2。在一般的小型网络综合布线系统工程中，管理间也可能只是一个网络机柜。

1）机柜的安装。管理间安装落地式机柜时，机柜前面的净空不应小于 800 mm，后面的净空不应小于 600 mm，方便施工和维修。安装壁挂式机柜时，一般在楼道的安装高度不小于 1. 8 m。

综合布线系统的配线设备和计算机网络设备采用 19 in 标准机柜安装。机柜尺寸通常为 600 mm（宽）×900 mm（深）×2 000 mm（高），共有 42U 的安装空间。机柜内可安装光纤连接盘、RJ-45（24 口）配线模块、多线对卡接模块（100 对）、理线架、计算机 Hub/SW 设备等。如果按建筑物每层电话和数据信息点各为 200 个考虑配置上述设备，大约需要有 2 个 19 in（42U）的机柜空间，以此测算电信间面积至少应为 5 m^2（2. 5 m×2. 0 m）。当布线系统设置内、外网或专用网时，19 in 机柜应分别设置，并在保持一定间距的情况下预测电信间的面积。

对于管理间子系统，多数情况下采用 6U~12U 壁挂式机柜，一般安装在每个楼层的竖井内或者楼道中间位置。一般采取三角支架或者膨胀螺栓固定机柜。

2）通信跳线架的安装。通信跳线架主要用于语音配线系统。一般采用 110 跳线架，主要作为上级程控交换机过来的接线与到桌面终端的语音信息点连接线之间的连接和跳接部分，便于管理、维护、测试。

其安装步骤如下：

①取出 110 跳线架和附带的螺钉。

②利用十字螺钉旋具把 110 跳线架用螺钉直接固定在网络机柜的立柱上。

③理线。

④按打线标准把每个线芯按照顺序压在跳线架下层模块端接口中。

⑤把 5 对连接模块用力垂直压接在 110 跳线架上，完成下层端接。

3）网络配线架的安装。

①检查配线架和配件是否完整。

②将配线架安装在机柜设计位置的立柱上。

③理线。

④端接打线。

⑤做好标记，安装标签条。

4）交换机的安装。安装交换机前首先检查产品外包装是否完整，并开箱检查产品，收集和保存配套资料。一般包括交换机、2 个支架、4 个橡皮脚垫和 4 个螺钉、1 根电源线、1 个管理电缆。然后准备安装交换机，一般步骤如下：

①从包装箱内取出交换机设备。

②给交换机安装两个支架，安装时要注意支架方向。

③将交换机放到机柜中提前设计好的位置，用螺钉固定到机柜立柱上，一般交换机上下要留一些空间用于空气流通和设备散热。

④将交换机外壳接地，将电源线拿出来插在交换机后面的电源接口。

⑤完成上面操作后就可以打开交换机电源了，开启状态下查看交换机是否出现抖动现象。如果出现，则检查脚垫高低或机柜上的固定螺钉的松紧情况。拧取这些螺钉的时候不要过紧，否则会让交换机倾斜；也不能过松，这样交换机在运行时不会稳定，工作状态下设备会抖动。

5）理线环的安装。安装步骤如下：

①取出理线环和所带的配件——螺钉包。

②将理线环安装在网络机柜的立柱上。在机柜内，设备之间的安装距离至少留 1U 的空间，便于设备的散热。

6）编号和标记。完整的标记应包含以下的信息：建筑物名称、位置、区号、起始点和功能。

8.3.5 设备间和管理间的管理

对于规模较大的布线系统工程，为提高布线工程的维护水平与网络安全，可以采用电子配线设备对信息点或配线设备进行管理，以显示与记录配线设备的连接、使用及变更状况。

综合布线系统相关设施的工作状态信息包括：设备和缆线的用途、使用部门、组成局域网的拓扑结构、传输信息速率、终端设备配置状况、占用器件编号、色标、链路与通信的功能和各项主要指标参数及完好状况、故障记录等，还应包括设备位置和缆线走向等内容。

任务9　综合布线产品选购与工程施工

9.1　任务描述

某学校因教学需要，拟建设约 90 m^2 的实训机房来满足 50 位学生的教学需要。现需针对机房综合布线系统选择综合布线产品及做好预算，并制订综合布线工程施工计划书。

9.2　相关知识

9.2.1　产品选购原则和注意事项

1）性能价格比：选择的线缆、插接件、电气设备应具有良好的物理和电气性能，而且价格适中；

2）实用性：设计、选择的系统应满足用户现在和未来 10~15 年内对通信线路的要求。

3）灵活性：做到信息口设置合理，可即插即用。

4）扩充性好：尽可能采用易于扩展的结构和插接件。

5）便于管理：有统一标志，方便配线、跳线。

9.2.2　工程施工标准的发展

1. 国家标准

（1）综合布线系统标准在中国的发展。中国工程建设标准化协会在 1995 年颁布了《建筑与建筑群综合布线系统工程设计规范》（CECS 72：1995），1997 年颁布了新版《建筑与建筑群综合布线系统工程设计规范》（CECS 72：1997）和《建筑与建筑群综合布线系统工程施工及验收规范》（CECS 89：1997）；通信行业标准 YD/T 926《大楼通信综合布线系统》于 1998 年 1 月 1 日起正式实施，第二版（YD/T 926—2001）于 2001 年 11 月 1 日起正式实施；综合布线国家标准《建筑与建筑群综合布线系统工程设计规范》（GB/T 50311—

2000)、《建筑与建筑群综合布线系统工程验收规范》（GB/T 50312—2000）于 2000 年 2 月 28 日发布，2000 年 8 月 1 日开始执行；最新综合布线国家标准《综合布线系统工程设计规范》（GB 50311—2007）、《综合布线工程验收规范》（GB 50312—2007）于 2007 年 4 月 6 日发布，2007 年 10 月 1 日开始执行。

（2）综合布线国家标准。新标准是在参考国际标准 ISO/IEC 11801：2002 和 TIA/EIA 568B，依据综合布线技术的发展，总结 2000 版标准经验的基础上编写出来的，国家标准 2007 版定义到了最新的 F 级/7 类综合布线系统，在设计和验收标准中分别增加了一条必须严格执行的强制性条文，分别是《综合布线系统工程设计规范》、《综合布线工程验收规范》GB 50311—2007 中的第 7. 0. 9 条和 GB 50312—2007 中的第 5. 2. 5 条，内容都是“当电缆从建筑物外部进入建筑物时，应选用适配的信号线路浪涌保护器，信号线路浪涌保护器应符合设计要求”。这主要是指通信电缆或园区内的大对数电缆引入建筑物时，入口设施或大楼的建筑物配线设备（BD）、建筑群配线设备（CD）外线侧的配线模块应该加装线路的浪涌保护器。

2. 行业标准的发展

1997 年 9 月 9 日，我国通信行业标准 YD/T 926《大楼通信综合布线系统》正式发布，并于 1998 年 1 月 1 日起正式实施。该标准包括《大楼通信综合布线系统　第 1 部分：总规范》（YD/T 926. 1—1997）《大楼通信综合布线系统　第 2 部分：综合布线用电缆、光缆技术要求》（YD/T 926. 2—1997）《大楼通信综合布线系统　第 3 部分：综合布线用连接硬件技术要求》（YD/T 926. 3—1998）。

2001 年 10 月 19 日，由我国信息产业部发布了中华人民共和国通信行业标准 YD/T 926—2001《大楼通信综合布线系统》第二版，并于 2001 年 11 月 1 日起正式实施。

9. 2. 3 施工的步骤和流程

1）勘查现场，包括走线路由，需要考虑隐蔽性和对建筑（建筑结构特点）的破坏性，在利用现有空间的同时避开电源线路和其他线路，对线缆进行必要和有效的保护，以保障施工的工作进度和可行性。

2）规划设计和预算。根据上述情况确定路由并申请批准，若需要在建筑物重要承力位置进行打眼和开槽工作，需要向项目管理部门申请，否则违反了施工法规。整个施工方案及破坏程度说明应经甲方及管理部门批准，在正式有最终许可手续的规划基础上，计算用料和用工，综合考虑设计实施中的管理操作等的费用，提出预算和工期以及施工方案的安排。

3）指定工程负责人员和工程监理，负责规划备料、备工、用户方配合要求等方面的事宜，提出各部门配合的时间表，负责内外协调的施工组织管理。

4）现场施工，随工测试抽检，制作布线标记系统，布线的标记系统要遵循《商业建筑电信基础结构的标签标识参考指南》，标记要有 10 年以上的使用期。

5）现场认证测试，制作测试报告。

6）验收，制作存档文件，在上述各项环节中必须建立完善的文档，作为存档文件的一部分。

9.2.4 主要设备的布局方法

1. 布局方法

目前的网络设备大多采用机架式的结构（多为扁平式），如交换机、路由器、硬件防火墙等。这些设备之所以有这样一种结构类型，是因为它们均按国际机柜标准进行设计，这样平面尺寸就基本统一，可一起安装在一个大型的立式标准机柜中。这样做的好处非常明显：一方面可以使设备占用最小的空间，另一方面则便于与其他网络设备的连接和管理，同时也会显得整洁、美观。

常用的机柜有网络机柜、服务器机柜以及综合布线柜。一般来说，网络设备（如交换机、路由器、防火墙、加密机等）以及网络通信设备（如光端机、调制解调器等）放置在网络机柜；服务器机柜的宽度为 19 in，高度以 U 为单位，通常有 1U、2U、3U、4U 几种标准的服务器。机柜的尺寸也采用通用的工业标准，通常从 22U 到 42U 不等；机柜内按 U 的高度有可拆卸的滑动拖架，用户可以根据自己服务器的标高灵活调节高度，以存放服务器、集线器、磁盘阵列柜等设备。服务器摆放好后，它的所有 I/O 线全部从机柜的后方引出（机架服务器的所有接口也在后方），统一安置在机柜的线槽中，一般贴有标号，便于管理。

综合布线柜一般配有前后可移动的安装立柱，自由设定安装空间，可按需要配置隔板、风扇、电源插座等附件。配线架通常安装在机柜里，配线架的一面是 RJ-45 口，并标有编号；另一面是跳线接口，上面也标有编号，这些编号和上面的 RJ-45 口的编号是一一对应的。每一组跳线都标识有棕、蓝、橙、绿的颜色，双绞线的色线要和这些跳线一一对应，这样做不容易接错。配线架不仅仅便于管理线对，而且可以防止串扰，增加线对的隔离空间，提供 360°的线对隔离。

在机房中，必须放置交换机、功能服务器群和网络打印设备，以及局域网络连 Internet 所需的各种设备，如路由器、防火墙以及网管工作站等，因此机房的网络布局一般至少有 3 个机柜，综合布线柜和网络机柜应当紧连在一起，便于调线操作，接下来是服务器机柜。将网络设备和布线系统进行合理的布局。

供电系统和制冷系统是两个重要部分。在供电系统中，一般采用在线的 UPS 供电方式，蓄电池实际可供使用的容量与蓄电池的放电电流大小、蓄电池的工作环境温度、储存时间的长短以及负载的性质（电阻性、电感性、电容性）密切相关。制冷系统（空调）涉及整个物理环境，包括空调、地板、机柜及房间布局等诸多方面，因此考虑将 UPS 和空调放置在一个合适的位置。如果空间较大，可以将 UPS 和空调都放在机房里；如果空间较小，可以把 UPS（包括蓄电池）放在配电房里。需要注意的是，如果大楼里安装有“中央空调”，机房里也必须安装独立的空调，因为中央空调不可能 24 小时都开着，上班的时间可以利用中央空调，下班和放假的时候，如果服务器、网络设备需要正常运行，则必须要开独立空调。

2. 设备布局的原则

1）实用性：企业组建的局域网应当根据空间的大小、设备的多少来具体实施，根据网络布线的特点来发挥网络布局实用性是非常重要的。

2）全面性：组网过程中，网络、服务器等设备的放置位置应当统筹兼顾，网络布局要考虑周全，尽量让各种设备和布线系统处于合理的位置。

3）可靠性：组网无论怎样布局，最终的目的是保证局域网的所有设备能可靠稳定地运行，使得网络能正常运转。

4）便于维护与升级：网络的组网不是一成不变的，随着 IT 企业业务的不断发展，原先组建的局域网就需要不断地完善和扩充；在日常的网络运行、维护中，规划网络布局时就应该考虑到便于以后网络的维护与升级操作。

3. 注意事项

1）防静电：静电不仅会使计算机运行出现随机故障，而且还会导致某些元器件、双级性电路等的击穿和毁坏，此外，还会影响操作人员和维护人员的正常工作和身心健康。

2）防火、防盗：在设计时，重点要考虑消防灭火设计。设计时可以根据消防防火级别来确定方案，火灾报警要求在一楼设有值班室或监控点。应注意防盗设施的安装，具体地可采用防盗门、防盗锁、警卫、自动报警系统等。

3）防雷：由于通信和供电电缆多从室外引入室内，易遭受雷电的侵袭，建筑防雷设计尤其重要。计算机通信电缆的芯线、电话线均应加装避雷器。

4）保湿、保温：室内的相对湿度应保持在 20%~80%为宜，温度应保持在 15~35 ℃，安装空调来调节温度是解决此问题最好的办法。

9.2.5 综合布线线缆施工注意事项

1）线缆布放前应核对规格、程序、路由及位置是否与设计规定相符合。

2）布放的线缆应平直，不得产生扭绞、打圈等现象，不应受到外力挤压和损伤。

3）在布放前，线缆两端应贴有标签，标明起始位置和终端位置以及信息点的标号，标签书写应清晰、端正和正确。

4）信号电缆、电源线、双绞线缆、光缆及建筑物内其他弱电线缆应分离布放。

5）布放线缆应有冗余。在二级交接间、设备间双绞电缆预留长度一般为 3~6 m，工作区为 0.3~0.6 m。有特殊要求的应按设计要求预留。

6）布放线缆，在牵引过程中吊挂线缆的支点相隔间距不应大于 1.5 m。

7）线缆布放过程中，为避免受力和扭曲，应制作合格的牵引端头。如果采用机械牵引，应根据线缆布放环境、牵引的长度、牵引张力等因素选用集中牵引或分散牵引等方式。

9.3 任务实施

9.3.1 综合布线产品认知

1. 综合布线系统工程中使用的传输介质

（1）双绞线电缆

双绞线（Twisted Pair，TP）电缆是综合布线系统工程中最常用的有线通信传输介质，也称双扭线电缆或对称双绞电缆，为便于统一，本书中统一用双绞线表示。双绞线由两根具有绝缘保护层的铜导线（22 ~26 号）互相缠绕而成，每根铜导线的绝缘层上分别涂有不同的颜色，把一对或多对双绞线放在一个绝缘套管中便构成了双绞线电缆（简称双绞线）。

1）电缆电线规格。铜电缆的直径通常用 AWG（American Wire Gauge）单位来衡量。AWG 数越小，电线直径越大。直径越大的电线具有更大的物理强度和更小的电阻。双绞线的绝缘铜导线线芯大小有 22、24 和 26 等规格，常用的 5 类和超 5 类非屏蔽双绞线是 24AWG，直径约为 0. 51 mm。

2）非屏蔽双绞线电缆。非屏蔽双绞线（Unshielded Twisted Pair，UTP）电缆，是指没有用来屏蔽双绞线的金属屏蔽层，它在绝缘套管中封装了一对或一对以上的双绞线，每对双绞线按一定密度互相绞在一起，提高了抗系统本身电子噪声和电磁干扰的能力，但不能防止周围的电子干扰。

非屏蔽双绞线电缆是有线通信系统和综合布线系统中最普遍的传输介质，并且因其灵活性而应用广泛。非屏蔽双绞线电缆可以用于传输语音、低速数据、高速数据等。非屏蔽双绞线电缆还可以同时用于干线布线子系统和水平布线子系统。常用的非屏蔽双绞线封装有 4 对双绞线，其他还有 25 对、50 对和 100 对等大对数的双绞线电缆。大对数双绞线电缆常用于语音通信的干线子系统中。非屏蔽双绞线的内部结构如图 9-1 所示。

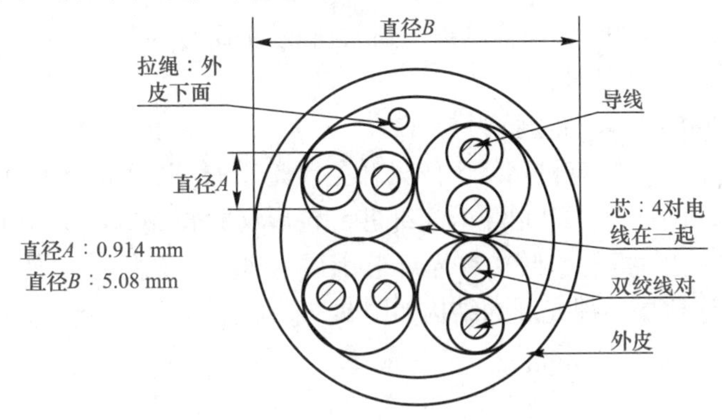

图 9-1　非屏蔽双绞线的内部结构

3）屏蔽双绞线电缆。在双绞线电缆中增加屏蔽层是为了提高电缆的物理性能和电气性能，减少周围信号对电缆中传输的信号的电磁干扰。电缆屏蔽层的设计有如下几种形式：

①屏蔽整个电缆。

②屏蔽电缆中的线对。

③屏蔽电缆中的单根导线。

电缆屏蔽层由金属箔、金属丝或金属网构成。屏蔽双绞线电缆与非屏蔽双绞线电缆一样，电缆芯是铜双绞线电缆，护套层是塑橡皮。只不过在护套层内增加了金属层。按金属屏蔽层数量和金属屏蔽层绕包方式，屏蔽双绞线电缆可分为以下几种：

①电缆金属箔屏蔽双绞线电缆（F/UTP）；

②线对金属箔屏蔽双绞线电缆（U/FTP）；

③电缆金属编织网加金属箔屏蔽双绞线电缆（SF/UTP）；

④电缆金属箔编织网屏蔽加上线对金属箔屏蔽双绞线电缆（S/FTP）。

（2）同轴电缆

同轴电缆由两个导体组成，其结构是一个外部圆柱形空心导体围裹着一个内部导体。同轴电缆的组成由内向外依次是导体、绝缘层、屏蔽层和护套。同轴电缆结构的截面图如图 9-2 所示。

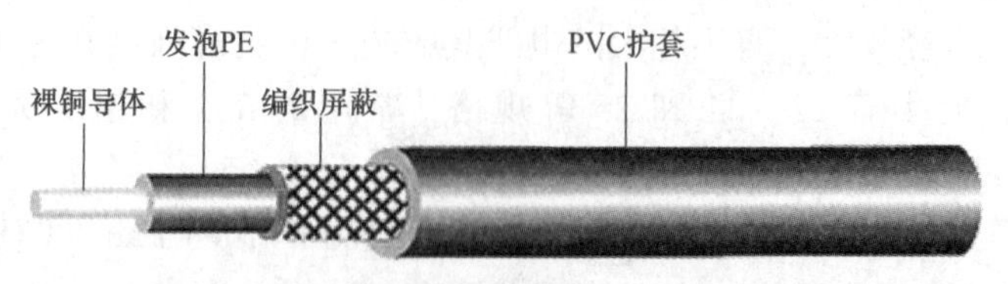

图 9-2 同轴电缆结构的截面图

同轴电缆类型有以下几种：

1）RG-6/RG-59 同轴电缆：用于视频、CATV 和私人安全视频监视网络；特性阻抗为 75 Ω；

2）RG-6：支持住宅区 CATV 系统的主要传输介质。

3）RG-8 或 RG-11 同轴电缆：通常所说的粗缆，特性阻抗为 50 Ω；可组成粗缆以太网，即 10Base-5 以太网。

4）RG-58/U 或 RG-58C/U 同轴电缆。通常所说的细缆，特性阻抗为 50 Ω；可组成细缆以太网，即 10Base-2 以太网。

5）RG-62 同轴电缆：特性阻抗为 93 Ω。

（3）光纤传输介质。计算机网络中的光纤主要是用石英玻璃（SiO_2）制成的，是横截面积很小的双层同心圆柱体。裸光纤由光纤芯、包层和涂覆层 3 部分组成。最里面是光纤芯（折射率高）；包层（折射率低）将光纤芯围裹起来，使光纤芯与外界隔离；包层的外面涂覆一层很薄的涂覆层。裸光纤的结构如图 9-3 所示。

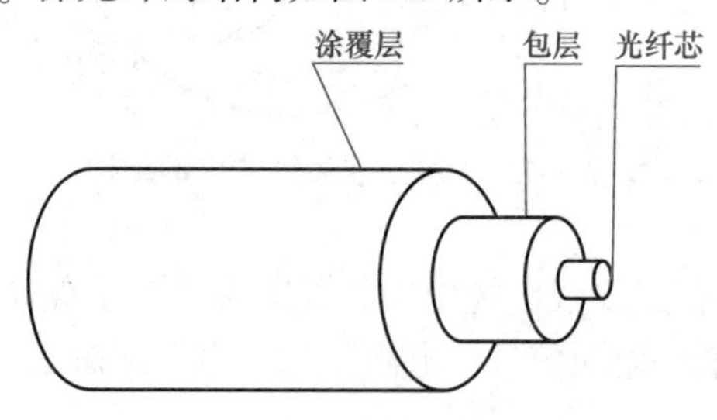

图 9-3 裸光纤的结构

1）光纤。按构成光纤的材料分类：

①玻璃光纤：纤芯与包层都是玻璃，损耗小，传输距离长，成本高。

②胶套硅光纤：纤芯是玻璃，包层是塑料，损耗小，传输距离长，成本较低。

③塑料光纤：纤芯与包层都是塑料，损耗大，传输距离很短，价格很低，多用于家电音响以及短距离的图像传输。

按传输模式分类：

①单模光纤（Single Mode Fiber，SMF）。这里的“模”是指以一定角速度进入光纤的一束光。单模光纤采用固定激光器作为光源，若入射光为圆光斑，射出端仍能观察到圆形光斑，即单模光纤只允许一束光传输，没有模分散特性，因此，单模光纤的纤芯相应较细，

传输频带宽，容量大，传输距离长。单模光纤的纤芯直径很小，为 4~10 m，包层直径为 125 m。目前常见的单模光纤主要有 8.3 m/125 m、9 m/125 m、10 m /125 m 等规格。单模光纤通常用在工作波长为 1 310 nm 或 1 550 nm 的激光发射器中，通常在建筑物之间或地域分散时使用。

②多模光纤（Multi Mode Fiber，MMF）。多模光纤采用发光二极管作为光源。多模光纤允许多束光在光纤中同时传播，具有模分散特性，模分散特性限制了多模光纤的带宽和距离，因此，多模光纤的纤芯粗，传输速度低，距离短，整体的传输性能差，但其成本一般较低，特别适合于多接头的短距离应用场合。在综合布线系统中常用纤芯直径为 50 m、62.5 m，包层直径均为 125 m。多模光纤的工作波长为 850 nm 或 1 300 nm，常用于建筑物内干线子系统、水平子系统或建筑群之间的布线。

2）光缆。光纤传输系统中直接使用的是光缆而不是光纤。光纤最外面常有 100 μm 厚的缓冲层或套塑层，套塑层的材料大多采用尼龙、聚乙烯或聚丙烯等塑料。套塑后的光纤（称为芯线）还不能在工程中使用，必须把若干根光纤疏松地置于特制的塑料绑带或铝皮内，再被涂覆塑料或用钢带铠装，加上外护套后才成光缆。光缆中有 1 根光纤（单芯）、2 根光纤（双芯）、4 根光纤、6 根光纤，甚至更多的光纤（48 根光纤、1 000 根光纤等），一般单芯光缆和双芯光缆用于光纤跳线，多芯光缆用于室内外的综合布线。

光缆的分类：

①中心束管式光缆。一般 12 芯以下的采用中心束管式光缆（见图 9-4），中心束管式光缆的制造工艺简单，成本低。

②层绞式光缆。层绞式光缆的最大优点是易于分叉，即光缆部分光纤需分别使用时，不必将整个光缆开断，只需将分叉的光纤开断即可。层绞式光缆采用中心放置钢绞线或单根钢丝加强，采用 SZ 续合成缆，成缆纤数可达 144 芯。

铝带纵包层绞式光缆是由 6 根松套管（或部分填充绳）绕中心金属加强构件绞合成圆整的缆芯，缆芯外纵包复合铝带并挤上 PE 护套形成铝-塑粘结护套，如图 9-5 所示。

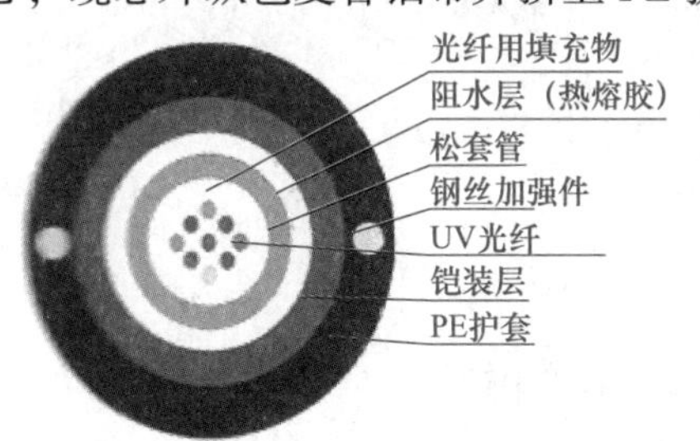

图 9-4 中心束管式光缆

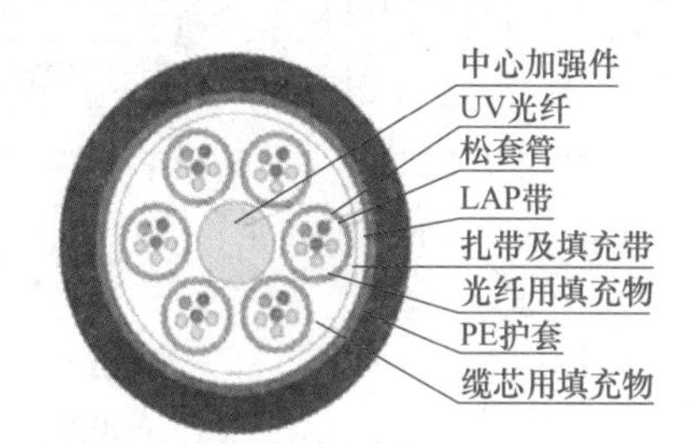

图 9-5 铝带纵包层绞式光缆

③带状式光缆。带状式光缆的芯数可以达到上千，具有光缆密度大、易于施工、接头省时间、维护方便、能降低整个工程造价等优点，在接入网（特别是光缆到路边，光缆到大楼等）、局间中续、CATV 网等方面有着广泛的应用前景。

④骨架式光缆。骨架式光缆是把紧套光纤或一次涂覆光纤放入中心加强件周围的螺旋形塑料骨架凹槽内而构成的。这种结构的缆芯抗侧压性能好，有利于对光纤的保护。

2. 连接器件

双绞线的主要连接器件有配线架、信息插座和插接软线（跳接线）。信息插座采用信息模块和 RJ 连接头连接。在电信间，双绞线电缆端接至配线架，再用跳接线连接。

（1）RJ-45 连接器

RJ-45 连接器是一种塑料插接件，又称作 RJ-45 水晶头，用于制作双绞线跳线，实现与配线架、信息插座、网卡或其他网络设备（如集线器、交换机、路由器等）的连接。RJ-45 连接器是 8 针的。根据端接的双绞线的类型，有 5 类、5e 类、6 类 RJ-45 连接器；有非屏蔽 RJ-45 连接器和屏蔽的 RJ-45 连接器。外观如图 9-6 所示。

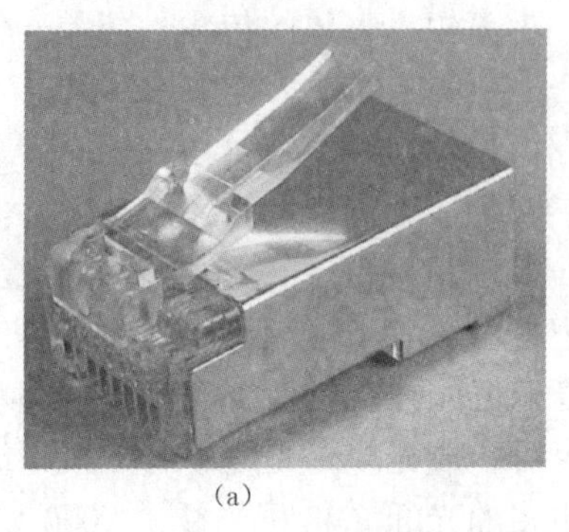

（a）

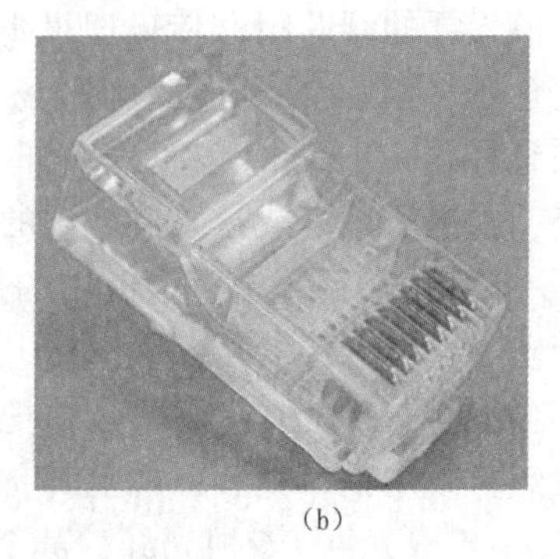

（b）

图 9-6　RJ-45 连接器的外观

（a）非屏蔽 RJ-45 连接器；（b）屏蔽的 RJ-45 连接器

（2）信息插座

信息插座通常由信息模块、面板和底盒 3 部分组成。信息模块是信息插座的核心，双绞线电缆与信息插座的连接实际上是与信息模块的连接。图 9-7 所示为信息插座的结构。

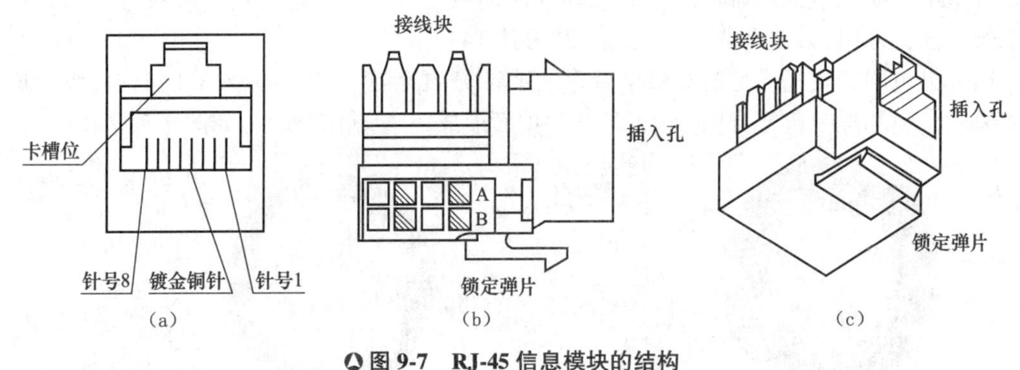

（a）　（b）　（c）

图 9-7　RJ-45 信息模块的结构

（a）正视图；（b）侧视图；（c）立体图

RJ-45 信息模块是信息插座中的信息模块，通过配线子系统与楼层配线架相连，通过工作区跳线与应用综合布线的终端设备相连。信息模块的类型必须与配线子系统和工作区跳线的线缆类型一致。RJ-45 信息模块用于端接水平电缆，模块中有 8 个与电缆导线连接的接线。

RJ-45 信息模块的类型是与双绞线电缆的类型相对应的，例如，根据其对应的双绞线电缆的等级，RJ-45 信息模块可以分为 3 类、5 类、5e 类和 6 类 RJ-45 信息模块等。RJ-45 信息模块也分为非屏蔽模块和屏蔽模块。常用的信息插座类型、面板、单接线底盒如图 9-8 所示。

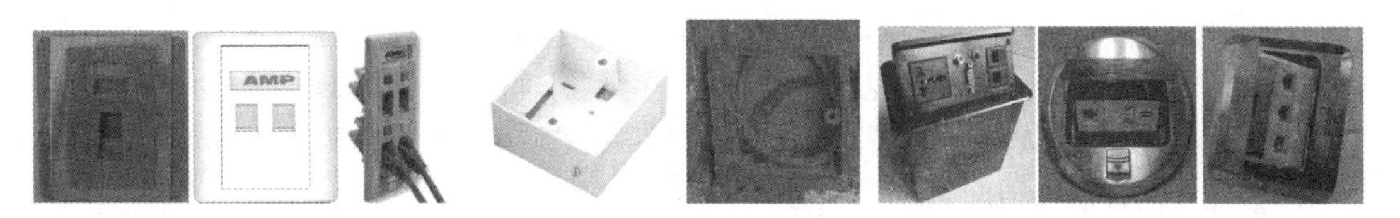

图 9-8　信息插座类型、面板、单接线底盒

（3）双绞线电缆配线架

配线架是电缆或光缆进行端接和连接的装置。在配线架上可进行互连或交接操作。建筑群配线架是端接建筑群干线电缆、光缆的连接装置。建筑物配线架是端接建筑物干线电缆、干线光缆并可连接建筑群干线电缆、干线光缆的连接装置。楼层配线架是端接水平电缆、水平光缆并可与其他布线子系统或设备相连接的装置。光纤配线架在后面会详细介绍，这里重点介绍铜缆配线架。

铜缆配线架系统分 110 型配线架系统和模块式快速配线架系统。相应地，许多厂商都有自己的产品系列，并且对应 3 类、5 类、5e 类、6 类和 7 类缆线分别有不同的规格和型号。

3. 光纤连接器件

光纤连接部件主要有配线架、端接架、接线盒、光缆信息插座、各种连接器（如 ST、SC、FC 等）以及用于光缆与电缆转换的器件。它们的作用是实现光缆线路的端接、接续、交连和光缆传输系统的管理，从而形成综合布线系统光缆传输系统通道。

（1）光纤连接器

大多数的光纤连接器由 3 部分组成，即两个光纤接头和一个耦合器。耦合器是把两条光缆连接在一起的设备，使用时把两个连接器分别插到光纤耦合器的两端，如图 9-9 所示。耦合器的作用是把两个连接器对齐，保证两个连接器之间有一个低的连接损耗。耦合器多配有金属或非金属法兰，以便于连接器的安装固定。光纤连接器使用卡口式、旋拧式、n 形弹簧夹和 MT-RJ 等方法连接到插座上。

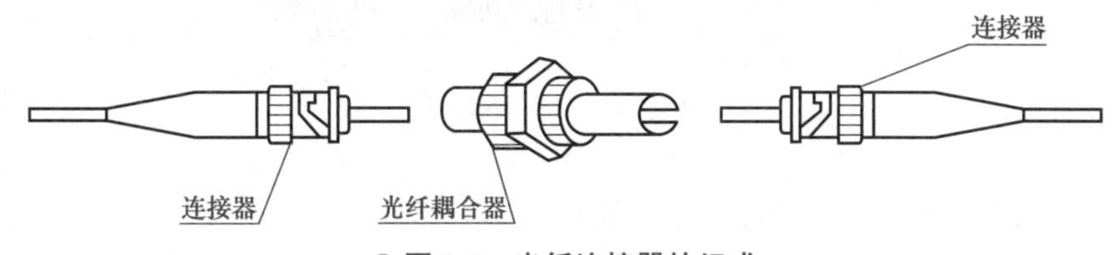

图 9-9　光纤连接器的组成

要传输数据，至少需要两根光纤。一根光纤用于发送，另一根用于接收。光纤连接器根据光纤连接的方式被分为两种：单连接器在装配时只连接一根光纤，双连接器在装配时要连接两个光纤。

（2）光纤跳线和光纤尾纤。

1）光纤跳线。光纤跳线由一段 1～10 m 的互连光缆与光纤连接器组成，用在配线架上交接各种链路。光纤跳线有单芯和双芯、单模和多模之分。由于光纤一般只是单向传输，需要进行全双工通信的设备需要连接两根光纤来完成收、发工作，因此如果使用单芯跳线，就需要两根跳线。

2）光纤尾纤。光纤尾纤只有一端有连接头，另一端是一根光缆纤芯的断头，通过熔接可与其他光缆纤芯相连。它常出现在光纤终端盒内，用于连接光缆与光纤收发器。光纤尾纤同样有单芯和双芯、单模和多模之分。一条光纤跳线剪断后就形成两条光纤尾纤。

（3）光纤耦合器（适配器）

光纤耦合器又称光纤适配器（Fiber Adapter），实际上就是光纤的插座，它的类型与光纤连接器的类型对应，有 ST、SC、FC、LC、MU 等几种，和光纤连接器是对应的。

光纤耦合器一般安装在光纤终端箱上，用于光纤连接器的连接固定。

（4）光纤配线设备

光纤配线设备主要分为室内配线设备和室外配线设备两大类。其中，室内配线设备包括机架式（光纤配线架、混合配线架）、机柜式（光纤配线柜、混合配线柜）和壁挂式（光纤配线箱、光纤终端盒、综合配线箱），室外配线设备包括光缆交接箱、光纤配线箱、光缆接续盒。这些配线设备主要由配线单元、熔接单元、光缆固定开剥保护单元、存储单元及连接器件组成。

（5）光纤信息插座

光纤到桌面时，需要在工作区安装光纤信息插座。光纤信息插座的作用和基本结构与使用 RJ-45 信息模块的双绞线信息插座一致，是光缆布线在工作区的信息出口，用于光纤到桌面的连接。如图 9-10 所示，其实际上是一个带光纤耦合器的光纤面板。光缆敷设到光纤信息插座的底盒后，光缆与一条光纤尾纤熔接，尾纤的连接器插入光纤面板上的光纤耦合器的一端，光纤耦合器的另一端用光纤跳线连接计算机。

图 9-10 光纤面板

为了满足不同应用场合的要求，光缆信息插座有多种类型。例如，如果配线子系统为多模光纤，则光缆信息插座中应选用多模光纤模块；如果配线子系统为单模光纤，则光缆信息插座中应选用单模光纤模块。另外，还有 SC 信息插座、LC 信息插座、ST 信息插座等。

9.3.2 工程准备

1. 熟悉工程设计和施工图纸

施工单位应详细阅读工程设计文件和施工图纸，了解设计内容及设计意图，明确工程所采用的设备和材料，明确图纸所提出的施工要求，熟悉和工程有关的其他技术资料，如施工及验收规范、技术规程、质量检验评定标准以及制造厂提供的资料（包括安装使用说明书、产品合格证和测试记录数据等）。

2. 编制施工方案

在全面熟悉施工图纸的基础上，依据图纸并根据施工现场情况、技术力量及技术装备情况、设备材料供应情况，编制合理的施工方案。施工方案的内容主要包括施工组织和施工进度，要做到人员组织合理，施工安排有序，工程管理有方，同时要明确综合布线工程和主体工程以及其他安装工程的交叉配合，确保在施工过程中不破坏建筑物的强度，不破坏建筑物的外观，不与其他工程发生位置冲突，以保证工程的整体质量。

1）编制原则：坚持统一计划的原则，认真做好综合平衡，符合实际，留有余地，遵循施工工序，注意施工的连续性和均衡性。

2）编制依据：工程合同的要求，施工图、概预算和施工组织计划，以及企业的人力和资金等保证条件。

3）施工组织计划的编制：计划安排主要采用分工序施工作业法，根据施工情况分阶段进行，合理安排交叉作业以提高工作效率。

9.3.3 选购综合布线产品

综合布线系统产品选用的步骤和方法：

1）掌握前提条件和收集基础资料（如智能建筑的内部装修标准、各种管线的敷设方法和设备安装要求），作为考虑选用产品的外形结构、安装方式、规格容量和缆线型号等的重要依据。

2）产品选型前可调查或收集产品资料，访问已经使用该产品的单位，充分掌握其使用效果，听取各种反映，以便对产品进行分析，认真筛选 2~3 个初步入选的产品，为进一步评估考察做好准备。

3）对初选产品进行客观、公正的技术、经济比较和全面评估，选出理想的产品。要求所选产品在技术上符合国内外标准，产品系列完整配套，技术性能满足要求，安装施工及维护简便，质量保证期限明确等；在经济上要求产品价格适宜，售后服务有妥善保证等。

4）对于初选产品的生产厂家，需重点考察其技术力量、生产装备、工艺流程及售后服务等。

5）经过上述工作，对所选产品有较全面的综合性认识，本着经济实用、切实可靠的原则，提出最后选用产品的意见（应包括所选产品的技术性能、所需建设费用和今后满足需求的程度等），提请建设单位或有关领导决策部门确定。

6）将综合布线系统工程中所需要的主要设备、各种缆线、布线部件及其他附件的规格数量进行计算和汇总，与生产厂商洽谈具体订购产品的细节，尤其是产品质量、特殊要求、供货日期、地点以及付款方式等，这些都应在订货合同中明确规定，以保证综合布线系统工程能按计划顺利进行。

4. 施工场地的准备

为了加强管理，要在施工现场布置一些临时场地和设施，如管槽加工制作场、仓库、现场办公室和现场供电供水等。

(1) 管槽加工制作场

在管槽施工阶段，根据布线路由实际情况，对管槽材料进行现场切割和加工。

(2) 仓库

对于规模稍大的综合布线工程，设备材料都有一个采购周期，同时，每天使用的施工材料和施工工具不可能存放到公司仓库，因此必须在现场设置一个临时仓库以存放施工工具、管槽、线缆及其他材料。

(3) 现场办公室

现场办公室是现场施工的指挥场所，配备照明、电话和计算机等办公设备。

5. 施工工具的准备

1）室外沟槽施工工具：铁锹、十字镐、电镐和电动蛤蟆夯等。

2）线槽、线管和桥架施工工具：电钻、充电手钻、电锤、台钻、钳工台、型材切割机、手提电焊机、曲线锯、钢锯、角磨机、钢钎、铝合金人字梯、安全带、安全帽、电工工具箱（老虎钳、尖嘴钳、斜口钳、一字旋具、十字旋具、测电笔、电工刀、裁纸刀、剪刀、活扳手、呆扳手、卷尺、铁锤、钢锉、电工皮带和手套）等。

3）线缆敷设工具：包括线缆牵引工具和线缆标识工具。线缆牵引工具有牵引绳索、牵引缆套、拉线转环、滑车轮、防磨装置和电动牵引绞车等。线缆标识工具有手持线缆标识机和热转移式标签打印机等。

4）线缆端接工具：包括双绞线端接工具和光纤端接工具。双绞线端接工具有剥线钳、压线钳、打线工具。光纤端接工具有光纤磨接工具和光纤熔接机等。

5）线缆测试工具：简单铜缆线序测试仪、FLUKE DTXxxxx 系列线缆认证测试仪、光功率计和光时域反射仪等。

6. 环境检查

在智能化建筑施工前，要现场调查了解设备间、配线间、工作区、布线路由（如吊顶、地板、电缆竖井、暗敷管路、线槽以及洞孔等），特别是要对预先设置的管槽进行检查，看其是否符合安装施工的基本条件。

在智能化小区中，除对上述各项条件进行调查外，还应对小区内敷设管线的道路和各幢建筑引入部分进行了解，查看有无妨碍施工的问题。总之，工程现场必须具备使安装施工能顺利开展且不会影响施工进度的基本条件。

7. 器材检验

(1) 型材、管材与铁件检验

各种金属材料的材质、规格应符合设计文件的规定。表面所做防锈处理应光洁良好，无脱落和起泡的现象，不得有歪斜、扭曲、飞刺、断裂和破损等缺陷。各种管材的管身和管口不得变形，接续配件要齐全有效。各种管材（如钢管、硬质 PVC 管等）内壁应光滑、无节疤、无裂缝，材质、规格、型号及孔径壁厚应符合设计文件的规定和质量标准。

(2) 双绞电缆检验。

1）外观检查。

①查看标识文字。电缆的塑料包皮上都印有生产厂商、产品型号、产品规格、认证信息、长度、生产日期等文字。正品印刷的字符非常清晰、圆滑，基本上没有锯齿；假货的

印刷质量较差，有的字体不清晰，有的呈严重锯齿状。

②查看线对色标。线对中的白色线不应是纯白的，而是带有与之成对的那条芯线颜色的花白，这主要是为了方便用户使用时区别线对；而假货通常是纯白色或者花色不明显。

③查看线对绕线密度。双绞线的每对线都绞合在一起，正品电缆绕线密度适中均匀，方向是逆时针，且各线对绕线密度不一。次品和假货通常绕线密度很小且 4 对线的绕线密度可能一样，方向也可能会是顺时针，制作工艺容易且节省材料，减少了生产成本，所以次品和假货的价格非常低。

2）与样品对比。为了保障电缆、光缆的质量，在工程的招投标阶段可以对厂家所提供的产品样品进行分类封存以备案，待厂家大批量供货时，用所封存的样品进行对照，检查样品与批量产品品质是否一致。抽测线缆的性能指标。双绞线一般以 305 m（1000ft）为单位包装成箱。最好的性能抽测方法是使用 FLUKE 4xxx 系列认证测试仪配上整轴线缆测试适配器。整轴线缆测试适配器是 FLUKE 公司推出的，可以让用户在线轴中的电缆被截断和端接之前对它的质量进行评估测试。如果没有以上条件，也可随机抽出几箱电缆，从每箱中截出 90 m 长的电缆，测试其电气性能指标，从而比较准确地测试双绞线的质量。

9.3.4 安装管槽系统

1. 管槽安装的基本要求

1）走最短距离的路由。管槽是敷设线缆的通道，它决定了线缆的布线路由。走距离最短的路由，不仅节约了管槽和线缆的成本，更重要的是链路越短，衰减等电气性能指标越好。

2）管槽路由与建筑物基线保持一致。设计布线路由的同时也要考虑便于施工和便于操作。但综合布线中很可能无法使用直线管路，在直线路由中可能会有许多障碍物，比较合适的走线方式是与建筑物基线保持一致，以保持建筑物的整体美观度。

3）“横平竖直”，弹线定位。为使安装的管槽系统“横平竖直”，施工中可考虑弹线定位。根据施工图确定的安装位置，从始端到终端（先定位垂直干线再定位水平干线）找好水平或垂直线，用墨线袋沿线路中心位置弹线。

2. 金属管的安装

（1）金属管的加工要求。

1）为了防止在穿电缆时划伤电缆，加工后的管口必须用钢锉或角磨机磨去毛刺和尖锐棱角。

2）为了减小直埋管沉陷时管口处对电缆的剪切力，金属管口宜做成喇叭形。

3）金属管在弯制后，不应有裂缝和明显的凹瘪现象。若弯曲程度过大，将减小金属管的有效管径，造成穿设电缆困难。

4）金属管的弯曲半径不应小于所穿入电缆的最小允许弯曲半径。镀锌管锌层剥落处应涂防腐漆来增加使用寿命。

（2）金属管敷设保护要求。

1）预埋在墙体中间暗管的最大管外径不宜超过 50 mm，楼板中暗管的最大管外径不宜超过 25 mm，室外管道进入建筑物的最大管外径不宜超过 100 mm。

2）直线布管每 30 m 处应设置过线盒装置。

3）暗管的转弯角度应大于 90°，每根暗管的转弯角不得多于 2 个，并不应有 S 弯出现，有转弯的管段长度超过 20 m 时，应设置管线过线盒装置；有 2 个弯时，不超过 15 m 应设置过线盒。

4）暗管管口应光滑，并加有护口保护，管口伸出部位宜为 25~50 mm。

5）至楼层电信间暗管的管口应排列有序，便于识别与布放线缆。

6）暗管内应安置牵引线或拉线。

7）金属管明敷时，在距接线盒 300 mm 处，以及弯头处的两端，每隔 3 m 处应采用管卡固定。

8）管路的弯曲半径不应小于所穿入线缆的最小允许弯曲半径，并且不应小于该管外径的 6 倍，如暗管外径大于 50 mm，则不应小于 10 倍。

9）光缆与电缆同管敷设时，应在暗管内预置塑料子管。将光缆敷设在子管内，使光缆和电缆分开布放。子管的内径应为光缆外径的 2.5 倍。

3. 金属槽的安装

（1）金属线槽的安装要求

1）线槽的规格尺寸、组装方式和安装位置均应符合设计规定和施工图的要求。线缆桥架底部应高于地面 2.2 m 及以上，顶部距建筑物楼板不宜小于 300 mm，与梁及其他障碍物交叉处的距离不宜小于 50 mm。

2）线缆桥架水平敷设时，支撑间距宜为 1.5~3 m；垂直敷设时，固定在建筑物结构体上的间距宜小于 2 m，距地 1.8 m 以下部分应加金属盖板保护，或采用金属走线柜包封，门应可开启。

3）直线段线缆桥架每超过 15~30 m 或跨越建筑物变形缝时，应设置伸缩补偿装置。

4）金属线槽敷设时，在下列情况下应设置支架或吊架：线槽接头处、每间距 3 m 处、离开线槽两端出口 0.5 m 处及转弯处。吊架和支架安装应保持垂直，整齐、牢固，无歪斜现象。

5）线缆桥架和线缆线槽弯曲半径不应小于槽内线缆的最小允许弯曲半径，线槽直角弯处最小弯曲半径不应小于槽内最粗线缆外径的 10 倍。

6）桥架和线槽穿过防火墙体或楼板时，线缆布放完成后应采取防火封堵措施。

7）线槽安装位置应符合施工图规定，左右偏差不应超过 50 mm，线槽水平度每米偏差不应超过 2 mm，垂直线槽应与地面保持垂直，应无倾斜现象，垂直度偏差不应超过 3 mm。

8）线槽之间用接头连接板拼接，螺钉应拧紧。两线槽拼接处水平偏差不应超过 2 mm。

9）盖板应紧固，并且要错位盖槽板。

10）线槽截断处及两线槽拼接处应平滑、无毛刺。

11）金属桥架、线槽及金属管各段之间应保持连接良好，安装牢固。

12）采用吊顶支撑柱布放线缆时，支撑点宜避开地面沟槽和线槽位置，支撑应牢固。

13）为了防止电磁干扰，宜用辫式铜带把线槽连接到其经过的设备间或楼层配线间的接地装置上，并保持良好的电气连接。

14）吊顶支撑柱中电力线和综合布线线缆合一布放时，中间应采用金属板隔开，间距应符合设计要求。

15）当综合布线线缆与大楼弱电系统线缆采用同一线槽或桥架敷设时，子系统之间应采用金属板隔开，间距应符合设计要求。

（2）预埋金属线槽的安装要求

1）在建筑物中预埋线槽，宜按单层设置，每一路由进出同一过线盒的预埋线槽均不应超过 3 根，线槽截面高度不宜超过 25 mm，总宽度不宜超过 300 mm。线槽路由中若包括过线盒和出线盒，截面高度宜在 70~100 mm 范围内。

2）线槽直埋长度超过 30 m 或在线槽路由交叉、转弯时，宜设置过线盒，以便于布放线缆和维修。

3）过线盒盖能开启，并与地面齐平，盒盖处应具有防灰与防水功能。

4）过线盒和接线盒盒盖应能抗压。

5）从金属线槽至信息插座模块接线盒间或金属线槽与金属钢管之间的线缆宜采用金属软管敷设。

（3）网络地板下线槽的安装要求

1）线槽之间应沟通。

2）线槽盖板应可开启。

3）主线槽的宽度宜在 200~400 mm，支线槽宽度不宜小于 70 mm。

4）可开启的线槽盖板与明装插座底盒间应采用金属软管连接。

5）地板块与线槽盖板应抗压、抗冲击和阻燃。

6）当网络地板具有防静电功能时，地板整体应接地。

7）网络地板板块间的金属线槽段与段之间应保持良好导通并接地。

8）在架空活动地板下敷设线缆时，地板内净空应为 150~300 mm。若空调采用下送风方式，则地板内净高应为 300~500 mm。

4. PVC 线槽的安装

1）PVC 线槽安装具体表现为 4 种方式：①在天花板吊顶采用吊杆或托式桥架；②在天花板吊顶外采用托式桥架敷设；③在天花板吊顶外采用托架加配固定槽敷设；④在墙面上明装。

2）采用托架时，一般在 1 m 左右处安装一个托架。

3）采用固定槽时，一般 1 m 左右处安装固定点。固定点是固定槽的地方，根据槽的大小来设置间隔。

4）水平干线、垂直干线布槽的方法是一样的，差别在于一个是横布槽，一个是竖布槽。在水平干线与工作区交接处不易施工时，可采用金属软管（蛇皮管）或塑料软管连接。

9.3.5 制作和安装信息插座

1. 制作和安装信息插座的步骤

1）将双绞线从线槽或线管中通过进线孔拉入信息插座底盒中。

2）为便于端接、维修和变更，线缆从底盒拉出后预留 15 cm 左右后将多余部分剪去。

3）端接信息模块。

4）将冗余线缆盘于底盒中。

5）将信息模块插入面板中。

6）合上面板，紧固螺钉，插入标识，完成安装。

2. 信息模块的端接步骤

信息模块的端接步骤如图 9-11 所示。详细操作步骤如下：

1）把线的外皮用剥线器剥去。

2）用剪刀把撕剥绳剪掉。

3）按照模块上的 B 标分好线对并放入相应的位置。

4）将线对线芯按 B 标插入相应位置。

5）检查线序是否正确。

6）用准备好的单用打线刀（刀要与模块垂直，刀口向外）逐条压入并打断多余的线头。

7）把各线压入模块后再检查一次。

8）无误后给模块安装保护帽。

9）至此，一个模块安装完毕。

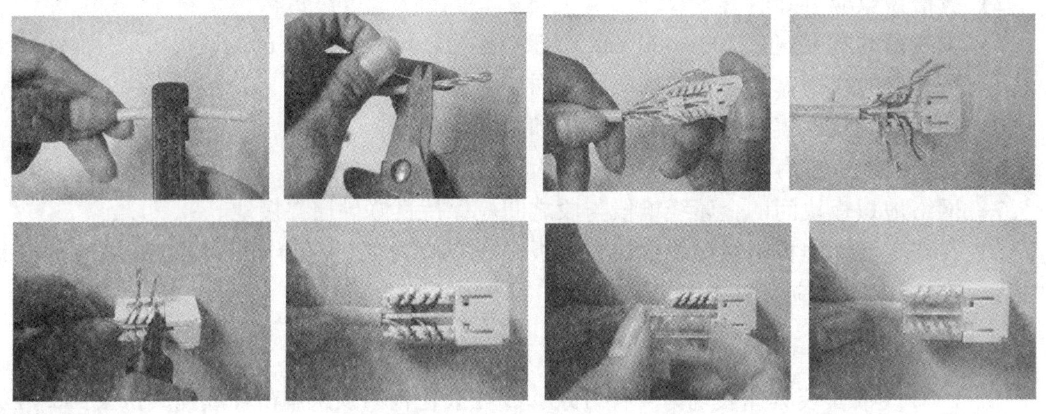

图 9-11 信息模块的端接步骤

9.3.6 安装机柜和配线架

1. 安装机柜

机柜与设备的排列布置、安装位置和设备朝向都应符合设计要求，并符合实际测定后的机房平面布置图中的要求。机柜安装完工后，垂直偏差度不应大于 3 mm。若厂家规定高于这个标准，其水平度和垂直度都必须符合生产厂家的规定。机柜和设备上各种零件不应脱落或损坏，表面漆面如有损坏或脱落，应予以补漆。各种标志应统一、完整、清晰、醒目。机柜和设备必须安装牢固、可靠。有抗震要求时，应根据设计规定或施工图中的防震措施要求进行加固。各种螺钉必须拧紧，无松动、缺少、损坏或锈蚀等缺陷，机柜更不应有摇晃现象。为便于施工和维护人员操作，机柜和设备前应预留 1 500 mm 的空间，其背面距离墙面应大于 800 mm，以便人员施工、维护和通行。相邻机柜设备应靠近，同列机柜和设备的机面应排列平齐。

机柜、设备、金属钢管和槽道的接地装置应符合设计和施工及验收规范规定的要求，并保持良好的电气连接。所有与接地线连接处应使用接地垫圈，垫圈尖角应对铁件，刺破其涂层。只允许一次装好，以保证接地回路畅通，不得将已用过的垫圈取下重复使用。

建筑群配线架或建筑物配线架如采用单面配线架的墙上安装方式，要求墙壁必须坚固牢靠，能承受机柜重量，其机柜柜底距地面宜为 300~800 mm，或视具体情况而定。其接线端子应按电缆用途划分连接区域以方便连接，并设置标志以示区别。

在新建的智能建筑中，综合布线系统应采用暗配线敷设方式，所使用的配线设备宜采取暗敷方式，埋装在墙体内。为此，在建筑施工时，应根据综合布线系统要求，在规定位置处预留墙洞，并先将设备箱体埋在墙内，综合布线系统工程施工时再安装内部连接硬件和面板。在已建的建筑物中因无暗敷管路，配线设备等接续设备宜采用明敷方式，以减少凿打墙洞和影响建筑物的结构强度。

2. 安装配线架

（1）数据配线架的安装

1）数据配线架安装的基本要求。为了管理方便，配线间的数据配线架和网络交换设备一般都安装在同一个 19 in 的机柜中。根据楼层信息点标识编号，按顺序安放配线架，并画出机柜中配线架信息点分布图，便于安装和管理。

线缆一般从机柜的底部进入，所以通常配线架安装在机柜下部，交换机安装在机柜上部，也可根据进线方式做出调整。为美观和管理方便，机柜正面配线架之间和交换机之间要安装理线架，跳线从配线架面板的 RJ-45 端口接出后通过理线架从机柜两侧进入交换机间的理线架，然后接入交换机端口。

对于要端接的线缆，先以配线架为单位，在机柜内部进行整理，用扎带绑扎，将多余的线缆盘放在机柜的底部后再进行端接，使机柜内整齐、美观，便于管理和使用。

2）固定式配线架的安装过程。

①将配线架固定到机柜合适位置，在配线架背面安装理线环。

②从机柜进线处开始整理电缆，电缆沿机柜两侧整理至理线环处，使用绑扎带固定好电缆。

③一般 6 根电缆作为一组进行绑扎，将电缆穿过理线环摆放至配线架处。

④根据每根电缆连接接口的位置，测量端接电缆应预留的长度，然后使用压线钳、剪刀、斜口钳等工具剪断电缆。

⑤根据选定的接线标准，将 T568A 或 T568B 标签压入模块组插槽内。

⑥根据标签色标排列顺序，将对应颜色的线对逐一压入槽内，然后使用打线工具固定线对连接，同时将伸出槽位外多余的导线截断，如图 9-12 所示。

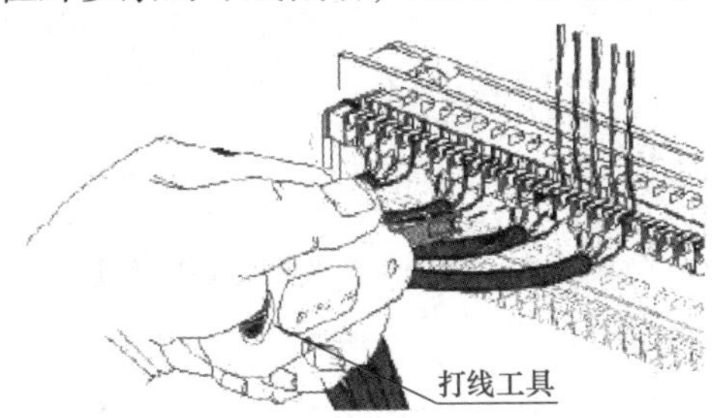

图 9-12　将线对逐次压入槽位并打压固定

⑦将每组线缆压入槽位内，然后整理并绑扎固定线缆，如图 9-13 所示。至此，固定式配线架安装完毕。

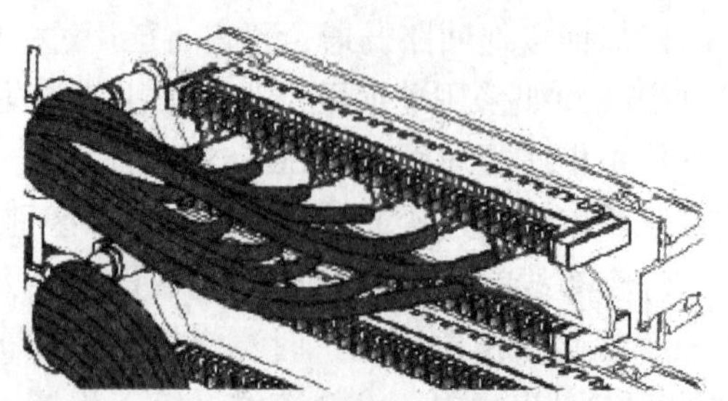

图 9-13　整理并绑扎固定线缆

3）模块化配线架的安装过程。

①步骤 1~3 同固定式配线架安装过程。

②以对角线的形式将固定柱环插到一个配线板孔中去。

③设置固定柱环，以便柱环挂住并向下形成一个角度，以有助于线缆的端接。

④插入，将线缆放到固定柱环的线槽中去，并按照上述信息模块的安装过程对其进行端接。

⑤向右边旋转固定柱环，完成此工作时必须注意合适的方向，以避免将线缆缠绕到固定柱环上。顺时针方向从左边旋转整理好线缆，逆时针方向从右边开始旋转整理好线缆。另一种情况是信息模块固定到配线板上以前，线缆可以被端接在信息模块上。通过将线缆穿过配线板的孔在配线板的前方或后方完成此工作。端接方法如图 9-14 所示。

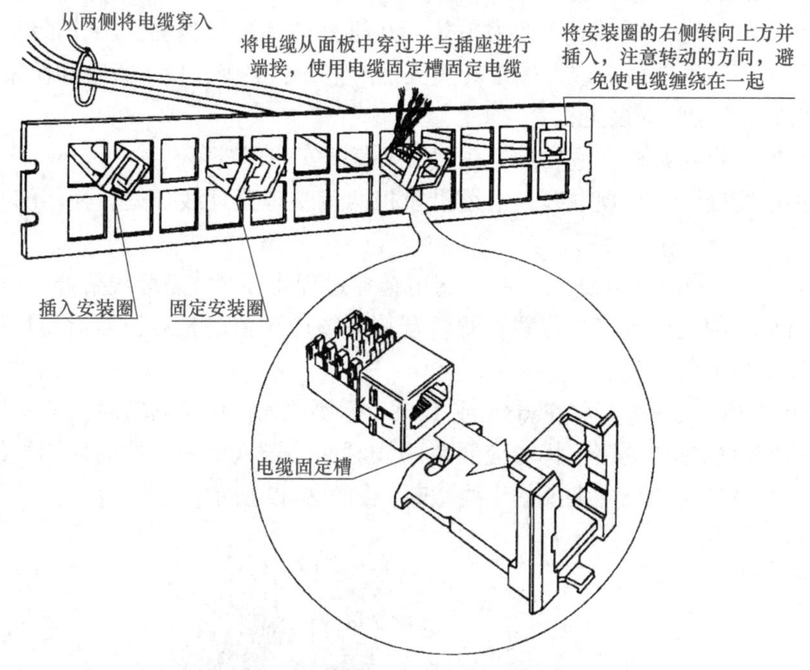

图 9-14　模块化配线架的端接步骤

（2）Vcom110D 语音配线架安装的基本要求

1）大对数通信电缆色谱排列：线缆主色为白、红、黑、黄、紫；线缆配色为蓝、橙、绿、棕、灰；一组线缆为 25 对，以色带来分组，一共有 25 组，分别为白蓝、白橙、白绿、白棕、白灰，红蓝、红橙、红绿、红棕、红灰，黑蓝、黑橙、黑绿、黑棕、黑灰，黄蓝、黄橙、黄绿、黄棕、黄灰，紫蓝、紫橙、紫绿、紫棕、紫灰。

①1~25 对线为第一小组，用白蓝相间的色带缠绕。

②26~50 对线为第二小组，用白橙相间的色带缠绕。

③51~75 对线为第三小组，用白绿相间的色带缠绕。

④76~100 对线为第四小组，用白棕相间的色带缠绕。

⑤此 100 对线为 1 大组，用白蓝相间的色带把 4 小组缠绕在一起。

⑥200 对、300 对、400 对……2400 对以此类推。

2）Vcom110D 语音配线架的安装方法（以 25 对为例）。

从机柜进线处开始整理电缆，电缆沿机柜两侧整理至配线架处，并留出大约 25 cm 的大对数电缆，用电工刀或剪刀把大对数电缆的外皮剥去，用剪刀把撕剥绳剪掉，使用绑扎带固定好电缆，将电缆穿过 110 语音配线架左右两侧的进线孔，摆放至配线架打线处，把所有线对插入 110 配线架进线口。

按大对数分线原则进行分线：先按主色排列，再按主色里的配色排列，排列后把线卡入相应位置；准备好 5 对打线刀和 110 配线架端子，把端子放入打线刀里，把端子垂直打入配线架，25 对 110 配线架端子有 6 个，其中 5 个 4 对、1 个 5 对；把 6 个端子打完后即完成 25 对的端接。完成后的效果图如图 9-15 所示。

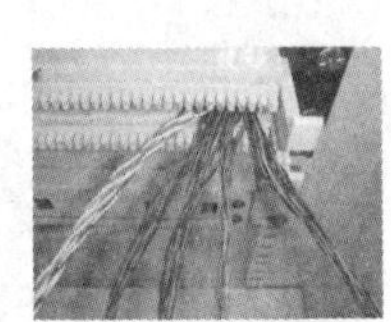
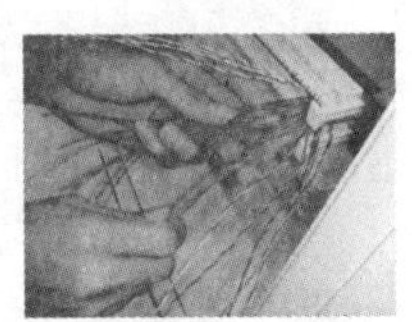
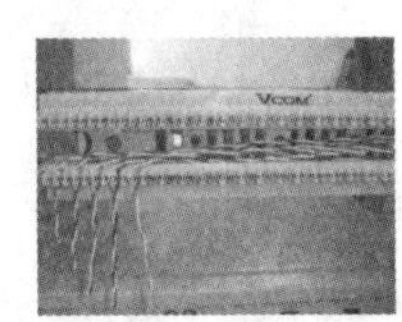

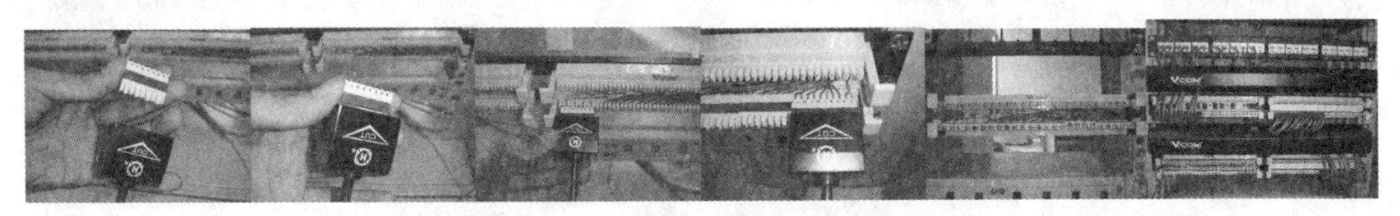

图 9-15 Vcom110D 语音配线架的安装方法

9.3.7 双绞线的制作及施工

1. 双绞线连接的基本要求

1）线缆在连接前，必须核对线缆标识内容是否正确。

2）线缆中间不应有接头。

3）线缆终接处必须牢固，接触良好。

4）对绞电缆与连接器件连接应认准线号、线位色标，不得颠倒和错接。

5）连接时，每对对绞线应保持扭绞状态，线缆剥除外护套长度够端接即可，最大暴露双绞线长度为40~50 mm，对于3类电缆，扭绞松开长度不应大于75 mm；对于5类电缆，扭绞松开长度不应大于13 mm；对于6类电缆，应尽量保持扭绞状态，减小扭绞松开长度；7类布线系统采用非RJ-45方式连接时，连接图应符合相关标准规定。

6）虽然线缆路由中允许转弯，但端接安装中要尽量避免不必要的转弯，绝大多数的安装要求少于3个90°转弯，在一个信息插座盒中允许有少数线缆的转弯及短的（30 cm）盘圈。

2. RJ-45连接头（水晶头）的端接

网络技术人员经常要制作跳线，即将双绞线连接至RJ-45连接头。RJ-45连接头由金属触片和塑料外壳构成，其前端有8个凹槽，简称“8P”（Position，位置），凹槽内有8个金属触点，简称“8C”（Contact，触点），因此RJ-45连接头又称为“8P8C”接头。端接连接头时，要注意它的引脚次序，当金属片朝上时，1~8的引脚次序应从左往右数。

连接连接头虽然简单，但它是影响通信质量的非常重要的因素：开绞过长会影响近端串扰指标，压接不稳会引起通信的时断时续，剥皮时损伤线对线芯会引起短路、断路等故障等。RJ-45连接头连接按T568A和T568B排序。T568A的线序是白绿、绿、白橙、蓝、白蓝、橙、白棕、棕，T568B的线序是白橙、橙、白绿、蓝、白蓝、绿、白棕、棕。

RJ-45连接头（水晶头）的端接步骤（以T568B为例，过程如图9-16所示）如下。

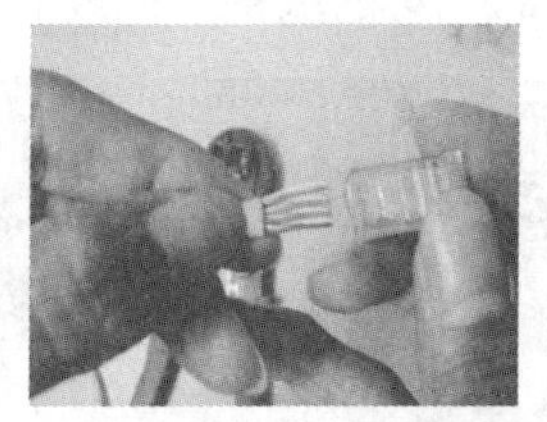
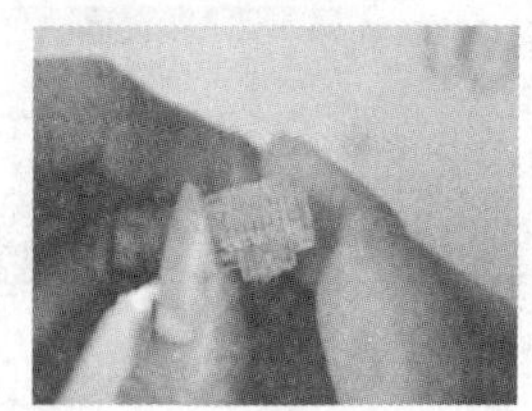

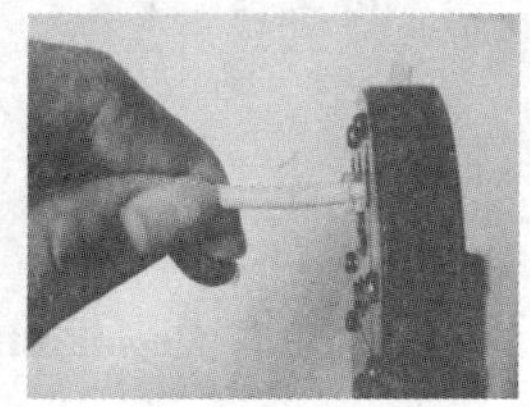
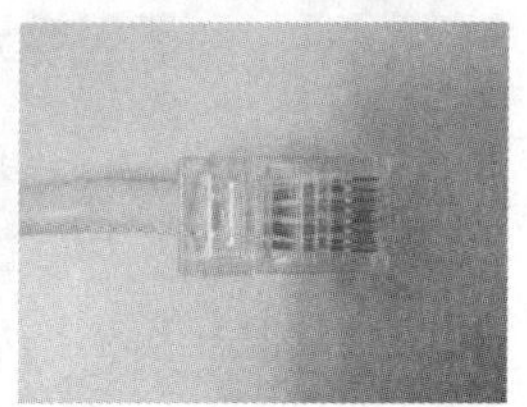

图9-16　RJ-45连接头（水晶头）的端接方法

1）剥线。用双绞线剥线器将双绞线塑料外皮剥去2~3 cm。

2）排线。将绿色线对与蓝色线对放在中间位置，而橙色线对与棕色线对放在靠外的位置，形成左一橙、左二蓝、左三绿、左四棕的线对次序。

3）理线。小心地剥开每一线对（开绞），并将线芯按T568B标准排序，特别是要将白绿线芯从蓝和白蓝线对上交叉至3号位置，将线芯拉直压平、挤紧理顺（朝一个方向紧靠）。

4）剪切。将裸露出的双绞线芯用压线钳、剪刀、斜口钳等工具整齐地剪切，只剩下约 13 mm 的长度。

5）插入。一手以拇指和中指捏住连接头，并用食指抵住，连接头的方向是金属引脚朝上、弹片朝下。另一只手捏住双绞线，用力缓缓将双绞线的 8 条导线依序插入连接头，并一直插到 8 个凹槽顶端。

6）检查。检查连接头正面，查看线序是否正确；检查连接头顶部，查看 8 根线芯是否都顶到顶部。

7）压接。确认无误后，将 RJ-45 连接头推入压线钳夹槽后，用力握紧压线钳，将突出在外面的针脚全部压入 RJ-45 连接头内，RJ-45 连接头连接完成。

RJ-45 连接头的保护胶套可防止跳线拉扯时造成接触不良，如果连接头要使用这种胶套，需在连接 RJ-45 连接头之前将胶套插在双绞线电缆上，连接完成后再将胶套套上。用同一标准安装另一侧连接头，完成直通网线的制作。另一侧按照 T568A 标准，完成一条交叉网线的制作。最后用线序测试仪进行接线检查。

9.3.8 光缆施工

1. 光缆施工前的准备

工程所用的光缆规格、型号、数量应符合设计的规定和合同要求。光纤所附标记、标签内容应齐全和清晰。光缆外护套需完整无损，光缆应有出厂质量检验合格证。光缆开盘后应先检查光缆端头封装是否良好。光缆外包装或光缆护套如有损伤，应对该盘光缆进行光纤性能指标测试，如有断纤，应进行处理，待检查合格才允许使用。光纤检测完毕，光缆端头应密封固定，恢复外包装。

光纤跳线检验应符合下列规定：两端的光纤连接器端面应装配合适的保护盖帽；每根光纤插接线的光纤类型应有明显的标记，应符合设计要求。

光纤衰减常数和光纤长度的检验：衰减测试时，可先用光时域反射仪进行测试，测试结果若超出标准或与出厂测试数据相差较大，再用光功率计测试，并将两种测试结果加以比较，排除测试误差对实际测试结果的影响。要求对每根光纤进行长度测试，测试结果应与盘标长度一致，如果差别较大，则应从另一端进行测试或做通光检查，以判定是否有断纤现象。

2. 光缆敷设的基本要求

由于光纤的纤芯是石英玻璃，光纤是由光传输的，因此光缆比双绞线有更高的弯曲半径要求，2 芯或 4 芯水平光缆的弯曲半径应大于 25 mm；其他芯数的水平光缆、主干光缆和室外光缆的弯曲半径应至少为光缆外径的 10 倍。

光纤的抗拉强度比电缆小，因此在操作光缆时，不允许超过各种类型光缆的抗拉强度。敷设光缆的牵引力一般应小于光缆允许张力的 80%，对光缆瞬间最大牵引力不能超过允许张力。为了满足对弯曲半径和抗拉强度的要求，在施工中应使用光缆卷轴转动，以便拉出光缆。放线总是从卷轴的顶部去牵引光缆，而且要缓慢而平稳地牵引，而不能急促地抽拉光缆。

涂有塑料涂覆层的光纤细如毛发，而且光纤表面的微小伤痕都将使耐张力显著地恶化。另外，当光纤受到不均匀侧面压力时，光纤损耗将明显增大，因此，敷设时应控制光缆的敷设张力，避免使光纤受到过度的外力（弯曲、侧压、牵拉、冲击等）。在光缆敷设施工中，严禁光缆打小圈及弯折、扭曲，光缆施工宜采用“前走后跟，光缆上肩”的放缆方法，能够有效地防止打背扣的发生。

光缆布放应有冗余，光缆布放路由宜盘留（过线井处），预留长度宜为3~5 m；在设备间和电信间，多余光缆盘成圆来存放，光缆盘曲的弯曲半径也应至少为光缆外径的10倍，预留长度宜为3~5 m，有特殊要求的应按设计要求预留长度。敷设光缆的两端应贴上标签，以表明起始位置和终端位置。光缆与建筑物内其他管线应保持一定间距，最小净距符合规定。必须在施工前对光缆的端别予以判定并确定A、B端，A端应是网络枢纽的方向，B端是用户一侧，敷设光缆的端别应方向一致，不得使端别排列混乱。

光缆不论在建筑物内或建筑群间敷设，应单独占用管道管孔，当原有管道和铜芯导线电缆共管时，应在管孔中穿放塑料子管，塑料子管的内径应为光缆外径的1.5倍以上。在建筑物内光缆与其他弱电系统平行敷设时，应留有一定间距，分开敷设，并固定绑扎。当4芯光缆在建筑物内采用暗管敷设时，管道的截面利用率应为25%~30%。

3. 建筑群光缆敷设

敷设光缆前，应逐段将管孔清刷干净和试通。当穿放塑料子管时，其敷设方法与光缆敷设基本相同。如果采用多孔塑料管，可免去对子管的敷设要求。光缆采用人工牵引布放时，每个人孔或手孔应有人值守帮助牵引，人工牵引可采用玻璃纤维穿线器；机械布放光缆时，不需每个孔均有人，但在拐弯处应有专人照看。

光缆一次牵引长度一般不应大于1 000 m。超长距离时，应将光缆盘成倒8字形分段牵引或在中间适当地点增加辅助牵引，以减少光缆张力和提高施工效率。为了在牵引过程中保护光缆外护套等不受损伤，在光缆穿入管孔或管道拐弯处与其他障碍物有交叉时，应采用导引装置或喇叭口保护管等保护。此外，根据需要可在光缆四周加涂中性润滑剂等材料，以减少牵引光缆时的摩擦阻力。

光缆敷设后，应逐个在人孔或手孔中将光缆放置在规定的托板上，并应留有适当余量，避免光缆过于绷紧。人孔或手孔中光缆需要接续时，其预留长度应符合表9-1的规定。在设计中如有要求做特殊预留的长度，应按规定位置妥善放置（例如，预留光缆是为将来引入新建的建筑）。

表 9-1　光缆敷设的预留长度一览表

<table>
<tr><th>光缆敷设方式</th><th>自然弯曲增加长度/（m/km）</th><th>人（手）孔内弯曲增加长度/［m/人（孔）］</th><th>续接每侧预留长度/m</th><th>设备每侧预留长度/m</th><th>备注</th></tr>
<tr><td>管道</td><td>5</td><td>0.5~1</td><td rowspan="2">6~8</td><td rowspan="2">10~20</td><td rowspan="2">管道或直埋光缆需引上架空时，其引上地面部分每处增加 6~8 m</td></tr>
<tr><td>直埋</td><td>7</td><td></td></tr>
</table>

光缆管道中间的管孔不得有接头。当光缆在人孔中没有接头时，要求光缆弯曲放置在电缆托板上固定绑扎，不得在人孔中间直接通过，否则既影响今后施工和维护，又增加对光缆损害的机会。

光缆与其接头在人孔或手孔中，均应放在人孔或手孔铁架的电缆托板上予以固定绑扎，并应按设计要求采取保护措施。保护材料可以采用蛇形软管或软塑料管等管材。光缆在人孔或手孔中应注意以下几点：①光缆穿放的管孔出口端应封堵严密，以防水分或杂物进入管内；②光缆及其接续应有识别标志，标志内容有编号、光缆型号和规格等；③在严寒地区应按设计要求采取防冻措施，以防光缆受冻损伤；④如光缆有可能被碰损伤时，可在其上面或周围采取保护措施。

任务 10　综合布线工程的招标与投标

10.1　任务描述

本任务目标：以学生宿舍综合布线系统设计方案为例，实现招标、投标书的撰写。

案例情境：宿舍楼一层是 20 个房间，其中有一个值班室，一个办公室。其余的几层同第二层的布局相同。根据客户的需求，按一个房间一个信息插座、一个房间一个语音点的要求配置综合布线系统。

（1）工程名称：某职院学生宿舍楼 7，7 栋综合布线工程。

（2）地理位置：学生宿舍 7，7 栋。

10.2　设计方案

10.2.1　设计原则与目标

学生宿舍楼是学生使用校园网络的主要场所，网络综合布线要建立以计算机为主的网络基础平台，使其对校园网络信息系统的支持达到先进水平，并且保证技术领先。学生宿舍楼网络综合布线是为数据传输提供实用、灵活、可扩展、可靠的模块化介质通道，学生宿舍楼布线系统所用的线缆、插接件等各类设备、配件，都充分地考虑到先进性、兼容性、开放性、可靠性、灵活性、经济性的设计原则。系统的设计不仅满足宿舍楼应用的实际情况，同时考虑方便实现日后对系统的扩充升级，以适应未来宿舍楼网络发展的需要。

10.2.2　用户需求分析

按照所住学生人数，每人分配一个信息点，每间房间分配一个语音点（设备间除外），整栋楼一共 120 间房，3 楼可自行安排，四楼的为电视房。除卫生间和水房之外，需要安装 120 个信息点、120 个语音点，其分布如表 10-1 所示。

表 10-1　7 号楼信息点+语音点分布统计

楼层＼房号	1F	2F	3F	4F	5F	6F
01 房	2+2	2+2	2+2	2+2	2+2	2+2
02 房	2+2	2+2	2+2	2+2	2+2	2+2
03 房	2+2	2+2	2+2	2+2	2+2	2+2
04 房	2+2	2+2	2+2	2+2	2+2	2+2
05 房	2+2	2+2	2+2	2+2	2+2	2+2
06 房	2+2	2+2	2+2	2+2	2+2	2+2
07 房	2+2	2+2	2+2	2+2	2+2	2+2
08 房	2+2	2+2	2+2	2+2	2+2	2+2
09 房	2+2	2+2	2+2	2+2	2+2	2+2
10 房	2+2	2+2	2+2	2+2	2+2	2+2
小计	20+20	20+20	20+20	20+20	20+20	20+20
总计：120 个信息点+120 个语音点						

10.2.3 系统结构设计方案

根据用户需求和学生宿舍 7 号楼规模的实际情况，满足各信息点到设备间的距离在非屏蔽双绞线的 90 m 有效传输距离内。为方便管理，减少宿舍房间的占用，综合布线系统不专设楼层配线间，采用 BD/FD 合二为一的方式，即楼层配线间和设备间合二为一（2 楼中间活动室可以设为中心机房），水平布线和垂直布线合为一条链路（各宿舍楼线缆先引入竖井后引入设备间）。因此，宿舍楼综合布线系统合并成以下子系统：工作区子系统、配线（水平/垂直干线）子系统、设备间子系统、管理间子系统、建筑群子系统，如图 10-1 所示。

1. 工作区子系统

工作区子系统是由学生信息插座到计算机网络的连接线缆。学生宿舍的房间设置一般为 4 人间和 6 人间，因室内床位布置均已确定，很容易确定其数据端口的位置。目前宿舍布置一般为上铺居住，床铺下设置学习书桌，因此数据端口安装在书桌下比较合理，高度规定为 0. 3 m。当然也要根据校方的要求，选择数据端口的安装数量。房间内公共部位设置一个电话端口和数据端口。然后采用交换机分别引至计算机。其优点是减少了水平线路和保护管线槽。除考虑数据端口的位置外，还需相应布置供电电源插座，间距应为 0. 2 m。

为便于管理和识别，信息插座的颜色设置应符合 TIA/EIA-606 标准。插座和插头不要接错线头。

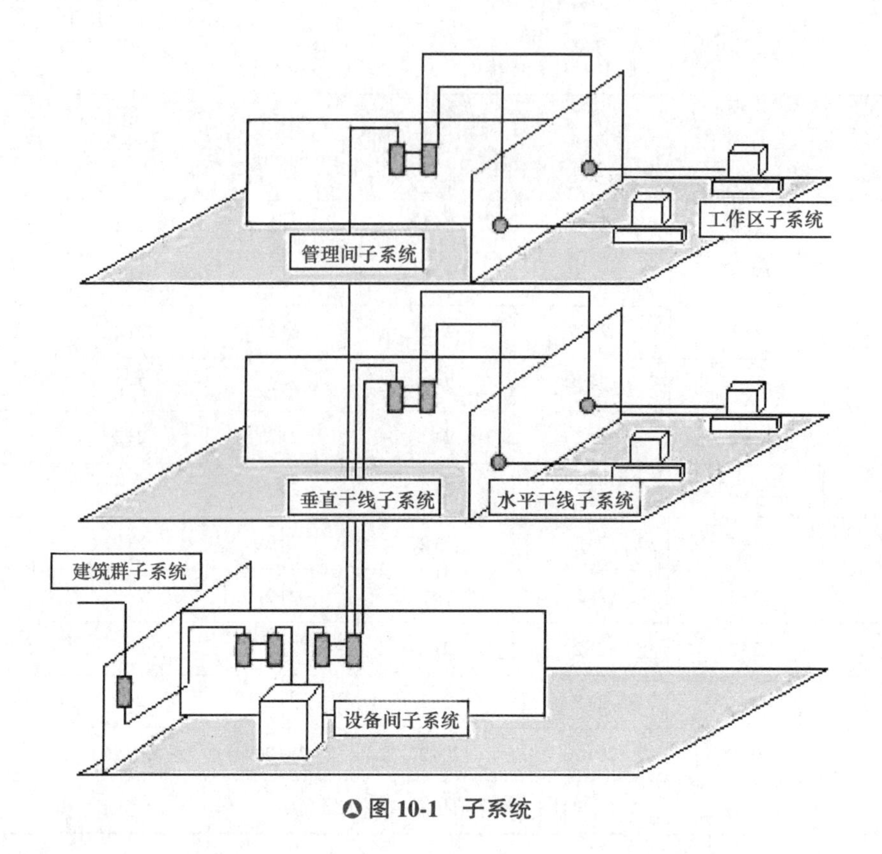

图 10-1　子系统

2. 配线子系统

配线子系统由楼层配线架（FD）至信息插座之间的线缆、信息插座（含转换点及配套设施）组成，它将楼层弱电竖井内的配线架与每个宿舍内的信息插座连接。

因学生宿舍楼多为条形建筑的组合，每层的面积较大（一般 7 000～20 000 m^2），水平距离较远，因此每个条形范围内设 1 个弱电交换间，可与弱电竖井合在一起。要求弱电交换间内楼层配线架距学生宿舍最远的信息端口不超过 90 m。考虑到数据的传输速度和网络线缆的快速发展，现宿舍内水平线缆采用 4 对非屏蔽超 5 类双绞线（UTP Cat5. e）或 6 类线缆。走道内线缆敷设在封闭金属桥架内，引至室内转为金属保护管至信息插座。在设备间内楼层配线架包括垂直干线区、水平配线区、网络设备区等。

水平干线子系统和垂直干线子系统如图 10-2 所示。

管线设计如下。

（1）垂直主干管线

垂直主干管线采用镀锌架（槽式）沿设备间外墙（内走廊）向上和向下敷设，向上用 200 mm×70 mm×1. 5 mm 桥架直达 4 层，向下用 70 mm×50 mm×1. 5 mm 桥架到达1 层，布放 1 层的线缆。

（2）水平主干管线

水平主干采用立柱吊装镀锌桥架方式，根据线缆的多少分别采用 50 mm×50 mm 的镀锌桥架，在每个房间外用 DN20 mm 波纹管将电缆引入房间。

（3）房间内墙面 PVC 线槽

电缆引入房间后用 40 mm×25 mmPVC 线槽将电缆敷设至房间两边，再沿墙面而下敷设

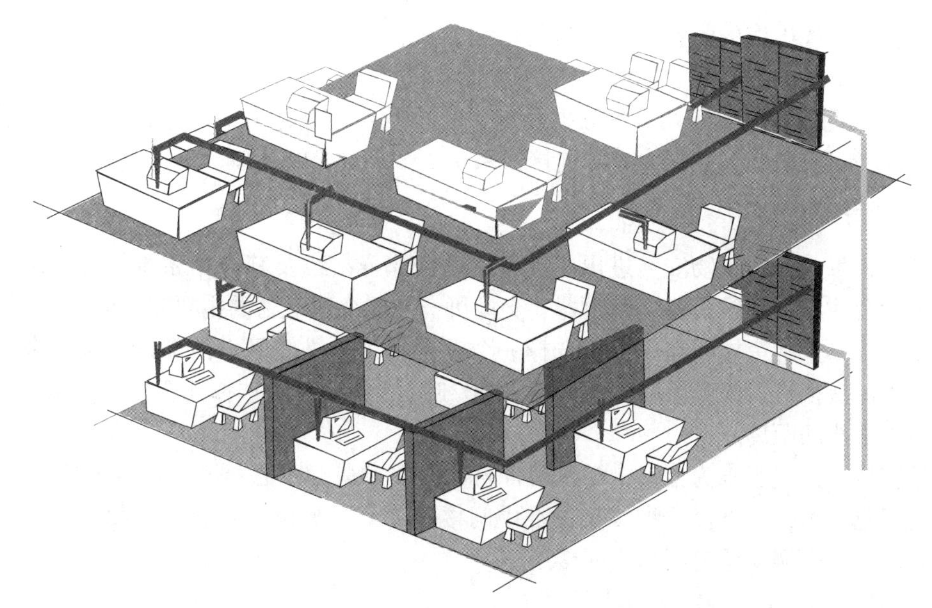

△图 10-2 水平（垂直）干线子系统

至墙面信息插座，由于房间内已敷设纵横交错的强电线路，PVC 线槽交叉通过强电线路时用防蜡管穿过。

（4）已吊装电力线缆管线，安装的桥架与该电力线缆管线相隔的距离必须符合 GB 50311—2000。

水平布线系统的水平电缆均采用星状拓扑结构，它以设备间 47 房间和 401 房间为主节点，形成向工作区辐射的星状线路状态。从 47 房间和 401 房间到达楼内任一信息点的距离都不超过 90 m，采用 6 类非屏蔽双绞线，与其相应的跳线、信息插座模块和配线架等插接件也采用 6 类产品，满足当前传输 700Mb/s 的需要，以及以后升级需要。

水平干线子系统用线一般为双绞线。长度最好不超过 90 m。用线必须走线槽，在天花板吊顶内布线，尽量不走地面线槽。用 5 类双绞线的传输速率可达到 70Mb/s，用超 5 类双绞线的传输速率可达到 155Mb/s，用 6 类双绞线的传输速率可达到 250Mb/s。另外，还要确定介质布线方法和线缆的走向，确定距服务接线间距离最近的/最远的 I/O 位置，计算水平区所需线缆的长度。

3. 干线子系统

干线子系统由建筑设备间的主配线架至各楼层配线架之间的连接电缆组成，为建筑物的主缆线。宿舍内主干线缆多采用超 5 类对绞电缆或多模光纤，语音主线采用大对数 3 类线缆。

（1）语音点垂直干线电缆的配置

语音点垂直干线电缆应根据语音点出线口数量确定，每个语音用信息插座至少应配 1 对对绞线，每个电话用信息插座至少应配 1 对对绞线，一般可取 2 对线缆进行设计，所以有 $L=2H(1+U)$（L 为垂直干线电话对数，H 为电话信息插座数量，U 为垂直干线电话电缆的备用量，一般取 7%~20%），把数据代入计算即可。

（2）信息垂直干线电缆的配置

信息垂直干线电缆的配置与计算机的组网方式、数据传输速率等关系密切。若垂直干线采用光缆接口的Hub，每47个信息插座配置2芯光纤。

（3）楼层配线架垂直干线区的数据确定。根据楼层配线架垂直干线区的语音点端子数，用于连接3类对绞电缆。数据为光纤连接，采用2个3对光纤端口。

4. 设备间子系统

设备间是每一幢建筑物安装进出线设备，进行综合布线及其应用系统管理和维护的场所，主要设置建筑物配线设备、路由器、交换机，是整个建筑物的主要布线区。

对于一幢学生宿舍楼，在其1层选择一个设备间作为进线间，内部设整栋宿舍综合布线的路由器、交换机、服务器、主配线架（BD/FD），位置尽量选择几个楼层配线间及竖井中间，减少配线间距离。

楼层交换间设置要求为至每个学生宿舍内数据端口最远不超过90 m。如数量不多，距离不超过规范要求，可将楼层配线架设在中间楼层。上下敷设水平电缆，此时可减少楼层配线设备。本宿舍楼就是应用了中间楼层。

5. 管理间子系统

管理间子系统由交接间的配线设备、输入/输出设备等组成，采用单点管理双交接口，交接场的取决于工作区，综合布线系统规模和选用的硬件，在管理规模大、复杂、有二级交接间时，才放置双点管理双交接在管理点，根据应用环境用标记标入来标出各个端接场，对于交换间的配线设备宜采用色标区别种类用途的配线区。并且在交接场之间应留出空间，以便容纳未来扩充的交接硬件。

6. 建筑群子系统

建筑群子系统由连接各建筑物之间的综合布线缆线、建筑群配线设备和跳线等组成。每个学生宿舍区有许多幢宿舍楼，其语音、数据网由校园网引来。校园网络管理中心一般设在学校的图书馆或数据中心内，它是连接外部公用网、专用网和内部各教学楼、实验楼、宿舍楼的交换中心，引至各幢宿舍的线缆数据网主干线采用多模光纤，语音网络干线采用大对数3类电缆，敷设方法采用管道和人（手）孔井方式。

硬件设备包括导线电缆、光缆，以及防止电缆上的脉冲电压进入建筑物的电气保护装置（接地装置）。在建筑群子系统中，会遇到室外敷设电缆的问题，一般有3种：架空电缆、直埋电缆、地下管道电缆，或者3种的任何组合。此外，安装时至少预留1~2个备用管孔，以供扩充之用。

10.3 综合布线工程实施

10.3.1 工程实施的步骤

1）现场勘察。

2）工程的设计、计划与管理。

3）设备的定购期。

4）材料验收。

5）布线安装工程的实施：安装线槽，敷设 UTP 双绞线、光纤，安装机房和配线间，安装信息插座及其他附件。

6）布线系统的测试。

7）布线系统的验收。

8）提供完整的结构化布线文件档案。

9）工程结束。

10.3.2 工程实施进度管理

1）本工程的实施包括产品订货、发货、设计、施工安装、督导、施工管理和验收。

2）双方签订合同后，乙方即组织产品订货，线缆、管材可在 3 日内到工地。

3）双方签订合同后，乙方即根据甲方的进一步具体要求在 2 天内完善工程施工设计并交由甲方认可。在甲方认可施工设计后，就可组织施工人员进入现场进行前期工作。

4）管、线等敷设工作可与住宿同时进行，并承诺不影响生活质量。

5）设备到达现场后需清点后方可进行设备的安装工作，并对设备和线缆进行有效连接，此项工作约需 7 个工作日。

6）待配线间的布置安装完成并由甲方认可后，即可对整个布线系统进行详细调试，随时做好调试记录，此项工作约需 3 个工作日；调试工作完成后 3 天内整理好文档资料并交付甲方。

7）以上工作全部完成后，即组织相关人员进行系统培训，此项工作约需 1 个工作日。

8）由甲方组织有关单位和相关人员对系统进行全面验收，并随时做好验收记录，整理好存档资料。

9）在安装施工的全过程中，委派专业工程师对工程进行督导、管理、严格把关。

施工工期计划如表 10-2 所示。

表 10-2　施工工期计划表

序号	项目名称	时间进度安排（工作日）
1	签订合同	1
2	产品订货	3
3	施工设计	2
4	线管施工	7
5	线缆敷设	3
6	清点设备	7
7	信息插座安装	2
7	配线间设备安装	5
9	光纤头连接	1
7	链路测试	1
11	系统培训	1
12	系统验收	2
注：以上工期为 30 个工作日。由于综合布线施工受装修工程影响较大，因此承诺从签订合同之日起至室内装修结束后 7 天内全部完工		

10.3.3 综合布线工程验收

综合布线的验收分施工前检查、随工验收、竣工验收 3 部执行工作。

1. 施工前检查

（1）环境检查

应对交接间、设备间、工作区的建筑和环境条件进行检查，检查内容如下：

1）交接间、设备间、工作区土建工程已全部竣工。房屋地面平整、光洁，门的高度和宽度应不妨碍设备和器材的搬运，门锁和钥匙齐全。

2）房屋预埋地槽、暗管及孔洞和竖井的位置、数量、尺寸均应符合设计要求。

3）铺活动地板的场所，活动地板的防静电措施及接地应符合设计要求。

4）交接间、设备间应提供 220 V 单相带地电源插座。

5）交接间、设备间应提供可靠的接地装置，设置接地体时，检查接地电阻值及接地装置应符合设计要求。

6）交接间、设备间的面积、通风及环境温、湿度应符合设计要求。

（2）设备材料检验

1）器材检验一般要求如下：

①工程所用缆线器材的形式、规格、数量、质量在施工前应进行检查，无出厂检验证明材料与设计不符者不得在工程中使用。

②经检验的器材应做好记录，不合格的器件应单独存放，以备核查与处理。

③工程中使用的缆线、器材应与订货合同或封存的产品在规格、型号、等级上相符。

④备品、备件及各类资料应齐全。

2）型材、管材与铁件的检查要求如下：

①各种型材的材质、规格、型号应符合设计文件的规定，表面应光滑、平整，不得变形、断裂。金属线槽、过线盒、接线盒及桥架表面涂覆的镀层均匀、完整，不得变形、损坏。

②管材采用钢管、硬质聚氯乙烯管时，其管身应光滑、无伤痕，管孔无变形，孔径、壁厚应符合设计要求。

③管道采用水泥管块时，应按通信管道工程施工及验收中相关规定进行检验。

④各种铁件的材质、规格均应符合质量标准，不得有歪斜、扭曲、飞刺、断裂或破损。

⑤铁件的表面处理和镀层应均匀、完整，表面光洁，无脱落、起泡等缺陷。

3）缆线的检验要求如下：

①工程使用的双绞电缆和光缆形式、规格应符合设计的规定和合同要求。

②电缆所附标志、标签内容应齐全、清晰。

③电缆外护线套需完整无损，电缆应附有出厂质量检验合格证。如用户要求，应附有本批量电缆的技术指标。

④电缆的电气性能抽验应从本批量电缆中的任意 3 盘中各截出 70 m 长度，加上工程中所选用的插接件进行抽样测试，并做测试记录。

⑤光缆开盘后应先检查光缆外表有无损伤，光缆端头封装是否良好。

⑥综合布线系统工程采用光缆时，应检查光缆合格证及检验测试数据。在必要时，可测试光纤衰减和光纤长度，测试要求如下。

衰减测试：宜采用光纤测试仪进行测试。测试结果如超出标准或与出厂测试数值相差太大，应用光功率计测试，并加以比较，断定是测试误差还是光纤本身衰减过大。

长度测试：要求对每根光纤进行测试，测试结果应一致，如果在同一盘光缆中，光缆长度差异较大，则应从另一端进行测试或做通光检查以判定是否有断纤现象存在。

光纤插接软线（光跳线）检验应符合下列规定：光纤插接软线，两端的活动连接器（活接头）端面应装配合适的保护盖帽；每根光纤插接软线中光纤的类型应有明显的标记，选用应符合设计要求。

4）插接件的检验要求如下

①配线模块和信息插座及其他插接件的部件应完整，塑料材质要求保安单元过电压、过电流保护各项指标应符合有关规定；光纤插座的连接器使用形式和数量、位置应与设计相符。

②配线设备的使用应符合光、电缆交接设备的形式、规格应符合设计要求；光、电缆交接设备的编排及标志名称应与设计相符。各类标志应统一，标志位置正确、清晰。

③对绞电缆的电气性能、机械特性、光缆传输性能及插接件的具体技术指标和要求，应符合设计要求。

2. 随工验收

（1）设备安装检验

1）机柜、机架的安装要求如下：

①机柜、机架安装完毕后，垂直偏差度应不大于 3 mm。机柜、机架安装位置应符合设计要求。

②机柜、机架上的各种零件不得脱落或碰坏，漆面如有脱落应予以补漆，各种标志应完整、清晰。

③机柜、机架的安装应牢固，如有抗震要求，应按施工图的抗震设计进行加固。

2）各类配线部件的安装要求如下：

①各部件应完整，安装就位，标志齐全。

②安装螺钉必须拧紧，面板应保持在一个平面上。

（3）7 位模块式通用插座的安装要求如下：

①安装在活动地板或地面上，应固定在接线盒内，插座面板采用直立和水平等形式；接线盒盖可开启，并应具有防水、防尘、抗压功能。接线盒盖面应与地面齐平。

②7 位模块式通用插座、多用户信息插座或集合点配线模块的，安装位置应符合设计要求。

③7 位模块式通用插座底座盒的固定方法按施工现场条件而定，宜采用预置扩张螺钉固定等方式。

④固定螺钉需拧紧，不应产生松动现象。

⑤各种插座面板应有标志，以颜色、图形、文字表示所接终端设备的类型。

4）安装机柜、机架、配线设备屏蔽层及金属钢管、线槽使用的接地体应符合设计要求，就近接地，并应保持良好的电气连接。

（2）缆线的敷设

1）缆线一般应按下列要求敷设：

①缆线的形式、规格应与设计规定相符。

②缆线的布放应自然平直，不得产生扭绞、打圈等现象，不应受外力的挤压和损伤。

③缆线两端应贴有标签，应标明编号，标签书写应清晰、端正和正确。标签应选用不易损坏的材料。

④缆线终接后，应有余量。交接间、设备间双绞电缆预留长度宜为 0. 51 m，工作区为 7~30 mm；光缆布放宜盘留，预留长度宜为 3~5 m，有特殊要求的应按设计要求预留长度。

2）缆线的弯曲半径应符合下列规定：

①非屏蔽 4 对双绞线电缆的弯曲半径应至少为电缆外径的 4 倍。

②屏蔽 4 对双绞线电缆的弯曲半径应至少为电缆外径的 6~7 倍。

③主干双绞电缆的弯曲半径应至少为电缆外径的 7 倍。

④光缆的弯曲半径应至少为光缆外径的 15 倍。

3）电源线、综合布线系统缆线应分隔布放，缆线间的最小净距应符合设计要求，并应符合表 10-3 的要求。

表 10-3 对绞电缆与电力线最小净距

项目	最小净距/mm		
	370 V (<2 kV·A)	370 V (2.5~5 kV·A)	370 V (>5 kV·A)
对绞电缆与电力电缆平行敷设	130	300	600
有一方在接地的金属槽道或钢管中	70	150	300
双方均在接地的金属槽道或钢管中	平行长度小于7 m时，最小间距可为7 mm。对绞电缆如采用屏蔽电缆，最小净距可适当减小，并符合设计要求	70	150

4）建筑物内电、光缆暗管敷设与其他管线最小净距见表 10-4。

表 10-4 电、光缆暗管敷设与其他管线最小净距

管线的种类	平行净距/mm	垂直交叉净距/mm
避雷引下线	700	300
保护接地线	50	20
热力管（不包封）	500	500
热力管（包封）	300	300
给水管	150	20
煤气管	300	20
压缩空气管	150	20

在暗管或线槽中缆线敷设完毕后，宜在信道两端口出口处用填充材料进行封堵。

5）预埋线槽和暗管敷设缆线应符合下列规定：

①敷设线槽的两端宜用标志表示出编号和长度等内容。

②敷设暗管宜采用钢管或阻燃硬质 PVC 管。布放多层屏蔽电缆、扁平缆线和大对数主干光缆时，直线管道的管径利用率为 50%~60%，弯管道的管径利用率应为 40%~50%。暗管布放 4 对双绞电缆或 4 芯以下光缆时，管道的截面利用率应为 25%~30%。预埋线槽宜采用金属线槽，线槽的截面利用率不应超过 50%。

6）设置电缆桥架和线槽敷设缆线应符合下列规定：

①电缆线槽、桥架宜高出地面 2.2 m 以上。线槽和桥架顶部距楼板不宜小于 30 mm；在过梁或其他障碍物处，不宜小于 50 mm。

②槽内缆线布放应顺直，尽量不交叉，在缆线进出线槽部位、转弯处应绑扎固定，其水平部分缆线可以不绑扎。垂直线槽布放缆线应每间隔 1.5m 固定在缆线支架上。

③电缆桥架内缆线垂直敷设时，在缆线的上端和每间隔 1.5 m 处应固定在桥架的支架上；水平敷设时，在缆线的首、尾、转弯及每间隔 5~7 m 处进行固定。

④在水平、垂直桥架和垂直线槽中敷设缆线时，应对缆线进行绑扎。双绞电缆、光缆及其他信号电缆应根据缆线的类别、数量、缆径、缆线芯数分束绑扎。绑扎间距不宜大于 1.5 m，间距应均匀，松紧适度。

⑤楼内光缆宜在金属线槽中敷设，在桥架敷设时应在绑扎固定段加装垫套。

7）采用吊顶支撑柱作为线槽在顶棚内敷设缆线时，每根支撑柱所辖范围内的缆线可以不设置线槽进行布放，但应分束绑扎，缆线护套应具有阻燃特性，缆线选用应符合设计要求。

8）建筑群子系统采用架空、管道、直埋、墙壁及暗管敷设电、光缆的施工技术要求应按照本地网通信线路工程验收的相关规定执行。

3. 竣工验收

（1）工程电气性测试

1）综合布线工程的电缆系统电气性能测试及光纤系统性能测试，其中电缆系统电气性能测试内容分别为基本项目测试和任选项目测试。各项测试应有详细记录，以作为竣工资料的一部分。电气性能测试仪按二级精度，应达到表 10-5 的要求。

表 10-5　测试仪精度最低性能要求

序号	性能参数	1~70 MHz
1	随机噪声最低值	65~15log（f70）dB
2	剩余近端串音（NEXT）	55~15log（f70）dB
3	平衡输出信号	37~15log（f70）dB
4	共模抑制	37~15log（f70）dB
5	动态精确度	±0. 75 dB
6	长度精确度	1 m±0. 04 m
7	回损	15 dB
注：动态精确度适用于从 0 dB 基准值至优于 NEXT 极限值 7 dB 的一个带宽，按 60 dB 限制。		

2）现场测试仪应能测试 6 类双绞电缆布线系统及光纤链路。

3）测试仪表应有输出端口，将所有存储的测试数据输出至计算机和打印机，进行维护和文档管理。

4）电、光缆测试仪表应具有合格证及计量证书。

（2）光纤特性测试

1）测试前应对所有的光连接器进行清洗，并将测试接收器校准至零位。

2）测试包括以下内容：对整个光纤链路（包括光纤和连接器）的衰减进行测试；对光纤链路的反射进行测量，以确定链路长度及故障点位置。

3）测试并进行连接。在两端对光纤逐根进行测试。在一端对两根光纤进行环回测试。

4）光纤链路系统指标应符合设计要求。

5）文档的保存和管理按要求存档管理。

6）光缆布线链路在规定的传输窗口测量出的最大光衰减（介入损耗）应不超过表 10-6 的规定，该指标已包括链路接头与连接插座的衰减在内。

表 10-6　光缆布线链路的衰减

布线	链路长度/m	衰减/dB			
		单模光缆		多模光缆	
		137 nm	1 550 nm	750 nm	1 300 nm
水平	70	2. 2	2. 2	2. 5	2. 2
建筑物主干	500	2. 7	2. 7	3. 9	2. 6
建筑物主干	1 500	3. 6	3. 6	7. 4	3. 6

7）光缆布线链路的任一接口测出的光回波损耗大于表 10-7 给出的值。

表 10-7　最小光回波损耗

类别	单模光缆		多模光缆	
波长/nm	137	1 550	750	1 300
光回波损耗/dB	26	26	20	20

10.3.4 保护措施

1. 水平子系统缆线敷设保护要求

1）预埋金属线槽保护要求如下：

①在建筑物中预埋线槽，宜按单层设置，每一路由预埋线槽不应超过 3 根，线槽截面高度不宜超过 25 mm，总宽度不宜超过 300 mm。

②线槽直埋长度超过 30 m 或在线槽路由交叉、转弯时，宜设置过线盒，以便于布放缆线和维修。

③过线盒盖能开启，并与地面齐平，盒盖处应具有防水功能。

④过线盒和接线盒盒盖应能抗压。

2）预埋暗管保护要求如下：

①预埋在墙体中间的最大管径不宜超过 50 mm，楼板中暗管的最大管径不宜超过 25 mm。

②直线布管每 30 m 处应设置过线盒装置。

③暗管的转弯角度应大于 90°，每根暗管的转弯不得多于 2 个，并不应有 S 弯出现，有弯头的管段长度超过 20 m 时，应设置管线过线盒装置。在有 2 个弯时，不超过 15 m 处应设置过线盒。

④暗管转弯的弯曲半径不应小于该管外径的 6 倍，如暗管外径大于 50 mm，则弯曲半径不应小于该管外径的 7 倍。

⑤暗管管口应光滑，并加有护口保护，管口伸出部位宜为 25~50 mm。

3）设置缆线桥架和缆线线槽保护要求如下：

①桥架水平敷设时，支撑间距一般为 1.5~3 m；垂直敷设时，固定在建筑物构体上的间距宜小于 2 m，距地 1.7 m 以下部分应加金属盖板保护。

②金属线槽敷设时，在下列情况下应设置支架或吊架：线槽接头处、每间距 3 m 处、离开线槽两端出口 0.5 m 处和转弯处。

③塑料线槽槽底固定点间距一般宜为 1 m。

4）敷设活动地板缆线时，活动地板内净空应为 150~300 mm。

5）采用公用立柱作为顶棚支撑柱时，可在立柱中布放缆线。立柱支撑点宜避开沟槽和线槽位置，支撑应牢固。立柱中的电力线和综合布线缆线合一布放时，中间应有金属板隔开，间距应符合设计要求。

6）金属线槽接地应符合设计要求。

7）金属线槽、缆线桥架穿过墙体或楼板时，应有防火措施。

2. 干线子系统缆线敷设保护方式

缆线不得布放在电梯或供水、供气、供暖管道竖井中，亦不应布放在强电竖井中。干线通道间应沟通。

（3）建筑群子系统缆线敷设保护方式

建筑群子系统缆线敷设保护方式应符合设计要求。

10.3.5 缆线终接

1）缆线终接的一般要求如下：

①缆线在终接前，必须核对缆线标识内容是否正确。

②缆线中间不允许有接头。

③缆线终接处必须牢固、接触良好。

④缆线终接应符合设计和施工操作规程。

⑤双绞电缆与插接件连接应认准线号、线位色标，不得颠倒和错接。

2）双绞电缆芯线终接应符合下列要求：

终接时，每对双绞线应保持扭绞状态，扭绞松开长度对于 5 类线不应大于 13 mm。双绞线在与 7 位模块式通用插座相连时，必须按色标和线对顺序进行卡接。屏蔽双绞电缆的屏蔽层与插接件终接处屏蔽罩必须可靠接触，缆线屏蔽层应与插接件屏蔽罩 360°圆周接触，接触长度不宜小于 7 mm。

3）光缆芯线终接应符合下列要求：

①采用光纤连接盒对光纤进行连接、保护，在连接盒中光纤的弯曲半径应符合安装工艺要求。

②光纤熔接处应加以保护和固定，使用连接器以便于光纤的跳接。

③光纤连接盒面板应有标志。

④光纤连接损耗值应符合表 10-8。

表 10-8 光纤连接损耗

光纤连接损耗/dB				
连接类别	多模		单模	
	平均值	最大值	平均值	最大值
熔接	0. 15	0. 3	0. 15	0. 3

4）各类跳线的终接应符合下列规定：

①各类跳线缆线和插接件间接触应良好，接线无误，标志齐全。跳线选用类型应符合系统设计要求。

②各类跳线长度应符合设计要求，一般对绞电缆跳线不应超过 5 m，光缆跳线不应超过 7 m。

10.3.6 工程总验收

1）工程竣工后，施工单位应在工程验收以前，将工程竣工技术资料交给建设单位。综合布线系统工程的竣工技术资料应包括以下内容：

①安装工程量；

②工程说明；

③设备、器材明细表；

④竣工图纸为施工中更改后的施工设计图；

⑤测试记录（宜采用中文表示）；

⑥工程变更、检查记录及施工过程中，需更改设计或采取相关措施，由建设、设计、施工等单位之间的双方洽商记录；

⑦随工验收记录；

⑧隐蔽工程签证；

⑨工程决算。

2）竣工技术文件要保证质量，做到外观整洁、内容齐全、数据准确。

3）在验收中发现不合格的项目，应由验收机构查明原因，分清责任，提出解决办法。

4）综合布线系统工程如采用计算机进行管理和维护工作，应按专项进行验收。

5）验收人员组织：

①施工前检查和随工验收由施工单位派出工程师与用户方工程师共同完成器材检验和设备安装完成后的验收工作。

②竣工验收工作交由第三方测试机构进行整个系统的检验，给出各项检验测试的报告，并与双方工程师共同完成工程竣工技术文件和工程验收评价书。

6）验收结果：验收的结果包括《竣工技术文件》和三方评定的《工程验收评价书》，所有文件经双方负责人核实签字。

10.4 图纸设计

10.4.1 总体设计拓扑图

依据宿舍楼的系统性能要求和对宿舍楼的实地勘察，绘制出宿舍楼的总体综合布线拓扑图。图 10-3 为宿舍楼的布线整体结构框架，并具体统计了各楼层所需要的语音点数和信息点数，共有 573 个信息点和 72 个语音点。

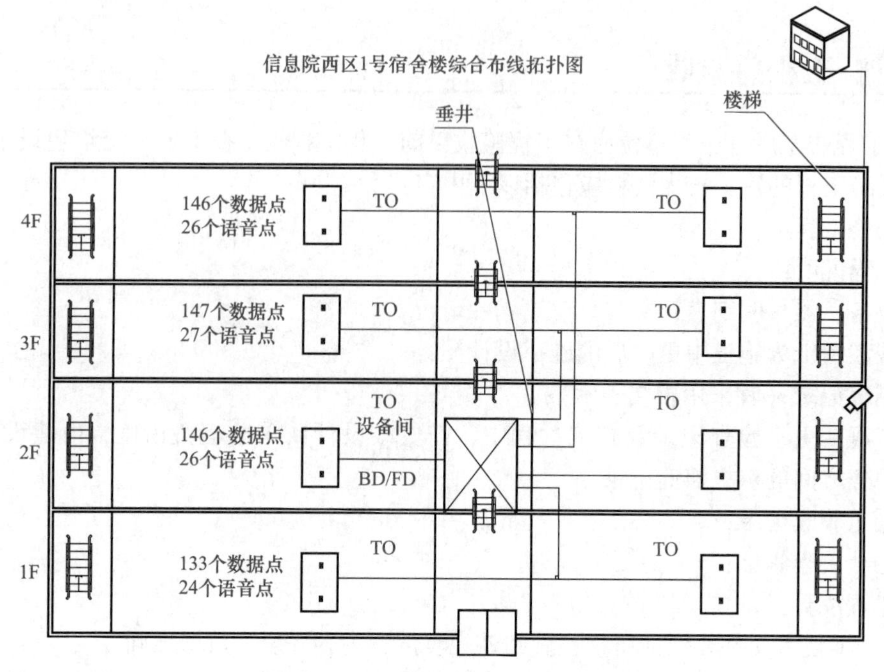

图 10-3　1 号宿舍楼综合布线拓扑图

10.4.2 水平管线与信息点分布

以 1 号楼宿舍第一层的左侧楼层水平管线与信息点分布为例，绘制出了各宿舍的信息点、语音点的分布和水平管线的分布方案，如图 10-4 所示。其他各楼层的水平管线与信息点分布与一层大体一致。

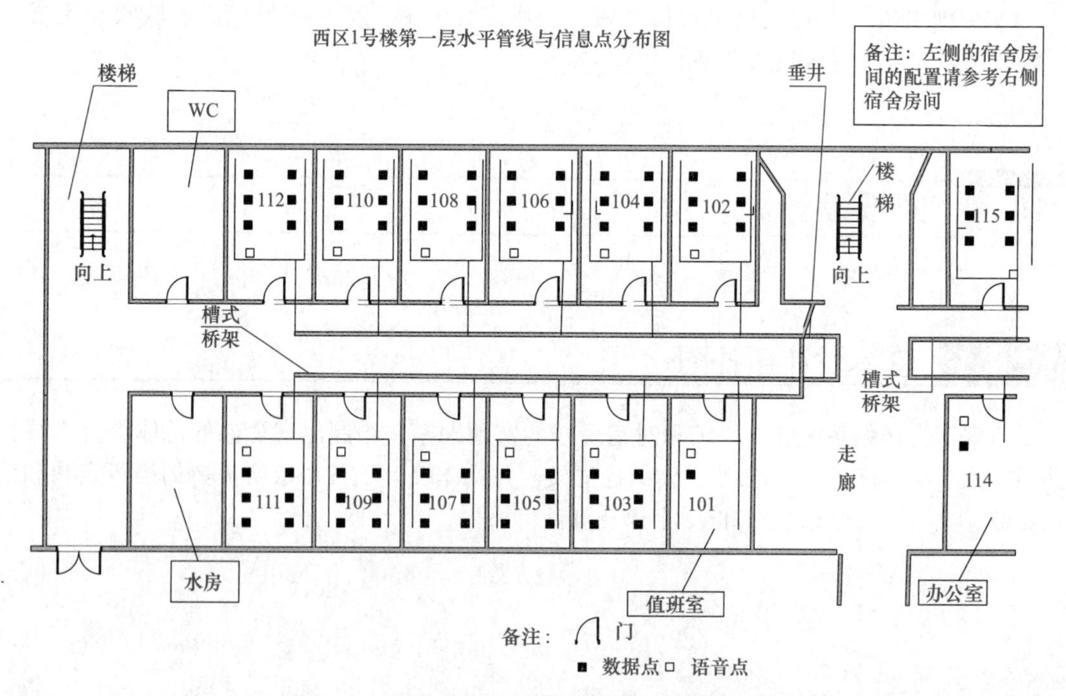

图 10-4　1 号宿舍楼第一层水平管线与信息点分布图

10.5 投标承诺书及售后服务

1. 承诺书

承诺书参考样例如下：

1. 根据你方招标工程的招标文件，遵照《中华人民共和国招标投标法》等有关规定，经踏勘项目现场和研究上述招标文件的投标须知、合同条款、图纸、工程建设标准和工程量清单及其他有关文件后，我方愿以人民币（大写）（小写：______元）的投标报价并按上述图纸、合同条款、工程建设标准和工程量清单的条件要求承包上述工程的施工、竣工，并承担任何质量缺陷保修责任。

2. 我方派出________（项目经理姓名）作为本次招标工程的项目经理。

3. 我方已详细审核全部招标文件，包括修改文件、答疑（如有）及有关附件，我方完全响应并认可上述文件的所有条款。

4. 我方承认投标函附件是我方投标函的组成部分。

5. 一旦我方中标，我方保证按合同协议书中规定的工期______日历天内完成并移交全部工程，工程质量严格按照《建设工程质量管理条例》中有关工程保修条款执行。

6. 中标后7天内，自愿将70 000元的履约保证金押存在区招标投标交易中心。

7. 除非另外达成协议生效，你方的中标通知书和本投标文件将成为约束双方的合同文件的组成部分。

8. 我方按照招标文件的要求，提供企业和项目经理业绩表（附后），如我方提供的业绩资料不真实，我方将放弃中标的权利，并承担由此产生的责任。

投标人：（盖章）

单位地址：

法定代表人或其委托代理人：（签字或盖章）

邮政编码：　　　　电话：　　　传真：

日期：　　年　　月　　日

2. 售后服务

（1）售前服务

1）派专员为用户介绍国内、国外起重机行业执行标准，介绍乙方厂商的产品特点及概况，为用户选择质优价廉的产品并提供决策素材料。

2）对于技术方案，派专门技术人员、商务人员进行技术交流、商务交底。可以组织甲方公司人员来厂考察指导。在整个投标过程前后及时提供产品的性能、特点、方案设计图纸以及各种参数，积极配合好甲方公司选择满意的产品制造商。即使由于其他各方面因素，没有选择乙方厂商的产品，乙方厂商也愿意就此项目为甲方公司提供技术咨询，以便甲方公司采购到技术先进、价格合理、性能可靠的产品。

2. 售中服务

1）乙方厂商在技术设计中，优化设计，精益求精，与设计院、甲方公司密切合作，保证设计工作的顺利开展，并积极听取现场操作员的要求，完善设计，若设计院有更改需要，使用单位有特殊需要，乙方厂商将全力满足其要求，并想尽办法，与各方面协调好合作关系。

2）选择国内最好的配套件制造厂商家，既满足性能要求，又便于以后的维修、配件供应。

3）在制造过程中，全力配合安排图纸审查、产品监造、检查验收等各阶段工作，使产品发运前的所有工作能够有条不紊地开展。

3. 售后服务

1）产品发到用户，乙方厂商派专人与甲方公司有关人员共同开箱清点。

2）在设备进行安装、调试期间，乙方厂商派现场工作经验丰富的高级工程师亲临现场免费指导安装、调试，保证产品正常顺利运行。

3）免费培训起重机驾驶员和起重机维修人员，并与维修人员建立联系，在维修使用方面，做长期的技术支持。在甲方单位使用吊车期间，提供24小时的维修服务，以保证用户使用要求。

4）供应备件及时、确保用户满意。

①及时反映用户需求；

②提供质优价廉的产品，确保按期交货；

③严格控制产品质量；

④妥善包装以防遗漏损坏。

总之，我们不仅提供给用户的是合格的产品，而且更提供高质量的服务，在同行业中树立起良好的形象，给用户留下深刻的印象。

10.6 某职业学院学生宿舍楼综合布线工程招标文件范例

10.6.1 投标邀请函

投标邀请函参考样例：

> [招标编号：201609]
>
> 江西职业技术学院现就5栋学生宿舍楼综合布线工程公开招标，接受合格的国内投标人提交密封投标（在以往江西职业技术学院同类项目建设中，验收不合格的单位不得参与本次投标）。

1. 招标项目的名称、用途、数量、简要技术要求或者招标项目的性质。

2. 招标项目名称：江西职业技术学院5栋学生宿舍楼综合布线工程。

3. 数量：77个信息点。

4. 简要技术要求：完成室内信息点安装、楼内光纤敷设、楼内金属线槽安装等工程。

5. 投标人必须对包内所有的招标内容进行投标。

10.6.2 综合布线工程资格审查表

综合布线工程资格审查表参考样例：

综合布线工程资格审查表

序号	审查项目	要求	投标人
1	投标文件的有效性	投标文件完整且编排有序，投标内容基本完整，无重大错漏，并按要求签署、盖章	
2	营业执照	持有已通过工商局年审的有效期内的营业执照（加盖公章）	
3	确认函	持有公司法人代表签名的确认函	
4	保证书	加盖法人单位公章的保证书，保证在投标文件中所提供的全部资料的真实性、准确性，并保证愿意接受有业主及招标代理机构对所提供的资质证明材料和投标设备技术性能指标的真实性调查、考证，否则，将拒绝其投标。投标人在投标文件中提供不真实的材料，无论其材料是否重要，都将视为无效，并承担由此产生的法律责任	
5	报价	报价是固定价且是唯一的，且未超过最高限价	
6	施工资质证书	提供住房和城乡建设部颁发的建筑智能化专业承包一级资质，项目负责人具备建设部相关专业注册建造师资格	
7	业绩	提供近三年内必须有一个同类工程（建筑面积5万m^2以上弱电安装工程）施工经验，以合同清单和验收报告（复印件）为准	
7	有效代理证或授权书	如有要求，提供的项目代理证或授权书完整且有效	
9	保证遵纪守法、不行贿等的承诺书	提供保证遵纪守法、不行贿等的承诺书	
结论：			
备注：（1）每一项目符合的打“√”，不符合的打“×”；出现一项“×”的结论不通过。 （2）“结论”一栏填写“通过”或“不通过”。 （3）出现不同意见时，以少数服从多数为原则确定结论。			

专家签名：________________

10.6.3 用户需求书

1. 项目概述

本次招标项目的建设内容和要求如下。

1）本工程只有本校的第五栋学生宿舍楼，一共7层，第1层为公用设施，从第2层开始每层13个宿舍，要求安装77个信息点。每个宿舍只安装1个信息点。

2）每两个楼层安排1个壁挂式机柜，相应两楼层的缆线都集中到所属的机柜。

3）网络信息点采用超5类布线。机柜内安装配线架，配线架连接交换机要保证采用1 m的跳线可以跳达。机柜配线架图由中标方负责设计绘制。由中标方负责机柜内信息点的配线工作。信息点两端的标签系统由中标方负责配置，保证两端标签一致，标签一定要求清晰、防水、防脱落。

4）要求完成本校的第五栋学生宿舍楼敷设10条6芯多模光缆到各层宿舍机柜。

5）要求中标方完成大楼内垂直镀锌、喷塑桥架及所有的线槽安装部分且这部分费用要包括在报价中。

6）每个机柜安装一个三插孔电源插座。

2. 其他要求

投标报价根据本招标书施工内容，按照每条基本链路价格（包括双绞线、底盒、面板、调试费用、需要增加的管线）、机柜价格和每条跳线的价格及其他工程内容分别列出单项进行报价。各单位在报价时使用统一的报价格式。（报价表格式见附件，附件是主要材料清单，已有的项目和数量不得修改，投标商报价时可根据本次招标书施工内容对报价单项目做增加）。投标商要以本次招标书具体的根据施工内容为准，进行报价。如果投标商在本工程报价中有缺项，则在施工过程中要按招标书中的工程施工内容给予无偿补足，工程总价不变。

10.6.4 投标文件格式

投标价格表格式如表10-9所示。

表10-9 某职业学院第五栋学生宿舍楼综合布线投标报价表

项目单位： 投标人：（盖章）

项目名称： 授权代表：（签名） 日期：

序号	品名	型号	数量	单位	单价	合计	备注
1	布线线路	电缆布线	77	个			每间一个信息点，链路包括电缆、两端模块、底盒、面板、配线架、理线器
	设备间机柜	定制	1	个			定制
3	电信间机柜	定制	5	个			定制

续表

序号	品名	型号	数量	单位	单价	合计	备注
4	区内多模室外光缆	6 芯室外多模光缆	700	m			从五栋宿舍楼设备间到安装了机柜的楼层配线间机柜，具体要求见规划图
5	光纤跳线	单模，3 m，LC—LC	7	对			
6	光纤跳线	单模光缆，3 m，SC—LC	4	对			
7	光缆熔接及测试		60	芯			
8	12 口光纤配线架	12 口，机架式	5	个			安装在五栋宿舍楼电信间内，含 LC 耦合器
9	24 口区内光纤配线架	24 口，机架式	1	个			安装在五栋宿舍楼设备间，含 LC 耦合器
10	垂直喷塑镀锌金属线槽		150	m			50×50 分两段，一段走网络，一段走有线电视
11	电源插座		4	个			含 1.5 m^2 电缆
12	施工、辅材		1	项			打楼板、光纤标签、线码、螺钉、需要的 PVC 管槽等
合计							

任务11　综合布线系统的测试与验收

11.1　任务描述

校园网综合布线系统建设完成后，要进行系统的综合测试。系统的局部测试是在施工过程中逐步完成的，经过施工人员和技术人员测试合格后提请验收部门进行验收。

任务分解：

1）谁来验收，如何验收？

2）验收时，我们需要准备什么资料？

3）验收的流程和步骤。

11.2　相关知识

11.2.1　项目验收流程

综合布线系统工程的验收，应符合国家现行有关技术标准、规范的规定。在施工过程中，施工单位必须执行本规范有关施工质量检查的规定。建设单位应通过工地代表或工程监理人员加强工地的随工质量检查，及时组织隐蔽工程的检验各和验收。综合布线系统工程应符合设计要求，工程验收前应进行自检测试、竣工验收测试工作。

1. 竣工技术文件准备

工程竣工后，施工单位应在工程验收以前，将工程竣工技术资料交给建设单位。竣工技术文件要保证质量，做到外观整洁、内容齐全、数据准确。综合布线系统工程的竣工技术资料应包括以下内容：

1）安装工程量。

2）工程说明。

3）设备、器材明细表。

4）竣工图纸。

5）测试记录（宜采用中文表示）。

6）工程变更、检查记录及施工过程中需更改设计或采取相关措施，建设、设计、施工等单位之间的双方洽商记录。

7）随工验收记录。

8）隐蔽工程签证。

9）工程决算。

2. 工程验收标准

综合布线系统工程应遵守与本项目相关的国家标准和规范。检测结论是工程竣工资料的组成部分及工程验收的依据之一。进行系统工程安装质量检查：各项指标符合设计要求，则被检项目检查结果为合格；被检项目的合格率为 80%，则工程安装质量判为合格。系统性能检测中，对绞电缆布线链路、光纤信道应全部检测，竣工验收需要抽验时，抽样比例不低于 8%，抽样点应包括最远布线点。

11.2.2 主要验收内容

主管建设部门和有关单位在近几年来组织编制和批准发布了一批有关综合布线系统工程设计施工应遵循的依据和法规。主要有国家标准《综合布线系统工程设计规范》（GB 50311—2007）、国家标准《综合布线系统工程验收规范》（GB 50312—2007）、通信行业标准《建筑与建筑群综合布线系统工程设计施工图集》（YD 5082—1999）、中国工程建设标准化协会标准《城市住宅建筑综合布线系统工程设计规范》（CECS119：2000）等。在遵循这些标准的前提下，主要验收项目及内容如表 11-1 所示。

表 11-1 检验项目及内容

阶段	验收项目	验收内容
施工前检测	环境要求	土建施工情况：地面、墙面、门、电源插座及接地装置； 土建工艺：机房面积、预留空洞； 施工电源； 地板铺设； 建筑入口设施检查
	器材检验	1）外观检查； 2）形式、规格、数量； 3）电缆及连接器件特征测试； 4）光纤及连接器件特征测试； 5）测试仪表和工具检验
	安全、防火要求	1）消防器材； 2）危险物的堆放； 3）预留空洞防火措施

续表

阶段	验收项目	验收内容
设备安装	电信间、设备间、设备机柜、机架	1）规格、外观； 2）安装垂直度、水平度； 3）油漆不得脱落，标志完整、齐全； 4）各种螺钉必须紧固； 5）抗震加固措施； 6）接地措施
	配线模块及8位模块式通用插座	1）规格、位置、质量； 2）各种螺钉必须拧紧； 3）标志齐全； 4）安装符合工艺要求； 5）屏蔽层可靠连接
电、光缆布放（楼内）	电缆桥架及线槽布放	1）安装位置正确； 2）安装符合工艺要求； 3）符合布线电缆线工艺要求； 4）接地
	缆线暗敷（包括暗管、线槽、地板下等方式）	1）缆线规格、路由、位置； 2）符合布线电缆工艺要求； 3）接地
电、光缆布放（楼间）	架空缆线	1）吊线规格、架空位置、装设规格； 2）吊线垂直度； 3）缆线规格； 4）卡、挂间隔； 5）缆线的引入符合工艺要求
	管道缆线	1）缆线规格； 2）缆线走向； 3）缆线的防护设施的设置质量
	埋式缆线	1）缆线规格； 2）敷设位置、深度； 3）缆线的防护设施的设置质量； 4）回土夯实质量
	通道缆线	1）缆线规格； 2）安装位置，路由； 3）土建设计符合工艺要求
	其他	1）通信线路与其他设施的间距； 2）进线室设施安装、施工质量

续表

阶段	验收项目	验收内容
缆线终接	8位模块式通用插座	符合工艺要求
	光纤连接器件	符合工艺要求
	各类跳线	符合工艺要求
	配线模块	符合工艺要求
系统测试	工程电气性能测试	1）连接图； 2）长度； 3）衰减； 4）近端串音； 5）近端串音功率和； 6）近端串音比； 7）近端串音比功率和； 8）等电平远端串音； 9）等电平远端串音功率和； 10）回波损耗； 11）传播时延； 12）传播时延偏差； 13）插入损耗； 14）直流环路电阻； 15）设计中特殊规定的测试内容； 16）屏蔽层的导通
	光纤特性测试	1）衰减； 2）长度
管理系统	管理系统级别	符合设计要求
	标识符与标签设置	1）专用标识符类型； 2）标签设置； 3）标签材质及色标
	纪律和报告	1）记录信息； 2）报告； 3）工程图纸
工程总验收	竣工技术文件工程验收评价	1）清点、交接技术文件； 2）考核工程质量，确认验收结果

11.2.3 缆线的敷设和保护方式检验

1. 配线子系统缆线敷设保护

预埋金属线槽保护要求：

1）在建筑物中预埋线槽，宜按单层设置，每一路由进出同一过路盒的预埋线槽均不应超过3根，线槽截面高度不宜超过25 mm，总宽度不宜超过300 mm。线槽路由中若包括线盒和出线盒，截面高度宜在70~80 mm范围内。

2）线槽直埋长度超过30 m或在线槽路由交叉、转弯时，宜设置过线盒，以便于布放缆线和维修。

3）过线盒盖开启，并与地面齐平，盒盖处应具有防灰与防水功能。

4）过线盒和接线盒盒盖处应能抗压。

5）从金属线槽至信息插座模块接线盒间或金属线槽与金属钢管之间相连接时的缆线宜采用金属软管敷设。

2. 预埋暗管保护要求

1）预埋在墙体中间暗管的最大管外径不宜超过50 mm，楼板中暗管的最大管外径不宜超过25 mm，室外管道进入建筑物的最大管外径不宜超过80 mm。

2）直线布管每30 m处应设置过线盒装置。

3）暗管的转弯角度应大于90°，在路径上每根暗管的转弯角不得多于2个，并不应有S弯出现，有转弯的管段长度超过20 m时，应设置管线过线盒装置；有2个弯时，不超过15 m应设置过线盒。

4）暗管管口应光滑，并加有护口保护，管口伸出部位宜为25~50 mm。

5）至楼层电信间暗管的管口应排列有序，便于识别与布放缆线。

6）暗管内应安置牵引线或拉线。

7）金属管敷设时，在距接线盒300 mm处，弯头处的两端，每隔3 m处应用管卡固定。

8）管路转弯的曲率半径不应小于所穿入缆线的最小允许弯曲半径，并且不应小于该管外径的6倍，如暗管外径大于50 mm，不应小于8倍。

3. 设置缆线桥架和线槽保护要求

1）缆线桥架底部应高于地面2.2 m及以上，顶部距建筑物楼板不宜小于300 mm，与梁及其他障碍物交叉处间的距离不宜小于50 mm。

2）缆线桥架水平敷设时，支撑间距宜为1.5~3 m，垂直敷设时固定在建筑物结构上的间距宜小于2 m，距地1.8 m以下部分应加金属盖板保护，或采用金属走线柜包封，门应可开启。

3）直线段缆线桥架每超过15~30 m或跨越建筑物变形缝时，应设置伸缩补偿设置。

4）金属线槽敷设时，在下列情况下应设置支架或吊架；线槽接头处，每间隔3 m处、离开线槽两端出口0.5 m处、转弯处。

5）塑料线槽槽底固定点间间距宜为1 m。

6）缆线桥架和缆线线槽转弯半径不应小于槽内线缆的最小允许弯曲半径，线槽直角转弯最小弯曲半径不应小于槽内最小粗缆线外径的8倍。

7）桥架和线槽穿过防火墙体或楼板时，缆线布放完成后应采用防火封堵措施。

4. 网络地板缆线敷设保护要求

1）线缆之间应沟通。

2）线槽盖板应可开启。

3）主线槽的宽度宜在200~400 mm，直线槽宽度不宜小于70 mm。

4）可开启的线槽盖板与明装插座底部盒间应采用金属软管连接。

5）地板块与线槽盖板应抗压、抗冲击和阻燃。

6）当网络地板具有防静电功能时，地板整体应接地。

7）网络地板板块间的金属线槽与段之间应保持良好导通并接地。

8）在架空活动地板下敷设缆线时，地板内净空应为150~300 mm。若空调采用下送风方式，则地板内净高应为300~500 m。

9）吊顶支撑柱中电力线和综合布线缆线合一布放时，中间应有金属板隔开，间距应符合设计要求。当综合布线缆线与大楼弱电系统缆线采用同一线缆或桥架敷设时，子系统之间应采用金属板隔开，间隔应符合设计要求。

5. 干线子系统缆线敷设保护要求

缆线不得布放在电梯或供水、供气、供暖管道竖井中，缆线不应布放在强电竖井中。电信间、设备间、进线间之间干线通道应沟通。建筑群子系统缆线敷设保护方式应符合设计要求。当电缆从建筑物外面进入建筑物时，应选用适配的信号线缆浪涌保护器，信号线路浪涌保护器应符合设计要求。

11.2.4 综合布线系统工程电气测试技术参数

1. 布线系统测试

3类和5类布线系统按照基本链路和信道进行测试，5e类和6类布线系统按照永久链路和信道进行测试。

测试内容有接线图的测试，主要测试水平电缆终接在工作间或电信间配线设备的8位模块式通用插座的安装连接正确或错误。正确的线对组为1/2、3/6、4/5、7/8，分为非屏蔽和屏蔽两类，对于非RJ-45的连接方式按相关规定要求列出结果。布线链路及信道缆线长度应在测试连接图所要求的极限长度之内。

3类水平链路及信道性能指标应符合表11-2的要求（测试条件为环境温度20 ℃）。

表11-2　3类水平链路及信道性能指标

频率/MHz	基本链路性能指标		信道性能指标	
	近端串音/dB	衰减/dB	近端串音/dB	衰减/dB
1.00	40.1	3.2	38.1	4.2
4.00	30.7	6.1	28.3	7.3
8.00	25.9	8.8	24.3	8.2
8.00	24.3	8.0	22.7	11.5
16.00	21.0	13.2	18.3	14.9
长度/m	94		80	

5类水平链路及信道性能指标应符合表11-3的要求（测试条件为环境温度20 ℃）。

表 11-3　5 类水平链路及信道性能指标

频率/MHz	基本链路性能指标		信道性能指标	
	近端串音/dB	衰减/dB	近端串音/dB	衰减/dB
1.00	60.0	2.1	60.0	2.5
4.00	51.8	4.0	50.6	4.5
8.00	47.1	5.7	45.6	6.3
8.00	45.5	6.3	44.0	7.0
16.00	42.3	8.2	40.6	8.2
20.00	40.7	8.2	39.0	8.3
25.00	38.1	8.3	37.4	11.4
31.25	37.6	11.5	35.7	12.8
62.50	32.7	16.7	30.6	18.5
80.00	28.3	21.6	27.1	24.0
长度/m	94		80	

注意：基本链路长度为 94 m，包括 90 m 的水平电缆及 4 m 测试仪表的测试电缆长度，在基本链路中不包括 CP 点。

2. 信道测试

信道是信号的传输媒质，可分为有线信道和无线信道两类。有线信道包括明线、对称电缆、同轴电缆及光缆等。无线信道有地波传播、短波电离层反射、超短波或微波视距中继、人造卫星中继以及各种散射信道等。5e 类、6 类、7 类信道测试项目要求测试条件为环境温度 20 ℃。

(1) 回波损耗

回波损耗，又称为反射损耗，是电缆链路由于阻抗不匹配所产生的反射，是一对线自身的反射。不匹配主要发生在连接器的地方，但也可能发生于电缆中特性阻抗发生变化的地方，所以施工的质量是提高回波损耗的关键。回波损耗将引入信号的波动，返回的信号将被双工的千兆网误认为是收到的信号而产生混乱。

回波损耗是数字电缆产品的一项重要指标，回波损耗合并了两种反射的影响，包括对标称阻抗（如 80 Ω）的偏差以及结构影响，用于表征链路或信道的性能。它是由于电缆长度上特性阻抗的不均匀性引起的，归根到底是由于电缆结构的不均匀性所引起的。由于信号在电缆中的不同地点引起反射，到达接收端的信号相当于在无线信道传播中的多径效应，从而引起信号的时间扩散和频率选择性衰落，时间扩散导致脉冲展宽，使接收端信号脉冲重叠而无法判决。信号在电缆中的多次反射也导致信号功率的衰减，影响接收端的信噪比，导致误码率的增加，从而也限制传输速度。在生产数字缆的过程中，电缆的回波损耗指标容易出现不合格。

回波损耗只在布线系统中的 C、D、E、F 级采用，信道的每一条线对和布线的两端均应符合回波损耗值的要求，布线系统信道的最小回波损耗值应符合表 11-4 的规定，并参考表 11-5 所列关键频率的回波损耗建议值。

表 11-4　信道回波损耗值

级别	频率/MHz	最小回波损耗/dB
C	$1 \leqslant f \leqslant 16$	15.0
D	$1 \leqslant f < 20$	17.0
	$20 \leqslant f \leqslant 100$	30 - 8 lg (f)
E	$1 \leqslant f < 10$	19.0
	$10 \leqslant f < 40$	24 - 5 lg (f)
	$40 \leqslant f \leqslant 250$	32 - 8 lg (f)
F	$1 \leqslant f < 10$	19.0
	$10 \leqslant f < 40$	24 - 5 lg (f)
	$40 \leqslant f < 251.2$	32 - 8 lg (f)
	$251.2 \leqslant f \leqslant 600$	8.0

表 11-5　信道回波损耗建议值

频率/MHz	最小回波损耗/dB			
	C 级	D 级	E 级	F 级
1	15.0	17.0	19.0	19.0
16	15.0	17.0	18.0	18.0
80	—	8.0	12.0	12.0
250	—	—	8.0	8.0
600	—	—	—	8.0

（2）插入损耗

插入损耗指在传输系统的某处由于元件或器件的插入而发生的负载功率的损耗，它表示为该元件或器件插入前负载上所接收到的功率与插入后同一负载上所接收到的功率（以 dB 为单位）的比值。

通道的插入损耗是指输出端口的输出光功率与输入端口的输入光功率之比，以 dB 为单位。插入损耗与输入波长有关，也与开关状态有关。定义为

$$IL = -8\log (P_o / P_i)$$

式中：P_i 为输入到输入端口的光功率，单位为 mW；P_o 为从输出端口接收到的光功率，单位为 mW。

电气系统中，在给定频率下，连接到给定电源系统的电涌保护器的插入损耗为电源线上紧靠电涌保护器接入点之后，在被试电涌保护器接入前后的电压比，结果用 dB 表示。电子系统中，由于在传输系统中插入一个电涌保护器所引起的插入损耗，它是在电涌保护器插入前传递到后面系统部分的功率与电涌保护器插入后传递到同一部分的功率之比，通常用 dB 表示。

布线系统信道每一线对的插入损耗值 A 级标准，频率为 0.1 MHz，最大插入损耗为 16 dB，各级对应的最大损耗值如表 11-6 所示。详细参数参考表 11-7 所列关键频率的插入损耗建议值。

表 11-6　信道插入损耗值

级别	频率/MHz	最大插入损耗/dB
A	$f=0.1$	16.0
B	$f=0.1$	5.5
	$f=1$	5.8
C	$1\leqslant f\leqslant 16$	$1.05\times(3.23\sqrt{f})+4\times 0.2$
D	$1\leqslant f\leqslant 100$	$1.05\times(1.9108\sqrt{f}+0.0222\times f+0.2/\sqrt{f})+4\times 0.04\times\sqrt{f}$
E	$1\leqslant f\leqslant 250$	$(1.05\times 1.82\sqrt{f}+0.0169\times f+0.25/\sqrt{f})+4\times 0.02\times\sqrt{f}$
F	$1\leqslant f\leqslant 600$	$1.05\times(1.8\sqrt{f}+0.01\times\sqrt{f}+0.2/\sqrt{f})+4\times 0.02\sqrt{f}$
注：插入损耗（IL）的计算值小于 4.0 dB 时均按 4.0 dB 考虑。		

表 11-7　信道插入损耗建议值

频率/MHz	最大插入损耗/dB					
	A 级	B 级	C 级	D 级	E 级	F 级
0.1	16.0	5.5	—	—	—	—
1	—	5.8	4.2	4.0	4.0	4.0
16	—	—	14.4	8.1	8.3	8.1
80	—	—	—	24.0	21.7	20.8
250	—	—	—	—	35.9	33.8
600	—	—	—	—	—	54.6

（3）串音

串音分为近端串音（NEXT）和远端串音（FEXT）两种，由于存在线路损耗，因此对于 FEXT 量值的影响较小，测试仪主要测量 NEXT。NEXT 损耗是指一条 UTP 链路中从一对线到另一对线的信号耦合。对于 UTP 链路，NEXT 是一个关键性能指标，也是最难测量的一个指标，且随着信号频率的增加，其测量难度将加大。NEXT 并不表示在近端点所产生的串音值，它只表示在近端点所测量到的串音值。这个量值也会随电缆长度的不同而变化，电缆增长，其值却变小，同时发送端的信号也会衰减，对其他线对的串音也相对变小。

实验证明，只有在 40 m 内测量得到的 NEXT 才是真实的。如果另一端是远于 40 m 的信息插座，虽然它会产生一定程度的串音，但测试仪可能无法测量到这个串音值。因此最好在两端都进行 NEXT 测量。现在的测试仪都配有相应功能，可以在链路一段就可能测量出两端的 NEXT 值。在布线系统信道的两端，线对与线对之间的近端串音值均应符合表 11-8 的规定。

表 11-8 信道近端串音值

级别	频率/MHz	最小 NEXT/dB
A	f=0.1	27.0
B	0.1≤f≤1	25~15lg（f）
C	1≤f≤16	38.1~16.4lg（f）
D	1≤f≤100	$-20\lg\left[10-\frac{65.3-15\lg(f)}{-20}+2\times10\frac{83-20\lg(f)}{-20}\right]$①
E	1≤f≤250	$-20\lg\left[10-\frac{74.3-15\lg(f)}{-20}+2\times10\frac{83-20\lg(f)}{-20}\right]$②
F	1≤f≤600	$-20\lg\left[10-\frac{102.4-15\lg(f)}{-20}+2\times10\frac{102.4-15\lg(f)}{-20}\right]$
注：①NEXT 计算值大于 60.0 dB 时均按 60.0 dB 考虑。 ②NEXT 计算值大于 65.0 dB 时均按 65.0 dB 考虑。		

（4）线对与线对之间的衰减串扰比

衰减与串音的比率（Attenuation to Crosstalk Ratio，ACR）是指由电线或电缆传输媒体所产生的信号衰减与远端串音之间的差异，以 dB 为单位。接收信号要达到一个可被接受的数位出错率，其衰减和串音都必须降至最低。在实际应用中，衰减取决于电线或电缆传输媒体的长度和规格，是一个固定的量值。但是我们可以通过保证使双绞线紧紧地但不变形地绞合在一起，并且通过正确固定和安装电线和电缆媒体之间的连接器来减少串音。ACR 是一个定量指标，表明在一个通信电路中，衰减过的信号比目的（接收）端的串音强多少。信道 ACR 建议值如表 11-9 所示。

表 11-9 信道 ACR 建议值

频率/MHz	最小 ACR/dB		
	D 级	E 级	F 级
1	56.0	61.0	61.0
16	34.5	44.9	56.9
80	6.1	18.2	42.1
250	—	-2.8	23.1
600	—	—	-3.4

3. 永久链路的测试

5e 类、6 类和 7 类永久链路或 CP 链路测试项目及性能指标包括以下内容。

（1）回波损耗

布线系统永久链路或 CP 链路每一线对和布线两端的回波损耗值应符合表 11-10 的规定。

表 11-10　永久链路或 CP 链路回波损耗值

级别	频率/MHz	最小回波损耗值/dB
C	$1 \leqslant f \leqslant 16$	15.0
D	$1 \leqslant f < 20$	19.0
	$20 \leqslant f \leqslant 200$	32~8
E	$1 \leqslant f < 8$	21.0
	$8 \leqslant f < 40$	26~5
	$40 \leqslant f \leqslant 250$	34~8
F	$1 \leqslant f < 8$	21.0
	$8 \leqslant f \leqslant 40$	26~5
	$40 \leqslant f < 251.2$	34~8
	$25.1 \leqslant f \leqslant 600$	8.0

（2）插入损耗

布线系统永久链路或 CP 链路每一线对的插入损耗值应符合表 11-11 的规定。

表 11-11　永久链路或 CP 链路插入损耗值

级别	频率/MHz	最大插入损耗/dB
A	0.1	16.0
B	0.1	5.5
	1	5.8
C	$1 \leqslant f \leqslant 16$	$0.9\times(3.23\sqrt{f})+3\times0.2$
D	$1 \leqslant f \leqslant 80$	$(L/80)\times(1.988\sqrt{f}+0.0222\times f+0.2/\sqrt{f})+n\times0.04\times\sqrt{f}$
E	$1 \leqslant f \leqslant 250$	$(L/80\times(1.82\sqrt{f}+0.0169\times f+0.25/\sqrt{f})+n\times0.02\times\sqrt{f}$
F	$1 \leqslant f \leqslant 600$	$(L/80)\times(1.8\sqrt{f}+0.01\times f+0.2/\sqrt{f})+n\times0.02\times\sqrt{f}$
注：插入损耗的计算值小于 4.0 dB 时均按 4.0 dB 考虑。		

（3）直流环路电阻

布线系统永久链路或 CP 链路每一线对的直流环路电阻应符合表 11-12 的规定。

表 11-12　永久链路或 CP 链路直流环路电阻值

级别	最大直流环路电阻值/Ω
A	530
B	140
C	34
D	$(L/80)\times22+n\times0.4$
E	$(L/80)\times22+n\times0.4$
F	$(L/80)\times22+n\times0.4$

（4）传播时延

布线系统永久链路或 CP 链路每一线对的传播时延应符合表表 11-13 的规定。

表 11-13　永久链路或 CP 链路传播时延值

级别	频率/MHz	最大传播时延/μs
A	0.1	19.400
B	$0.1 \leqslant f \leqslant 1$	4.400
C	$1 \leqslant f \leqslant 16$	$(L/80) \times (0.534+0.036/\sqrt{f}) + n \times 0.0025$

4. 光纤链路测试

测试前应对所有的光连接器件进行清洗，并将测试接收器校准至零位。测试应包括以下内容：

1）在施工前进行器材检验时，一般检查光纤的连通性，必要时宜采用光纤损耗测试仪（稳定光源和光功率计组合）对光纤链路的插入损耗和光纤长度进行测试。

2）对光纤链路（包括光纤、连接器件和熔接点）进行衰减测试，同时测试光跳线的衰减值作为设备连接光缆的衰减参考值，整个光纤信道的衰减值应符合设计要求。

光缆可以分为水平光缆、建筑物主干光缆和建筑群主干光缆。光纤链路不包括光跳线在内。布线系统所采用光纤的性能指标及光纤信道指标应符合设计要求。不同类型的光缆在标称的波长每千米的最大衰减值应符合表 11-14 的规定。

表 11-14　光缆衰减

最大光缆衰减/（dB/km）				
项目	OM1、OM2 及 OM3 多模		OS1 单模	
波长/nm	850	1 300	138	1 550
最大光缆衰减/（dB/km）	3.5	1.5	1.0	1.0

光缆布线信道在规定的传输窗口测量出的最大光缆信道衰减（插入损耗）应不超过表 11-15 的规定，该指标已包括接头与连接插座的衰减在内。

表 11-15　光缆信道衰减范围

级别	最大信道衰减/dB			
	单模		多模	
	138 nm	1 550 nm	850 nm	1 300 nm
OF-300	1.80	1.80	2.55	1.95
OF-500	2.00	2.00	3.25	2.25
OF-2000	3.50	3.50	8.50	4.50
注：每个连接处的衰减值最大为 1.5dB。				

光纤链路的插入损耗极限值可用以下公式计算：

1）光纤链路损耗=光纤损耗+连接器件损耗+光纤连接点损耗。

2）光纤=光纤损耗系数（dB/km）×光纤长度（km）。

3）连接器件损耗=连接器件损耗×连接器件个数。

4）光纤连接点损耗=光纤连接点损耗×光纤连接点个数。

所有光纤链路测试结果应有记录，记录在管理系统中并纳入文档管理。

11.2.5 网络工程文档管理

1. 文档管理在项目的作用

项目文档管理是指在一个系统（软件）项目开发进程中将提交的文档进行收集管理的过程。通常，文档管理在项目开发中不是很受重视，当发现其重要性时，往往为时已晚。整个项目可能因此变得管理混乱，造成问题产生后无据可查。文档管理对于一个项目的顺利进行有着至关重要的作用，其关键性不容忽视。

目前ISO认证的企业通用管理规范为软件系统开发提供了通用的管理规定和行业标准，它涉及文档管理的整个生命周期。细分文档的生命周期，一般包括创建、审批、发布、修改、分发、签收、追缴、归档、废止与恢复这样几个环节。对此，首先要将文档分为普通纸质文档和电子文档两类来讨论。通常情况，在一个项目中都会确定专门或兼职的项目文档管理员。对于纸质文档，文档管理员只需要关心如何将其较好地分类归档并保存，而之前的各个环节则要由整个项目组共同把握。作为管理完善的项目文档，管理者完全可以依顺它的轨迹看清整个项目进展的脉络，同时通过对阶段性文档的把握使整个项目质量得到很好的掌控。制定一套完整有序的项目文档管理规定十分必要，其作用有以下6个方面。

1）它是项目管理者了解开发进度、存在的问题和预期目标的管理依据。

2）大多数项目会被划分成若干个任务，并由不同的组去完成。文档管理则是不同小组任务之间联系的重要凭证。

3）可提供完整的文档，保证了项目开发的质量。

4）项目文档是系统管理员、操作员、用户、管理者和其他相关人员了解系统如何工作的培训与参考资料。

5）项目文档将为系统维护人员提供维护支持。

6）项目文档作为重要的历史档案将成为新项目的开发资源。

2. 文档的提交和管理

文档分为项目常规文档和项目归档文档。常规文档的提交和使用根据项目组内部小组成员任务的不同进行权限划分，项目归档文档由项目管理主管（或项目文档管理员）将项目中的重要文档从常规文档中进行分类归档。常规文档管理分为项目日常管理文档和项目流程管理文档。日常管理文档包括项目报告、会议纪要、项目管理模板、重大问题跟踪、数据质量管理。项目报告又可分为个人周报、小组周报、项目周报、项目简报，并都按照不同目录进行分类管理。

完整的项目开发、应用开发流程文档一般包括项目计划、业务需求说明书、模块、详细设计文档、系统测试文档、用户手册、系统运行维护等。所有项目组成员拥有对以上各类文档的读、写、增加、删除权限。由各项目小组长保证提交已保存文档的质量，由文档管理员或项目经理整体把握项目文档在各阶段的提交情况。

11.3 任务实施

11.3.1 竣工验收组织依据

综合布线系统在建筑与建筑群的建设中得到了广泛应用。但是如果工程出现施工质量问题，将给通信网络和计算机网络造成潜在的隐患，影响信息的传送。

工程技术文件、承包合同文件要求采用国际标准时，应按要求采用适用的国际标准，但不应低于本规范规定。以下国际标准可供参考：

《用户建筑综合布线》ISO/IEC 11801；

《商业建筑电信布线标准》EIA/TIA 568；

《商业建筑电信布线安装标准》EIA/TIA 569；

《商业建筑通信基础结构管理规范》EIA/TIA 606；

《商业建筑通信接地要求》EIA/TIA 607；

《信息系统通用布线标准》EN 50173；

《信息系统布线安装标准》EN 50174。

综合布线系统工程的验收应符合国家现行有关技术标准、规范的规定。在施工过程中，施工单位应通过工地代表或工程监理人员加强工地的随工质量检查，及时组织隐蔽工程的检验和验收。综合布线系统工程应符合设计要求，工程验收前应进行自检测试、竣工验收测试工作。

11.3.2 认证测试标准、认证测试参数

主管建设部门和有关单位在近几年来组织编制和批准发布了一批有关综合布线系统工程设计施工应遵循的依据和法规。

1. 国家和行业标准

1）国家标准《综合布线系统工程设计规范》（GB 50311—2007）根据原建设部（现住房和城乡建设部）公告，自 2007 年 8 月 1 日起施行。

2）国家标准《综合布线系统工程验收规范》（GB 50312—2007）根据原建设部公告，自 2007 年 8 月 1 日起施行。

3）国家标准《智能建筑设计标准》（GB 50314—2006）由原建设部和国家质量技术监督局联合批准发布，自 2007 年 7 月 1 日起施行。

4）国家标准《智能建筑工程质量验收规范》（GB 50339—2003）由原建设部和国家质量监督检验检疫总局联合发布，自 2003 年 8 月 1 日起施行。

5）国家标准《通信管道工程施工及验收规范》（GB 50374—2006）由原信息产业部（现工业和信息化部）发布，自 2007 年 5 月 1 日起施行。

6）国家标准《建筑电气工程施工质量验收规范》（GB 50303—2002）由原建设部发布，自 2002 年 6 月 1 日起施行。

7）通信行业标准《建筑与建筑群综合布线系统工程设计施工图集》（YD 5082—1999）由原信息产业部批准发布，自 2000 年 1 月 1 日起施行。

8）通信行业标准《城市住宅区和办公楼梯电话通信设施设计标准》（YD/T2008—1993）由原建设部和原邮电部联合批准发布，自 1994 年 9 月 1 日起施行。

9）通信行业标准《城市住宅区和办公楼电话通信设施验收规范》（YD 5048—1997）由原邮电部批准发布，自 1997 年 9 月 1 日起施行。

10）通信行业标准《城市居住区建筑电话通信设计安装图集》（YD 5010—1995）由原邮电部批准发布，自 1995 年 7 月 1 日起施行。

11）通信行业标准《通信电缆配线管道图集》（YD 5062—1998）由原信息产业部批准发布，自 1998 年 9 月 1 日起施行。

12）中国工程建设标准化协会标准《城市住宅建筑综合布线系统工程设计规范》（CECS 119：2000）为推荐性的，由协会下属通信工程委员会主编，经中国工程建设标准化协会批准，自 2000 年 12 月 1 日起施行。

2. 系统单项测试原则

1）如果一个被测项目的技术参数测试结果不合格，则该项目判为不合格。如果某一被测项目的检测结果与相应规定的差值在仪表准确范围内，则该被测项目应判为合格。

2）采用 4 对对绞电缆作为水平电缆或主干电缆，所组成的链路或信道有一项指标测试结果不合格，则该水平链路、信道或主干链路判为不合格。

3）主干布线大对数电缆中按 4 对对绞线对测试，指标有一项不合格，则判为不合格。

4）如果光纤信道测试结果不满足要求，则该光纤信道判为不合格。

5）未通过检测的链路、信道的电缆线对或光纤信道可在修复后复检。

3. 系统竣工综合检测

1）对绞电缆布线全部检测时，无法修复的链路、信道或不合格线对数量有一项超过被测总数的 1%，则判为不合格。

2）光缆布线检测时，如果系统中有一条光纤信道无法修复，则判为不合格。

3）对绞电缆布线抽样检测时，被抽样检测点（线对）不合格比例不大于被测总数的 1%，则视为抽样检测通过，不合格点（线对）应予以修复并复检。被抽样检测点（线对）不合格比例如果大于 1%，则视为一次抽样检测未通过，应进行加倍抽样，加倍抽样不合格比例不大于 1%，则视为抽样检测通过，若不合格比例仍大于 1%，则视为抽样检测不通过，应进行全部检测，并按全部检测要求进行判定。

4）全部检测或抽样检测的结论为合格，则竣工检测的最后结论为合格；全部检测结论为不合格，则竣工检测的最后结论为不合格。

5）对综合布线管理系统进行检测，标签和标识按 8% 抽检，系统软件功能全部检测。检测结果符合设计要求，则判为合格。

11.3.3 光纤传输链路参数测试

1. 基本链路和信道测试

3 类和 5 类布线系统按照基本链路和信道进行测试，5e 类和 6 类布线系统按照永久链路和信道进行测试，测试按图 11-1 ~ 图 11-3 进行连接。基本链路连接模型符合图 11-1 的方式。

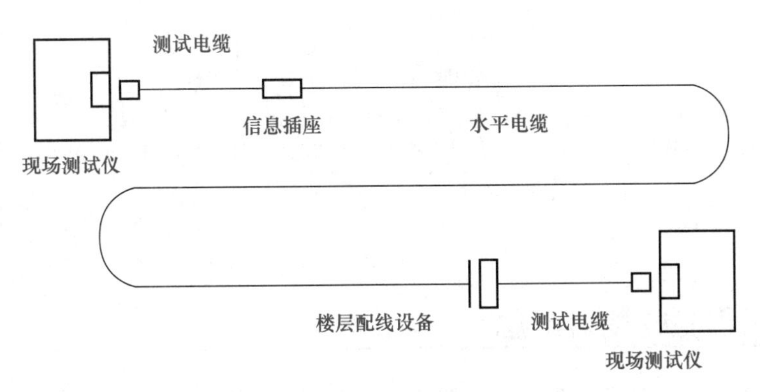

图 11-1　基本链路方式

2. 永久链路和信道测试

5e 类和 6 类布线系统按照永久链路和信道进行测试。永久链路连接应符合图 11-2 的方式。

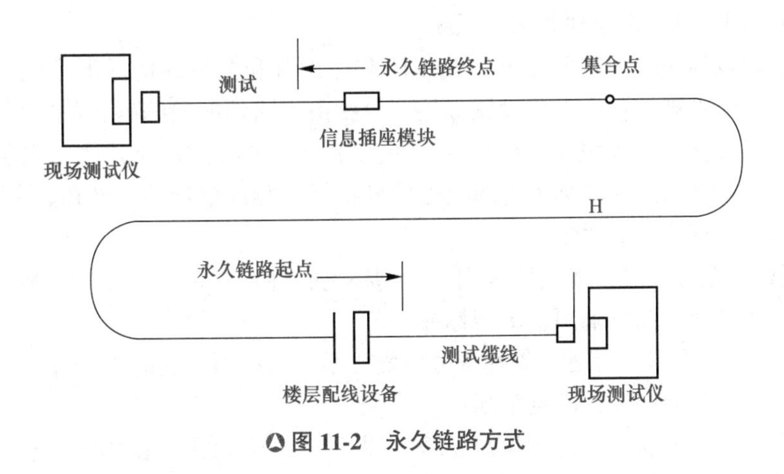

图 11-2　永久链路方式

信道连接应符合图 11-3 的方式。H 为从信息插座至楼层配线设备（包括集合点）的水平电缆的长度，$H \leqslant 90$ m。

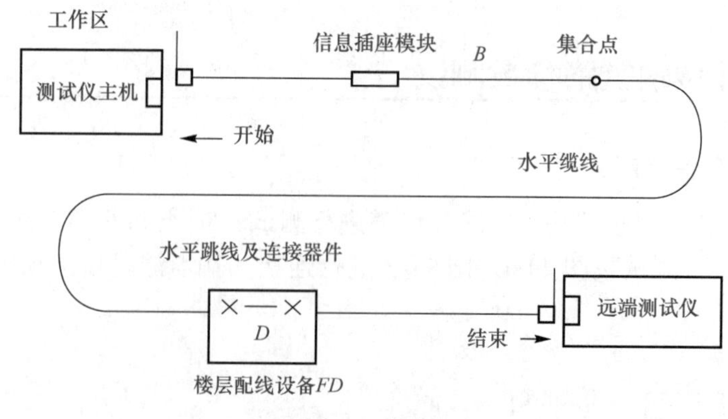

图 11-3 信道方式

A—工作区终端设备电缆长期；B—CP 缆线长度；C—水平电缆长度；
D—配线设备连接跳线长度；E—配线设备到设备连接电缆长度。$B+C \leqslant 90$ m，$A+D+E \leqslant 8$ m。

11.3.4 工程验收项目汇总

综合布线系统工程的技术管理涉及综合布线系统的工作区、电信间、设备间、进线间、入口设施、缆线管理与传输介质、配线连接器件及接地等各方面，根据布线系统的复杂程度分为以下 4 等：

1）一级管理：针对单一电信间或设备间的系统。

2）二级管理：针对同一建筑物内多个电信间或设备间的系统。

3）三级管理：针对同一建筑群内多栋建筑物的系统，包括建筑物内部、外部系统。

4）四级管理：针对多个建筑群的系统。

管理系统的设计应使系统可在无须改变已有标识符和标签的情况下升级和扩充。综合布线系统应在需要管理的各个部位设置标签，分配由不同长度的编码和数字组成的标识符，以表示相关的管理信息。标识符可由数字、英文字母、汉语拼音或其他字符组成，布线系统内各同类型的器件与缆线的标识符应具有同样特征（相同数量的字母和数字等）。

标签的选用应符合以下要求：

1）选用粘贴型标签时，缆线应采用环套型标签，标签在缆线上至少应缠绕一圈或一圈半，配线设备和其他设施应采用扁平型标签。

2）标签衬底应耐用，可适应各种恶劣环境，不可将民用标签应用于综合布线工程，插入型标签应设置在明显位置，固定牢固。

报告可由一组记录或多组连续信息组成，以不同格式介绍记录中的信息。报告应包括相应记录、补充信息和其他信息等内容。综合布线系统工程竣工图纸应包括说明及设计系统图、反映各部分设备安装情况的施工图。竣工图纸应表示以下内容：

1）安装场地和布线管道的位置、尺寸、和标识符等。

2）设备间、电信间、进线间等安装场地的平面图或剖面图及信息插座模块的安装位置。

3）缆线布放路径、弯曲半径、孔洞、连接方法及尺寸等。

1. 环境检查

（1）工作区、电信间、设备间的检查

工作区、电信间、设备间土建工程已全部竣工。房屋地面平整、光洁，门的高度和宽度应符合设计要求。房屋预埋线槽、暗管、孔洞和竖井的位置、数量、尺寸均应符合设计要求。铺设活动地板的场所、活动地板防静电措施及接地应符合设计要求。电信间、设备间应提供220 V带保护接地的单相电源插座。电信间、设备间应提供可靠的接地装置，接地电阻值及接地装置的设置应符合设计要求。电信间、设备间的位置、面积、高度、通风、防火及环境温、温度等应符合设计要求。

（2）建筑物进线间及入口设施的检查

引入管道与其他设施如电气、水、煤气、下水道等的位置间距应符合设计要求。引入缆线采用的敷设方法应符合设计要求。管线入口部位的处理应符合设计要求，并应检查采取排水及防止气、水、虫等进入的措施。进线间的位置、面积、高度、照明、电源、接地、防火、防水等应符合设计要求。有关设施的安装方式应符合设计文件规定的抗震要求。

（3）器材及测试仪表工具的检查

工程所用缆线和器材的品牌、型号、规格、数量、质量应在施工前进行检查，应符合设计要求并具备相应的质量文件或证书，无出厂检验证明材料、质量文件或与设计不符者不得在工程中使用。

进口设备和材料应具有产地证明和商检证明。经验的器材应做好记录，对不合格的器件应单独存放，以备核查与处理。工程中使用的缆线、器材应与订货合同或封存的产品在规格、型号、等级上相符。备品、备件及各类文件资料齐全。

配套型材、管材与铁件的检查应符合下列要求：

1）型材的材质、规格、型号应符合设计文件的规定，表面应光滑、平整，不得变形、断裂。预埋金属线槽、过线盒、接线盒及桥架等表面涂覆或镀层应均匀、完整，不得变形、损坏。

2）室内管材采用金属管或塑料管时，其管身应光滑、无伤痕，管孔无变形，孔径、壁厚应符合设计要求。金属管槽应根据工程环境要求做镀锌或其他防腐处理。塑料管槽必须采用阻燃管槽，外壁应具有阻燃标记。

3）室外管道应按通信管道工程验收的相关规定进行检验。

4）各种铁件的材质、规格均应符合相应质量标准，不得有歪斜、扭曲、飞刺、断裂或破损。

5）铁件的表面处理和镀层应均匀、完整，表面光洁，无脱落、气泡等缺陷。

2. 缆线的检验

1）工程使用的电缆和光缆形式、规格及缆线的防火等级应符合设计要求。

2）所附标志、标签内容应齐全、清晰，外包装应注明型号和规格。

3）外包装和外护套需完整无损，当外包装损坏严重时，应测试合格后再在工程中使用。

4）附有本批量的电气性能检验报告，施工前应进行链路或信道的电气性能及缆线长度的检验，并做测试记录。

5）开盘后应先检查光缆端头封装是否良好。光缆外包装或光缆护套如有损伤，应对该盘光缆进行光纤性能指标测试，如有断纤，应进行处理，待检查合格才允许使用，光纤检测完毕，光缆端头应密封固定，恢复外包装。

6）接插软线或光跳线检验应符合下列规定：

①两端的光纤连接器件端面应装配合适的保护盖帽。

②光纤类型应符合设计要求，并应有明显的标记。

3. 器件的检验

配线模块、信息插座模块及其他连接器件的部件应完整，电气和机械性能等指标符合相应产品生产的质量标准，塑料材质应具有阻燃性能，并应满足设计要求。信号线路浪涌保护器各项指标应符合有关规定。光纤连接器件及适配器使用形式和数量、位置应与设计相符。

光、电缆配线设备的形式、规格应符合设计要求。光、电缆配线设备的编排及标志名称应与设计相符。各类标志名称应统一，标志位置正确、清晰。

4. 测试仪表和工具的检验

1）应事先对工程中需要使用的仪表和工具进行测试或检查，缆线测试仪表应附有相应检测机构的证明文件。

2）综合布线系统的测试仪表应能测试相应类别工程的各种电气性能及传输特性，其精度符合相应要求。测试仪表的精度应按相应的鉴定规程和校准方法进行定期检查和校准，经过相应计量部门校验取得合格证后，方可在有效期内使用。

3）施工工具，如电缆或光缆的接续工具（剥线器、光缆切断器、光纤熔接机、光纤磨光机、卡接工具等）必须进行检查，合格后方可在工程中使用。

4）现场尚无检测手段取得屏蔽布线系统所需的相关技术参数时，可将认证检测机构或生产厂家附有的技术报告作为检查数据。

5）对绞电缆电气性能、机械特性、光缆传输性能及连接器件的具体技术指标和要求，应符合设计要求。经过测试与检查，性能指标不符合设计要求的设备和材料不得在工程中使用。

5. 设备安装检验

（1）机柜、机架的安装

机柜、机架的安装位置应符合设计要求，垂直偏差度不应大于3 mm。机柜、机架上的各种零件不得脱落或碰坏，漆面不应有脱落及划痕，各种标志应完整、清晰。机柜、机架、配线设备箱体、电缆桥架及线槽等设备的安装应牢固，如有抗震要求，应按抗震设计进行加固。

各类配线部件安装应符合下列要求：各部件应完整，安装就位，标志齐全。安装螺钉必须拧紧，面板应保持在一个面上。

（2）信息插座模块的安装

1）信息插座模块、多用户信息插座、集合点配线模块的安装位置和高度应符合设计要求。

2）安装在活动地板内或地面上时，应固定在接线盒内，插座面板采用直立和水平等形式；接线盒盖可开启，并应具有防水、防尘、抗压功能。接线盒盖面应与地面齐平。

3）信息插座底盒同时安装信息插座模块和电源插座时，间距及采取的防护措施应符合设计要求。

4）信息插座模块明装底盒的固定方法根据施工现场条件而定。

5）固定螺钉需拧紧，不应产生松动现象。

6）各种插座面板应有标识，以颜色、图形、文字表示所接终端设备的业务类型。

7）工作区内终接光缆的光纤连接器件及适配器安装底盒应具有足够的空间，并应符合设计要求。

（3）电缆桥架及线槽的安装

1）桥架及线槽的安装位置应符合施工图要求，左右偏差不应超过 50 mm。

2）桥架及线槽水平度每米偏差不应超过 2 mm。

3）垂直桥架及线槽应与地面保持垂直，垂直度偏差不应超过 3 mm。

4）线槽断处及两线槽拼接处应平滑、无毛刺。

5）吊架和支架安装应保持垂直，整齐牢固，无歪斜现象。

6）金属桥架、线槽及金属管各段之间应保持连接良好，安装牢固。

采用吊顶支撑柱布放缆线时，支撑点宜避开地面沟槽和线槽位置，支撑应牢固。

6. 线的敷设

缆线敷设应满足下列要求：

1）缆线的形式、规格应与设计规定相符。

2）缆线在各种环境中的敷设方式、布放间距均应符合设计要求。

3）缆线的布放应自然平直，不得产生扭绞、打圈、接头等现象，不应受外力的挤压和损伤。

4）缆线两端应贴有标签，应标明编号，标签书写应清晰、端正和正确。标签应选用不易损坏的材料。

5）缆线应有余量以适应终接、检测和变更。对绞电缆有预留长度：工作区宜为 3~6 cm，电信间宜为 0.5~2 m，设备间宜为 3~5 m；光缆布放路由宜盘留，预留长度宜为3~5 m，有特殊要求应按设计要求预留长度。

6）缆线的弯曲半径应符合下列规定：

非屏蔽 4 对对绞电缆的弯曲半径至少为电缆外径的 4 倍。

屏蔽 4 对对绞电缆的弯曲半径应至少为电缆外径的 8 倍。

主干对绞电缆的弯曲半径应至少为电缆外径的 8 倍。

2 芯或 4 芯水平光缆的弯曲半径应大于 25 mm；其他芯数的水平光缆、主干光缆与室外光缆的弯曲半径应至少为光缆外径的 8 倍。

电源线、综合布线系统缆线应分隔布放，并应符合表 11-16 的规定。

表 11-16　对绞电缆与电力电缆的最小净距

条件	最小净距/mm		
	380 V（<2 kV · A）	380 V（2~5 kV · A）	380 V（>5 kV · A）
对绞电缆与电力电缆平行敷设	130	300	600

续表

条件	最小净距/mm		
	380 V（<2 kV·A）	380 V（2~5 kV·A）	380 V（>5 kV·A）
有一方在接地的金属槽道或钢管中	70	150	300
双方均在接地的金属槽道或钢管中	8[①]	80	150
注：①对于380 V电力电缆（<2 kV·A），双方都在接地的线槽中，且平行长度不小于8 m时，最小间距可为8 mm			

布线与配电箱、变电室、电梯机房、空调机房之间的最小净距宜符合表11-17的规定。

表11-17　综合布线电缆与其他机房的最小净距

名称	最小净距/m	名称	最小净距/m
配电箱	1	电梯机房	2
变电室	2	空调机房	2

建筑物内电光缆暗管敷设与其他管线最小净距见表11-18的规定。

表11-18　综合布线缆及管线与其他管线的间距

管线种类	平行净距/mm	垂直交叉净距/mm
避雷引下线	800	300
保护地线	50	20
热力管（不包封）	500	500
热力管（包封）	300	300
给水管	150	20
煤气管	300	20
压缩空气管	150	20

综合布线缆线宜单独敷设，与其他弱电系统各子系统缆线间距应符合设计要求。对于有安全保密要求的工程，综合布线缆线与信号线、电力线、接地线的间距应符合相应的保密规定。对于具有安全保密要求的缆线，应采取独立的金属管或金属线槽敷设。

屏蔽电缆的屏蔽层端到端应保持完好的导通性。预埋线槽和暗管敷设线应符合下列规定：

1）敷设线槽和暗管的两端宜用标志表示出编号等内容。

2）预埋线槽宜采用金属线槽，预埋或密封线槽的截面利用率应为30%~50%。

3）敷设暗管宜采用钢管或阻燃聚氯乙烯硬质管。布放大对数主干电缆机4芯以上光缆时，直线管道的管径利用率应为50%~60%，弯管道应为40%~50%。暗管布放4对对绞电缆或4芯及以上光缆时，管道的截面利用率应为25%~30%。

7. 缆线终接

（1）缆线终接

1）缆线在终接前，必须核对缆线标识内容是否正确。

2）缆线中间不应有接头。

3）缆线终接处必须牢固、接触良好。

4）对绞电缆与连接器件连接应认准线号、线位色标，不得颠倒和错接。

（2）对缆线终接的要求

终接时，每对对绞线应保持扭绞状态，扭绞松开长度对于 3 类电缆不应大于 75 mm，对于 5 类电缆不应大于 13 mm；对于 6 类电缆应尽量保持扭绞状态，减少扭绞松开长度。对绞线与 8 位模板式通用插座相连时，必须按色标和线对顺序进行卡接。插座类型、色标和编号应符合图 11-4 的规定。两种连接方式均可采用，但在同一布线工程中两种连接方式不应混合使用。

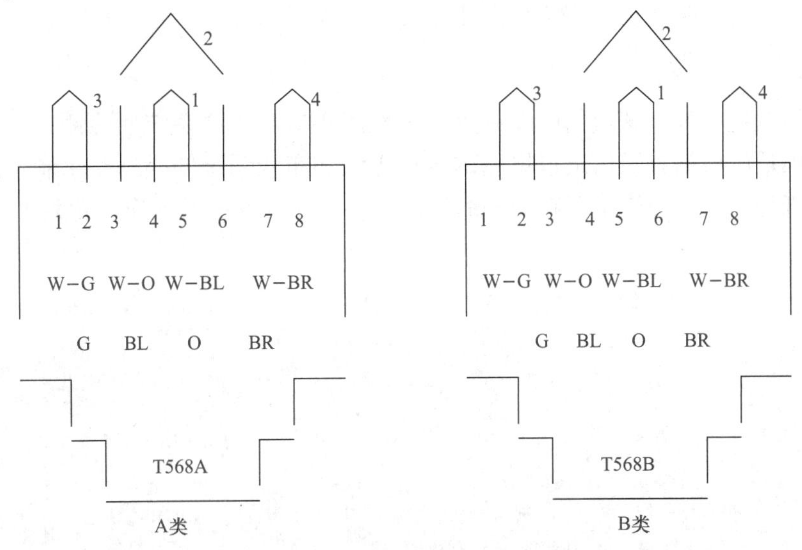

图 11-4 8 位模块式通用插座连接

G（Green）——绿色；BL（Blue）——蓝；BR（Brown）——棕；W（White）——白；O（Orange）——橙

7 类布线系统采用非 RJ-45 方式终接时，连接图应符合相关标准规定。屏蔽对绞电缆的屏蔽层与连接器件终接处屏蔽罩应通过紧固器件可靠接触，缆线屏蔽层应与连接器件屏蔽罩 360°圆周接触，接触长度不宜小于 8 mm。屏蔽层不应用于受力的场合。对不同的屏蔽对绞线或屏蔽电缆，屏蔽层应采用不同的端接方法。应对编织层或金属箔与汇流导线进行有效的端接。

每个 2 口 86 面板地盒宜终接 2 条对绞电缆或 1 根 2 芯/4 芯光缆，不宜兼做过路盒使用。

（3）光缆终接与连接

光纤与连接器件连接可采用尾纤熔接、现场研磨和机械连接方式。光纤和光纤接续可采用熔接和机械连接方式。

（4）光缆芯线终接

采用光纤连接盘对光纤进行连接、保护，在连接盘中光纤的弯曲半径应符合安装工艺要求。管前熔接处应加保护盒固定。管前连接盘面板应有标志。管前连接损耗值应符合表 11-19的规定。

表 11-19 光纤连接损耗值 (单位：dB)

连接类型	多模		单模	
	平均值	最大值	平均值	最大值
熔接	0.15	0.3	0.15	0.3
机械连接	—	0.3	—	0.3

(5) 各类跳线的终接

各类跳线缆线和连接器件间接触应良好，接线无误，标志齐全。跳线选用类型应符合系统设计要求。各类跳线长度应符合设计要求。

8. 工程电气测试

综合布线工程电气测试包括电缆系统电气性能测试及光纤系统性能测试。电缆系统电气性能测试项目应根据布线信道或链路的设计等级和布线系统的类别要求制定。各项测试结果应有详细记录，作为竣工资料的一部分。测试记录内容和形式应符合表 11-20 和表 11-21 的要求。

表 11-20 综合布线系统工程电缆（链路/信道）性能指标测试记录

工程项目名称											
序号	编号			内容							备注
				电缆系统							
	地址号	缆线号	设备号	长度	接线图	衰减	近端串音	……	电缆屏蔽层连通情况	其他任选项目	
测试日期、人员 测试仪表型号 测试仪表精度											
处理情况											

表 11-21　综合布线系统工程光纤（链路/信道）性能指标测试记录

工程项目名称												
序号	编号			光缆系统								备注
				多模				单模				
				850 mm		1 300 mm		138 mm		1 550 mm		
	地址号	缆线号	设备号	衰减（插入损耗）	长度	衰减（插入损耗）	长度	衰减（插入损耗）	长度	衰减（插入损耗）	长度	
测试日期、人员 测试仪表型号 测试仪表精度												
处理情况												

对绞电缆及光纤布线系统的现场测试仪应能测试信道与链路的性能指标。应具有针对不同布线系统等级的相应精度，应考虑测试仪的功能、电源、使用方法等因素。测试仪精度应定期检测，每次现场测试前，仪表厂家应出示测试仪的精度有效期限证明。测试仪表应具有测试结果的保存功能并提供输出端口，将所有存储的测试数据输出至计算机和打印机，测试数据必须不被修改，并进行维护和文档管理。测试仪表应提供所有测试项目、概要和详细的报告。测试仪表宜提供汉化的通用人机界面。

9. 管理系统验收

（1）综合布线管理系统

管理系统级别的选择应符合设计要求。需要管理的每个组成部分均设置标签，并由唯一的标识符进行标识，标识符与标签的设置应符合设计要求。管理系统的记录文档应详细完整并汉化，包括每个标识符相关信息、记录、报告、图纸等。不同级别的管理系统可采用通用电子表格、专用管理软件或电子配线设备等进行维护管理。

（2）标识符与标签的设置

标识符应包括安装场地、缆线终端位置、缆线管道、水平链路、主干缆线、连接器件、接地等类型的专用标识，系统中每一组件应指定唯一标识符。电信间、设备间、进线间所设置配线设备及信息点处均应设置标签。每根缆线应指定专用标识符，标在缆线的护套上或在距每一端护套 300 mm 内设置标签，缆线的终接点应设置标签标记指定的专用标识符。接地体和接地导线应指定专用标识符，标签应设置在靠近导线和接地体的连接处的明显部位。根据设置的部位不同，可使用粘贴型、插入型或其他类型标签。标签表示内容应清晰，材质应符合工程应用环境要求，具有耐磨、抗恶劣环境、附着力强等性能。终接色标应符合缆线的布放要求，缆线两端终接点的色标颜色应一致。

（3）管理信息记录和报告

综合布线系统各个组成部分的管理信息记录应包括管道、缆线、连接器件及连接位置、接地等内容，各部分记录中应包括相应的标识符、类型、状态、位置等信息。报告应包括管道、安装场地、缆线、接地系统等内容，各部分报告中应包括相应的记录。综合布线系统工程如采用布线工程管理软件和电子配线设备组成的系统进行管理和维护工作，应按专项系统工程进行验收。

参考文献

[1] 马丽梅、朱福珍、陈玉玲. 综合布线技术与实验教程（第 2 版）. 北京：清华大学出版社，2017 .

[2] 刘化君.《网络综合布线》. 北京：电子工业出版社，2020.

[3] 陈光辉、黎连业、王萍.《网络综合布线系统与施工技术（第 5 版）》. 北京：机械工业出版社，2018.

[4] 闫战伟.《网络综合布线技术》. 北京：电子工业出版社，2020.

[5] 李飞、苏文芝、王锐利.《综合布线系统与施工》. 北京：清华大学出版社，2020.

[6] 王公儒. 《网络综合布线系统工程技术实训教程（第 4 版）》. 北京：机械工业出版社，2021.